KB236251

Experiments in Applied Microbiology

응용미생물학실험

집필진 유주현·변유량 외

강윤숙 공인수 김동섭 김소영 김영옥 김인규 김진만 나규흠 박영서 박정길
박정민 박헌주 박희경 반용선 배동훈 백현동 신동화 신원철 심창환 안순철
여익현 염도영 오영준 옥승호 유승곤 유승석 유윤정 윤성식 이근억 이봉기
이정기 정건섭 정명호 정용준 정종태 진효상 최신양 한지영 함병권 허남윤

도서출판 효일
www.hyoilbooks.com

|머리말|

산업이 발달되어 국민소득이 향상됨에 따라 영양공급이 좋아져 고령화 사회로 변천되면서 당뇨병, 뇌신경질환, 통풍, 세포의 노화, 심혈질환, 암 등의 성인병이 문제가 되고 있다. 이러한 문제가 일부는 해결되고 있으나 부작용없이 해결되지 못한 것이 많다.

생명공학분야는 이와 같은 문제를 해결하기 위하여 사전 대책인 예방과 사후 대책인 치료를 하기 위한 식품과 의약품을 개발하고 있으며 언제나 젊게 보이고 건강하게 살 수 있게 될 때까지 많은 일이 남아 있다. 그리고 가장 어려운 과제인 인간의 각 조직의 생화학반응이 해명되면서 각 조직을 자유롭게 생합성할 수 있을 때까지 발전할 수 있는 첨단 공학분야이다. 이러한 모든 것이 식품공학과 생명공학분야를 연구하고 있는 분들의 노력으로 성취될 수 있다고 생각한다.

이러한 분야를 연구하는 데 도움이 되기 위하여 가장 기초가 되는 미생물의 실험과 유전자조작 방법에 중점을 두고 집필하여 이 책을 출판하게 되었다.

이러한 실험은 실험실 또는 실험하는 사람이 다르면 기대하는 성과를 나타내지 못하는 경우가 많으므로 각자가 실제로 실험을 하여 많은 경험을 터득하도록 하고, 경험이 없는 사람도 불안감을 갖지 않고 정확하게 실험하게 하고 숙련될 수 있도록 배려를 하였다. 이러한 기본적인 실험법에 익숙해지면 응용도 비교적 쉬워진다고 생각한다.

이 미생물 실험과 유전자조작 실험을 통하여 구체적으로 생각하면서 배우고 경험하는 것은 일반 생명공학분야를 연구하는 데 큰 도움이 된다고 본다. 이러한 뜻으로 이 실험서가 생명공학을 연구하는 사람에게 실습하는 교재로 도움이 되기를 바란다.

나의 50년간의 교육과 연구, 실험실 경험을 통하여 가능한 여러 경험을 모았으나 생명공학분야의 눈부신 발전과 개발이 있어, 세련된 연구법이 확립되어 가고 있으므로 빠트린 점이 많다고 생각한다. 이러한 것은 앞으로 개정하려고 하니 독자 여러분의 많은 조언을 부탁드린다.

이 책이 보다 많은 연구하는 사람에게 미생물과 유전자조작 실험을 하게 하여, 생명공학의 발전에 다소라도 도움이 된다면 영광으로 생각한다.

끝으로 이 책을 집필하여 준 여러분과 이 책을 편집하는 데 수고가 많은 경원대학교 박영서 교수와 출판하는 데 지원 및 협력하여 주신 도서출판 효일의 김홍용 대표 및 관계자 여러분에게 깊은 사의를 표하는 바이다.

2007년 4월 9일

유 주 현

| CONTENTS |

제 01 장

실험의 목적과 주의

1. 실험의 목적
2. 실험할 때의 주의사항
3. 실험의 계획, 준비, 관찰, 기록

1. 실험의 목적

실험의 목적은 이론과 실제가 일치해야 한다는 것이다. 실험하는 사람은 실험을 착실하게 하는 것이 중요하다. 학생의 실험은 수업시간에 하는 실험과 졸업논문을 만들기 위한 실험의 두 종류가 있다. 이들 목적 중 무엇을 하느냐에 따라 다소 차이가 있다.

1) 수업시간의 과제에 관한 실험을 할 경우의 목적

(가) 강의에서 들은 이론이 실제로 실험 중에 일어나는 현상을 본인의 눈으로 확인한다.

(나) 현상의 변화와 실제의 방법을 확실하게 터득한다.

(다) 실험기구, 기기, 시약의 취급 등을 사용하여 정확한 결과를 얻는 방법과 과정을 배운다.

2) 졸업논문 또는 연구와 같은 연구실험의 목적

(가) 연구를 목적으로 하는 실험은 새로운 결과를 얻기 위한 것이므로 이 경우의 목적은 정확한 결과를 얻는 것이다.

(나) 이러한 연구를 하기 위해서는 앞에서 설명한 수업시간을 위한 실험방법을 잘 터득하여야 한다.

2. 실험할 때의 주의사항

2.1 일반적으로 주의할 점

1) 실험할 때의 마음가짐

(가) 실험은 언제나 변함없이 꾸준하게 하여야 한다.

(나) 처음 경험하는 실험이라도 극도의 긴장은 하지 말아야 한다.

(다) 실험하는 데 선입감을 갖지 않은 상태에서, 반드시 자기의 손으로 실험을 하여야 한다.

(라) 실험 책에 있는 방법을 착실하게 진행하고 목적에 필요한 기구·기기를 사용한다.

(마) 단독으로 실험을 하거나 무리한 상태에서 실험하지 않아야 한다.

(바) 실험의 지도자에게는 의문점을 질문하고 지시에 따른다.

(사) 실험에 익숙하게 되면 실험방법이 조잡하게 되기 쉬우므로 그렇지 않도록 주의
해야 한다.

2) 실험할 때의 몸가짐

(가) 실험실에 들어갈 경우는 실험복을 입고 손을 씻는다.

(나) 실험복의 주머니에 작은 수건 또는 휴지를 넣어 둔다.

2.2 기본적으로 주의할 점

1) 공동실험실에서 주의할 점

(가) 본인과 타인의 실험과 행동에 주의한다.

(나) 유독가스가 발생될 경우는 드라프트 안에서 실험한다.

(다) 에테르와 같은 인화성이 있는 용매를 사용할 경우는 그 곁에서 불을 붙이거나
사용하여서는 안 된다.

(라) 공동으로 사용하는 기구와 기기에 대해서는 무책임하게 취급하지 말고, 사용한
다음에는 깨끗하게 청소하고 정리한다.

(마) 시약을 한 장소에 놓고 공동으로 사용하는 경우는 자기 실험대로 갖고 오지 않는다.

(바) 사용한 기구는 깨끗이 하여 원래의 위치에 갖다 놓는다.

2) 실험대를 사용하는 데 주의할 점

(가) 실험을 하기 전, 실험하는 도중, 실험이 끝난 다음 물걸래로 깨끗이 닦는다.

(나) 실험대가 잘 정리된 상태에서 실험한다.

(다) 실험대 위 또는 밑에 가방 같은 것을 놓아 둔 상태에서는 실험하지 않는다.

2.3 화재와 화상 방지

1) 화재방지

석유에테르, 에테르, 알코올류, 벤젠, 아세톤과 같은 인화성 약품을 사용할 경우 주의하지 않아 화재가 일어나는 경우가 많다. 그러므로 인화성 약품을 사용할 경우는 다음과 같은 점에 주의할 필요가 있다.

(가) 한꺼번에 많은 양을 사용하지 않고 가능한 적은 양을 사용한다.

(나) 불을 사용하는 실험대에서는 사용하지 않는다.

(다) 밀폐된 방에서는 사용하지 않는다.

(라) 에테르를 함유한 여지를 건조기에 넣지 않는다.

(마) 인화성인 용매를 함유한 것은 직접 불로 가열하지 않는다.

(바) 만일 인화성 약품의 용기를 넘어뜨리거나 깨트렸을 경우는 빨리 부근의 가스 밸브를 잠그거나 히터 등의 전원을 차단하여 불을 꺼야 한다.

2) 화상 방지

(가) 실험복 또는 의복에 불이 붙었을 경우

당황하지 말고 누워 구르면서 불을 끈다. 부근에 있는 사람은 물을 뿌린다.

(나) 유리세공에 의한 화상

유리를 세공할 경우 불꽃에서 꺼낸 유리가 붉은 색에서 바로 원래의 유리색으로 되지만, 온도가 너무 높기 때문에 손으로 이것을 만질 경우 화상을 입게 되므로 유리를 세공할 때 주의해야 한다.

(다) 가스버너에 의한 화상

가스버너를 사용할 경우, 가스의 불꽃 중 청색의 불꽃을 사용하기 때문에 밝은 곳에서는 불꽃이 잘 보이지 않는 경우가 있다. 그러나 불꽃은 온도가 매우 높기 때문에 주의를 해야 한다.

3) 화상을 입었을 경우의 처치

(가) 화상이 약할 경우는 응급처치로 빙수 또는 냉수로 냉각한다.

(나) 화상이 심할 경우는 빙수 또는 냉수로 냉각하고, 주의하면서 눕게 한 다음, 실험복 또는 의복을 가위로 제거하고 즉시 의사를 부르고, 한편 물을 마시게 하며 실내를 따뜻하게 한다.

2.4 외상과 처치

실험실에서 유리를 취급할 경우 손을 다치기 쉬우므로 다음과 같은 점에 주의해야 한다.

(가) 유리 기구를 세척할 경우는 반드시 솔을 사용한다.

(나) 비이커를 한 손으로 위쪽의 둘레를 집어 들어 올려서는 안 된다. 비이커 안에 있는 액의 무게로 깨지는 경우가 있다.

(다) 유리관 또는 유리봉을 절단한 다음에는 반드시 절단된 곳을 불꽃으로 매끄럽게 한다.

(라) 고무마개 또는 콜크마개에 구멍을 뚫고 유리관을 끼울 경우, 미리 적은 양의 물로 고무마개·콜크마개의 구멍 또는 고무관의 내부를 적신 다음 약한 힘으로 주의하면서 살살 끼운다.

1) 외상이 생겼을 경우의 처치

(가) 유리로 부상이 생겼을 경우는 먼저 큰 유리의 파편을 제거하고, 수돗물로 작은 유리조각을 잘 씻어 낸다.

(나) 잘 씻은 다음, 상처를 치료약으로 소독한다.

(다) 상처가 클 경우는 적당한 방법으로 지혈시킨 다음 의사에게 치료를 받도록 한다.

2.5 약품에 의한 손상

약품으로 손상을 입는 것은 두 가지 경우가 있다. 하나는 진한 알칼리 또는 진한 산이 피부와 접촉한 경우이고, 다른 하나는 유독한 약품 또는 가스를 마시거나 빨아들인 경우이다. 이러한 손상을 방지하기 위해서는 다음과 같은 점을 주의해야 한다.

(가) 진한 알칼리 또는 산을 사용할 경우는 반드시 손을 물로 씻는다.

（나） 진한 황산을 물에 섞을 경우는 반드시 물속에 황산을 소량씩 가하면서 교반하여 용해한다.

（다） 진한 알칼리 또는 산이 들어 있는 비이커를 심하게 교반하지 않는다.

（라） 진한 알칼리 또는 산을 가열할 경우 얼굴을 가까이 하여 보지 않도록 한다.

（마） 진한 알칼리 또는 산을 피펫으로 빨아서는 안 된다. 특히 양이 적을 경우는 절대로 피펫으로 빨아서는 안 된다.

（바） 암모니아, 염산 등의 병을 열 경우는 얼굴을 옆으로 돌려 천천히 열어야 한다.

（사） 실내에서는 유독가스를 발생시키지 않는다.

1) 약품에 의한 손상이 생겼을 경우의 처치

（가） 피부에 약품이 닿았을 경우

진한 알칼리 또는 산이 피부에 닿았을 경우는 가까이에 있는 휴지로 흡수시켜 제거한 다음 많은 물로 씻어 낸다.

2) 유독가스를 마셨을 경우

（가） 신선한 공기가 들어오는 장소로 옮기고, 필요에 따라 인공호흡 또는 산소호흡을 시킨다.

（나） 일산화탄소의 중독일 경우는 반드시 안정시킬 필요가 있다.

（다） 위 사항 중 어느 경우이건 즉시 의사의 지시를 받아야 한다.

3) 입에 약품이 들어갔을 경우

（가） 피펫으로 빨아드린 용액이 입으로 들어갔을 경우는 즉시 토하고 물로 입을 잘 씻는다.

（나） 마시지 않았으면 해가 적다.

（다） 만일 마셨을 경우, 의식이 있을 경우는 20% 식염수 또는 더운 비눗물을 다량 주고 각각 여러 번 토해 낸다. 이러한 처치를 여러 번 되풀이한 다음, 신속하게 의사의 지시를 따라야 한다.

2.6 실험을 마치고 실험실을 퇴실할 경우의 주의사항

실험이 끝나면 사용한 실험기구를 정리하고, 실험대를 깨끗이 닦고 실험실을 깨끗이 청소를 하며, 버릴 것은 지정된 곳에 버린다. 실험실을 퇴실하기 전에 가스와 수도관의 밸브를 완전하게 닫았는지, 사용한 전기기구의 전원을 껐는지, 콘센트에서 코드를 뺐는지 확인한다.

3. 실험의 계획, 준비, 관찰, 기록

3.1 계획과 준비

(가) 실험을 시작하기 전에 정확한 계획과 준비를 해야 한다.

(나) 실험 책을 미리 잘 읽고 터득하고, 실험의 목적을 정확하게 한다.

3.2 관찰과 기록

1) 관찰

(가) 실험은 실험 책에 아무리 세밀하게 적혀 있을지라도 그와 같이 되지 않을 경우가 있으므로 잘 관찰한다.

(나) 수업을 통한 실험에서는 실험의 결과만이 목적이 아니고, 실험하는 과정을 중요하게 생각하므로 현상을 잘 관찰한다.

(다) 지금 어떠한 반응이 일어나고 있는지를 생각하면서 관찰하면 실패가 적다.

(라) 만일 실험이 실패하였을 경우, 실험도중의 경과를 자세하게 관찰하였다면 경험이 많은 지도자는 그가 관찰한 내용으로부터 실패한 원인을 예측할 수 있고, 불필요한 실험을 다시 되풀이하지 않게 된다.

(마) 좋은 결과를 얻으려면 잘 관찰하는 것이 중요하다.

2) 기록

(가) 실험 결과는 단순한 관찰과 결과의 기록뿐만 아니라, 실험하는 동안의 방법과

현상의 변화 또는 얻어진 결과를 빠트림 없이 그 장소에서 정확하게 기록해 둔다.

(나) 기록한 노트는 손쉽게 들고 다니기 쉬운 것을 사용하고, 좌우 쪽은 측정치, 관찰한 내용, 계산 또는 데이터를 정리하는 데 사용할 수 있도록 한다.

(다) 실험결과의 계산 또는 정리는 실험이 끝난 다음 가급적이면 빨리한다.

(라) 잘못 기재된 것은 정정 기호를 적어 둔다.

(마) 결과를 종이조각에 기록하는 것은 분실하기 쉬우므로 그렇게 하지 않는다.

(바) 만일 종이조각에 적었을 경우는 실험노트에 옮겨 기록하지 말고, 실험노트에 붙이도록 한다.

3.3 실험보고서의 작성방법

실험을 한 다음 그 결과를 정리하여 실험보고서를 작성한다. 수업에 의한 실험보고서는 연구논문과 같이 자기의 새로운 의견 또는 학설을 기록하는 것이 아니다. 그러나 보고서를 기록하는 경우에 있어서도 본인이 노력하여 얻은 결과를 사람에게 전달해야 하므로 보고서 작성에 신경을 써야 한다.

(가) 수업에 관련된 실험보고서는 학생이 주어진 과제를 얼마나 충실하게 하였는가를 보고하는 것이 의미가 있다.

(나) 실험결과를 정리하여 검토하고 보고서를 작성하여 제출함으로써, 실험이 완료된다.

(다) 수업에 관련된 실험보고서를 작성함으로써, 이해한 정량원리, 사용기구, 시약, 방법, 계산법 등을 잘 터득하고 복습하게 된다.

(라) 보고서는 실험자의 성격과 인격이 나타내는 것이므로, 읽기 쉽고 깨끗한 문자로 알기 쉬운 문장으로 작성한다.

실험보고서의 형식에는 여러 종류가 있으나 실험목적, 실험원리, 실험방법(시료 및 시료용액의 만드는 방법, 기구, 실험방법), 실험결과, 고찰 및 감상 등의 순서로 작성하는 것이 보통이다. 이에 관한 항목에 대해 설명한다.

1) 실험목적

이 실험으로부터 무엇을 터득할 수 있는지를 기록하고, 간단하게 적는다.

2) 실험원리

실험서의 내용과 같이 적을 것이 아니라, 실험 책에 있는 내용을 잘 읽고 자기 자신의 문장체로 적도록 노력한다. 이와 같이 노력함으로써 실험원리의 내용이 언제까지나 기억에 남게 되며, 이러한 습관이 중요하다.

3) 실험방법

(가) 시료 및 시료를 만드는 방법은 자세하고 정확하게 기록한다.

(나) 시약 및 농도의 표시는 영어, 한국어 중 하나로 통일한다.

(다) 기구는 직접 실험에 필요로 하는 것에 한하고, 장치는 그림을 그려 설명하는 것이 알기 쉬운 경우가 있다.

(라) 실험방법은 실제로 실시한 것과 같이 구체적으로 기록하고, 알기 쉽게 기록한다.

(마) 실험방법을 기록함으로써 실험이 잘못된 것을 발견할 수 있는 경우도 있다.

4) 실험결과

(가) 기초적인 실험과제인 경우는 관찰한 내용 또는 측정치는 모두 기록한다.

(나) 실험결과는 가급적이면 그림 또는 표를 사용하여 작성하고, 판단하기에 쉽도록 한다.

(다) 최후의 결과는 유효숫자를 생각하면서 나타낸다.

(라) 정량실험에서는 단위를 틀리는 경우가 있으므로 주의한다.

5) 고찰

고찰은 실험결과에 대하여 정확한 것을 설명하는 것이다. 이러한 목적에 관해서 사용 시약, 기구, 조작, 실험결과의 관계를 생각한다. 그리고 실험결과를 참고서, 학술잡지 등을 사용하여 비교 검토한다.

6) 감상, 의문, 반성

(가) 실험하는 동안에 느낀 것 또는 의문이 생긴 것을 모두 기록하도록 한다.

(나) 좋은 실험결과를 얻었을 경우는 자기의 실험태도, 생각한 것 등에 관한 것을 다음 기회에 참고가 되도록 기록한다.

제 02 장

1. 시약을 만드는 방법
2. 일반 실험기구를 취급하는 방법

1. 시약을 만드는 방법

실험을 하게 되면 시약을 만들게 된다. 그 기초지식으로 다음과 같은 것을 알아두면 좋다.

1.1 시약의 순도와 취급

1) 시약과 순도

시약은 이화학실험, 검사, 분석, 연구 실험 및 특수공업 등에 사용하기 위하여 필요한 일정한 순도를 가진 약품이다. 시약의 등급은 표준시약, 특급, 1급, 특수시약, 공업용시약으로 나누고 있다.

2) 시약을 취급하는 방법

시약을 취급하는 데 주의할 점은 다음과 같다.

(가) 시약을 만든 직후에 반드시 라벨을 붙이고 시약이름, 농도, 만든 날짜, 만든 사람의 이름을 기록한다.

(나) 빛에 의하여 변질하기 쉬운 시약은 반드시 갈색 병에 담는다.

(다) 알칼리성의 액체 시약은 폴리에틸렌으로 만든 시약병에 저장한다.

(라) 원칙적으로는 시약병에 피펫 등을 직접 넣어서는 안 된다.

(마) 한번 병으로부터 꺼낸 시약은 다시 원래의 시약병에 넣어서는 안 된다.

(바) 시약병은 병으로부터 시약을 꺼낸 즉시 마개를 막고, 사용한 다음 정해진 장소에 갖다 둔다.

(사) 다른 병의 마개를 착각하거나, 라벨을 더럽히지 않도록 주의해야 한다.

1.2 용액농도를 표시하는 방법

1) 중량백분율

용액 100 g 중에 함유되어 있는 용질의 g수로 나타낸 농도이고, 숫자의 뒤에 w%로 기록한다.

2) 용량백분율

용액 100 ml 중에 함유되어 있는 용질의 용량 ml로 표시한 농도이고, 숫자의 뒤에 v%로 기록한다.

3) 중량 대 용량의 백분율

용액 100 ml 중에 함유되어 있는 용질의 g수로 표시한 농도이고, 숫자의 뒤에 w/v%로 표시한다.

4) 백만 배율

100만 분량 단위 중의 절대수를 말한다. 일반적으로 시료 1,000 g 중에 함유되어 있는 문제성분의 양을 mg수로 나타낸 농도이고, 숫자의 뒤에 ppm을 기록한다.

5) mg백분율

시료 100 g 중에 함유되어 있는 문제의 성분의 양을 mg수로 나타내고, 숫자의 뒤에 $mg\%$로 나타낸다.

6) 몰농도

용액 1,000 ml 중에 함유되어 있는 용질의 g분자수로 나타내는 농도이고, 숫자의 다음에 M 또는 mol/l로 표시한다.

7) 규정농도

용액 1,000 ml 중에 함유되어 있는 용질의 g당량수로 나타내는 농도이고, 숫자의 뒤에 N으로 표시한다.

2. 일반 실험기구를 취급하는 방법

2.1 반응기구

1) 비이커

비이커(beaker)의 종류에는 그림 2-1과 같이 비이커, toll beaker, conical beaker가 있다. 비이커는 적정, 용액의 조제, 또는 반응 용기로 많이 사용되는 기구로 경질 유리 제품, 금속제품 또는 플라스틱 제품 등이 있다. 그리고 비이커의 용량에는 $10\,ml$로부터 수 리터의 것이 있다. 일반적으로 비이커와 toll beaker를 사용하고 있으나, conical beaker는 윗부분이 좁게 되어 있어 흔들어도 비이커 안에 있는 액을 흘릴 염려가 적으므로 적정하는 데 사용하면 편리하다.

2) 플라스크

플라스크(flask)에는 그림 2-1과 같이 여러 종류가 있고, 용도에 따라 그것에 맞는 플라스크를 사용한다. 그리고 이들 플라스크는 화학반응을 시킬 때 사용하는 것이므로 열에 강하다. 삼각플라스크(Erlenmeyer flask)는 상부가 좁아 고무마개, 콜크마개, 실리콘마개로 잘 막을 수 있으므로, 용액의 저장 또는 냉각기와 접촉시켜 일정한 농도의 용액의 반응에 사용할 수 있다.

삼각플라스크는 어깨가 없으므로 내용물을 비우기가 쉽고, 모양도 안정되어 있다. 열을 가하는 경우가 많으므로 일반적으로 엷게 만들었기 때문에 기계적으로 약하고, 내압성이 약하여 감압하에 견딜 수 없으므로 감압실험에 사용하는 것은 적당치 않다.

그리고 내용물이 더울 때 마개를 하여서는 안 된다. 환저 플라스크(round bottom flask)와 가지형 플라스크(florence flask)는 내압성과 내열성이 강하므로 감압증류와 가열반응용으로 사용하는 데 적합하다. 3구 플라스크(three neck flask)는 교반기, 온도계, 여두 등을 입구에 각각 꽂아 사용한다. 증류 플라스크(distilling flask)와 claisen flask 는 증류용으로, 특히 후자는 감압증류용으로서 적합하다.

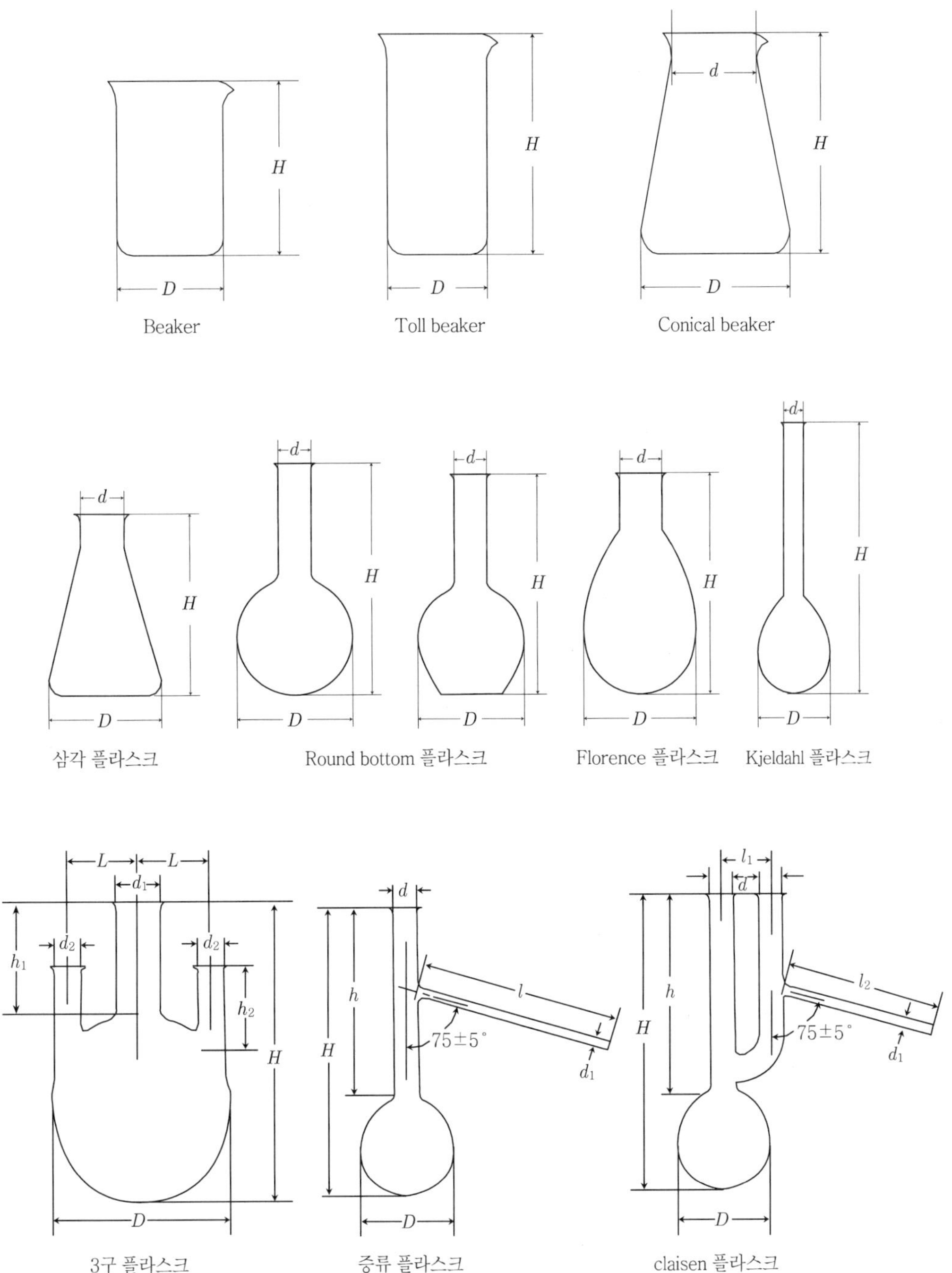

그림 2-1. 비이커와 플라스크의 종류

2.2 여과기구

여과 기구는 침전물과 모액을 분리하는 것에 상용하며, 그림 2-2와 같이 여러 종류가 있어 사용하는 목적에 따라 선택한다.

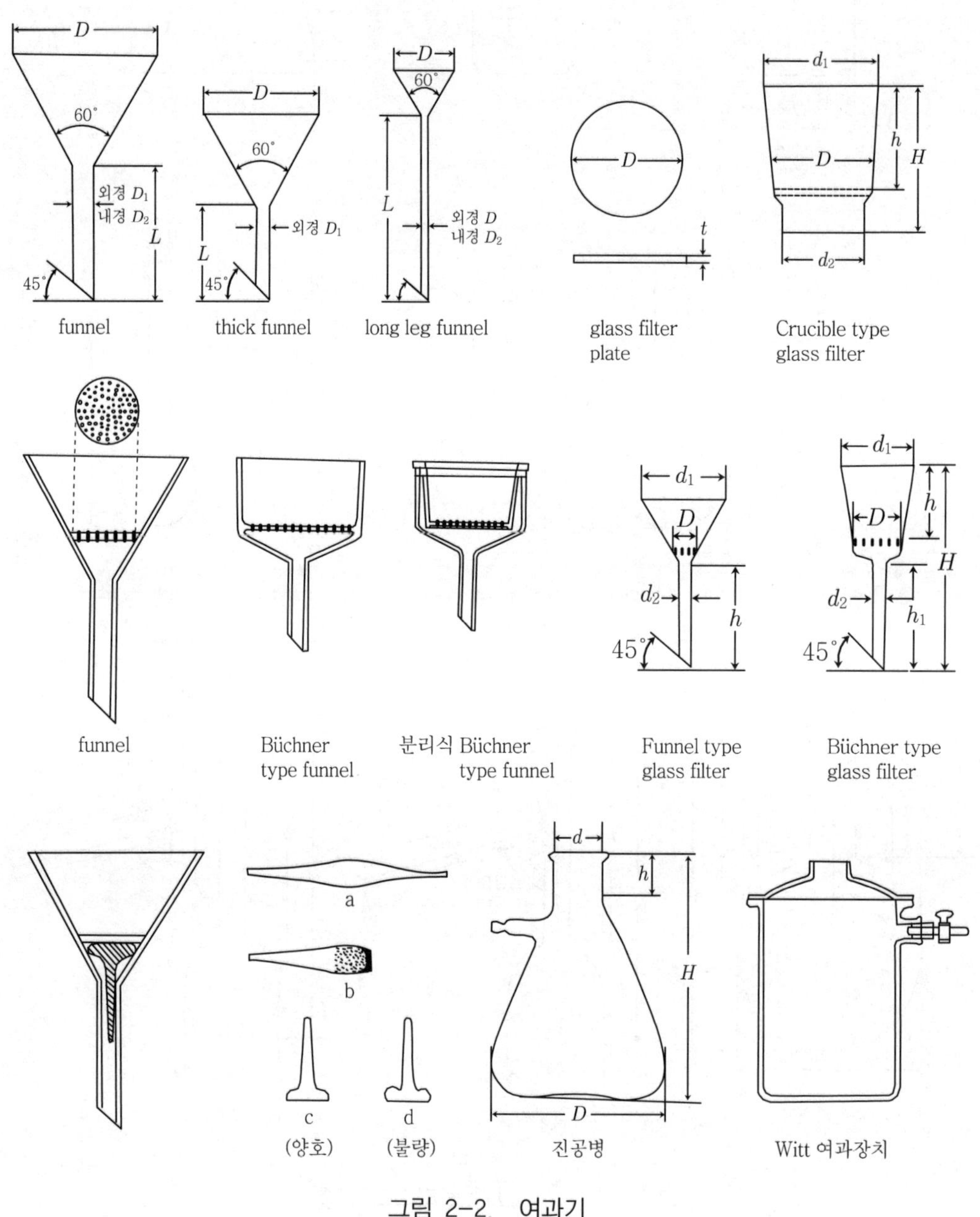

그림 2-2. 여과기

1) 여두

여두(funnel)는 유리 또는 플라스틱으로 만들고, 그 크기는 구경의 직경이 $3 \sim 30\,cm$ 이고, 보통 $5 \sim 7\,cm$ 정도의 크기를 사용한다. 여두의 다리가 짧은 것, 중간 것, 긴 것이 있다. 액체를 입구가 작은 병에 옮길 때 사용하나, 침전물을 분리할 경우는 여지를 사용하여 여과를 한다.

2) 다공판 여과기

여과기에 여지를 올려놓는 다공판을 갖고 있는 여과기가 있고, 고형분을 분리할 액의 처리량이 많을 경우는 일반적으로 사기로 만든 Buchner funnel을 사용한다. 다공판 위에 여지 또는 여포를 깔고 진공 병에 연결하여 감압 여과한다. 여과가 잘 되지 않을 경우는 여지의 위에 여과조제로 예비코팅(precoating)하여 여과하거나 또는 여과하려는 액에 여과 조제를 섞어 여과함으로써 여과를 쉽게 할 수 있다.

유리여과기(glass filter)에 붙어 있는 다공판유리의 가는 구멍의 크기는 G1: $120 \sim 100\,\mu m$, G2: $50 \sim 40\,\mu m$, G3: $30 \sim 20\,\mu m$, G4: $10 \sim 5\,\mu m$ 등이 있다.

3) 진공병

진공병에는 $50 \sim 5,000\,ml$ 용량이 있고, 유리의 두께가 두껍고 감압성이 강하며, 수류펌프 또는 진공펌프와 연결하여 감압하는 방법에 사용한다.

4) 진공 펌프

(1) 수류펌프(aspirator)

유리 또는 금속으로 만든 것이 있고, 실험실에서 진공여과, 감압증류, 감압농축 등에 사용한다. 펌프와 장치 사이에 안전반을 설치하여, 수압의 변화가 생길 경우 장치 안으로 물이 역류되지 않도록 한다.

(2) 회전식 진공펌프

감압에 사용되는 진공펌프로 대표적인 것은 그림 2-3과 같이 Gaeda형, Cenco형, 확산형 등이 있다. 도달진공도는 10~3 $mmHg$이다. 감압증류를 할 경우는 장치와 진공펌프 사이에 냉각이 잘되는 trap 또는 수분의 흡수를 잘하는 건조한 수산화나트륨, 실리카겔(silica gel)을 채운 trap을 설치하여, 진공 oil의 수분오염을 방지할 필요가 있다. 진공펌프의 회전을 정지할 경우, 정지하기 전에 장치와의 연결을 끊어 주지 않으면 진공펌프 속에 있는 기름이 역류하는 경우가 있으므로 주의해야 한다.

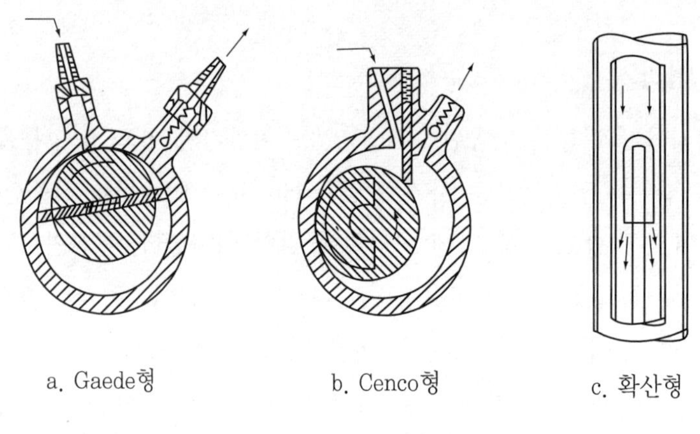

그림 2-3. 진공펌프

(3) 확산펌프(diffusion pump)

보다 강한 진공이 필요할 경우 그림 2-3(c)에 나타낸 것과 같은 확산펌프를 사용한다. 이 펌프는 기름의 증기를 불어 내어 응축시킬 때에 기체분자를 이 흐름 중에 들어가게 함으로써 흡인하는 원리이다. 기름의 종류에 따라 도달하는 진공도는 다르나, octoil은 $5 \times 10^{-8}\,mmHg$이다. 확산펌프는 보조로 진공펌프를 직결로 연결할 필요가 있고, 이 목적에는 위의 회전펌프가 이용된다.

(4) Rotary vacuum evaporator

증류 또는 농축장치는 여러 종류가 있으나, 현재는 rotary vacuum evaporator를 많이 사용하고 있다. Rotary vacuum evaporator는 증류플라스크를 균일하게 회전시킴으로써 갑자기 끓어 튀는 현상을 방지하고, 안에 있는 액을 얇은 막으로 만들어 표면적을 크게 함으로써 증발효율을 좋게 만든 원리를 이용한 장치이다. Rotary vacuum evaporator에는 여러 종류의 시판제품이 있다. 그중 하나가 그림 2-4와 같다.

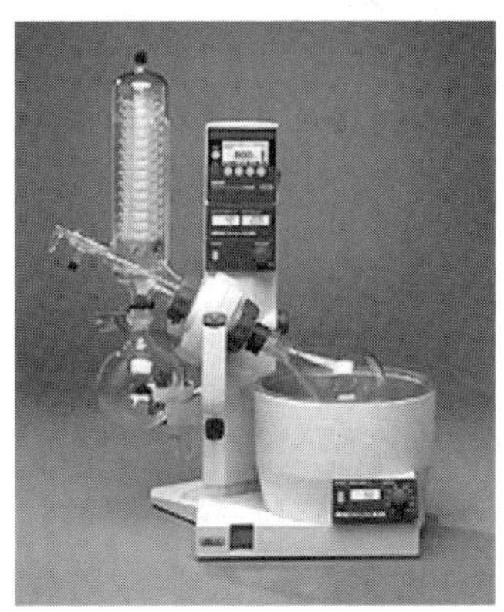

그림 2-4. Rotary vacuum evaporator

5) 분액여두

분액여두(separatory funnel)에는 그림 2-5에 나타낸 것 같이 색이 없는 유리 또는 갈색 유리로 만든 환상과 길쭉한 형의 두 종류가 있다. 휘발성 유기용매의 혼합, 2개 층을 형성하는 액의 분리 또는 고체의 성분으로부터 용질을 추출할 경우에 사용한다. 유기용매를 사용할 경우는 테프론의 콕크를 사용하는 것이 좋다.

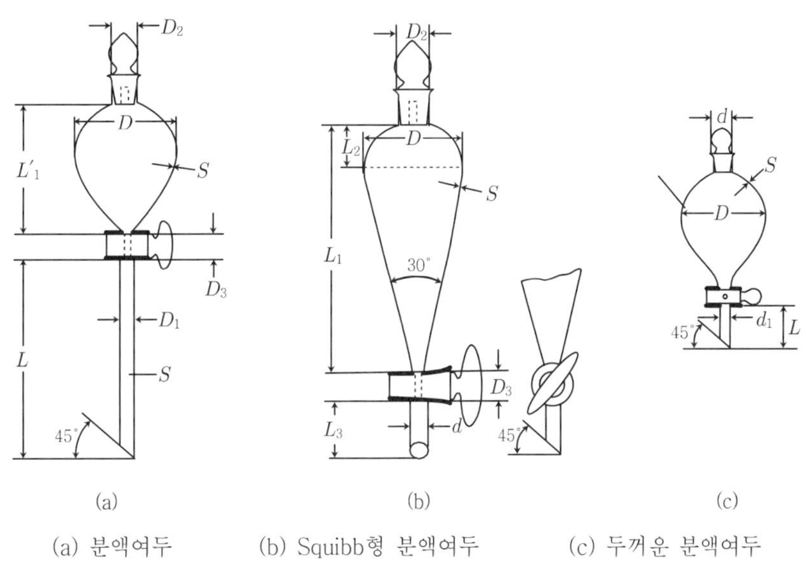

(a) 분액여두　　(b) Squibb형 분액여두　　(c) 두꺼운 분액여두

그림 2-5. 분액여두

2.3 건조기구

1) Desiccator

Desiccator는 그림 2-6에 나타낸 것과 같이 색이 없는 유리와 갈색의 유리로 만든 상압용 desiccator와 진공 desiccator가 있다. 최근에는 강한 아크릴수지 투명판으로 만든 것을 사용하고 있다. 상압용 desiccator는 시료, 평량병 등을 수분이 흡수하지 않은 상태로 보관하는 목적으로 사용하고, 진공 desiccator는 가열함으로써 변화될 가능성이 있는 물질을 건조할 목적으로 사용한다. 건조제는 염화칼슘 또는 산화칼슘, 실리카겔 중 하나를 선택하여 사용한다. 건조제를 중간에 있는 판의 아래쪽에 넣어 사용한다. Desiccator를 사용할 경우 뚜껑 밑에 와셀린을 발라 밀착시켜 닫고, 뚜껑을 열 경우는 뚜껑을 옆으로 밀면서 연다.

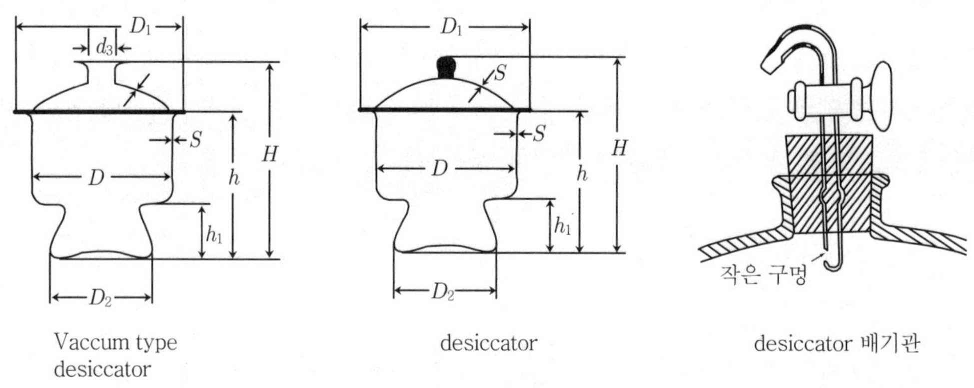

그림 2-6. Desiccator

2) 전기건조기(drying oven)

주로 유리로 만든 기구류의 건조용으로 사용한다. 온도를 조절하게 되어 있다. 여러 사람이 같이 사용하는 것이므로 내부가 난잡하기 쉽다. 그러므로 건조가 끝난 것은 방치하여서는 안 된다. 입구가 작거나 긴 병은 잘 건조되지 않으므로 가열된 상태에서 꺼내어 내부에 공기를 불어 넣어 증기를 제거한 다음 다시 건조기에서 건조하는 것이 유리하다.

3) 전기진공건조기

고형물질을 건조하는 데 사용하며, 온도와 진공도를 조절할 수 있게 되어 있다.

4) 동결건조기(freeze dryer)

가열하면 변질되는 시료의 건조에 사용되는 기구이며, 시료를 미리 -20℃로 냉각 동결하여 고체화시키고, 이것을 감압($10^{-2} \sim 10^{-3}\ mmHg$)하면 수분이 승화하면서 시료로부터 제거된다. 따라서 이 건조기에는 냉동장치와 진공펌프, 응축기 등이 붙어 있다. 단백질, 효소, 미생물 등의 생리활성을 잃지 않게 건조시킬 경우 널리 사용하는 장치이다.

2.4 계량기구

1) 질량측정

화학천평(화학저울, chemical balance)은 질량을 측정하는 데 사용하는 기기이다. 그 측정량(capacity, 일정하게 측정할 수 있는 최대질량)과 감도(sensitivity, 읽을 수 있는 최저의 양)에 따라 일반천평(측정량 $200 \sim 100\ g$, 감도 $0.1\ mg$), 소량천평(측정량 $100 \sim 50\ mg$, 감도 $0.01\ mg$), 미량청평(측정량 $20 \sim 30\ g$, 감도 $0.001\ mg$), 초미량천평(감도 $0.001\ mg$ 이하)이 있다.

등비천평

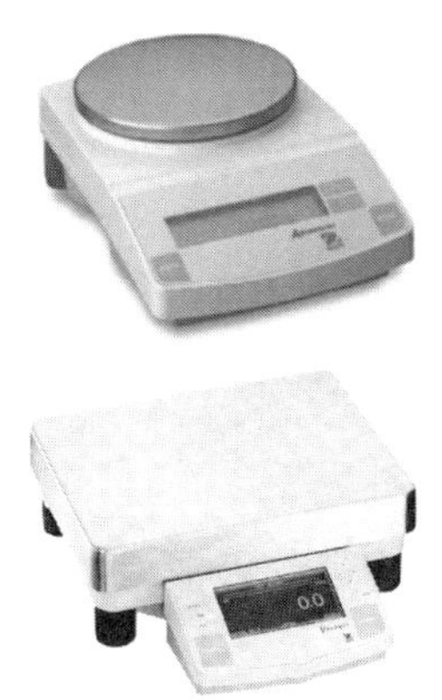

전자천평

그림 2-7. 천평

천평에는 접시가 두 개가 있는 등비청평과 접시가 하나가 있는 직시천평, 전자천평 (간이형, 미크로형)이 있다. 전자는 좌우의 접시에 물체와 분동을 각각 놓아 비교 측정 하는 것이고, 후자는 놓인 물체의 무게를 직접 읽을 수 있다(그림 2-7).

청평의 내부에 약품과 시료 등을 흘렸을 때는 바로 붓으로 털고 깨끗한 천으로 닦는 다. 천평은 정밀한 기기이므로 거칠게 취급하여서는 안 된다.

(1) 등비천평

등비천평은 간단하게 측정하는 데 편리하고, 사용하는 방법은 다음과 같다.

(가) 천평의 접시를 좌우에 올려놓고, 지시바늘의 좌우 움직임이 같도록 영점을 조절 한다.

(나) 한쪽의 접시에는 분동을, 다른 한쪽 접시에는 시료를 올려놓고, 좌우의 움직임 이 같도록 가감한다.

(다) 분동을 집을 경우는 반드시 핀셋을 사용하고, 측정이 끝나면 분동은 분동상자의 원래의 위치에 갖다 둔다.

(2) 직시천평

종래의 화학실험에서는 중량분석에서 화학천평의 사용법을 숙련시켰으나, 현재는 직 시천평 또는 분석용 직시천평은 전자천평을 주로 사용하고 있다.

직시천평은 종래의 화학천평의 원리와 같으나, 구조가 크게 다르다. 종래의 화학천평 은 분동을 빼기도 하고 가하기도 하였으나, 직시천평은 본체 중에 분동이 들어 있어 외 부로부터 다이얼을 돌리기만 하여도 기계적으로 분동의 가감이 된다. 그리고 단파를 사 용하므로 수초 사이에 진동이 억제되어 눈금을 즉시 읽을 수 있다. 직시천평의 측정에 오차를 적게 하기 위해서 다음과 같은 주의를 해야 한다.

(가) 천평은 진동이 없는 실험대의 위에, 실내의 공기의 움직임이 적고 온도의 차가 적은 곳에 설치해야 한다.

(나) 흡습성 또는 휘발성이 강한 것은 천평용 병에 담아 단다.

(다) 정밀기계이므로 신중하게 취급해야 한다.

(3) 전자천평

전자천평은 자석의 반발을 이용한 측정방법이다. 접시에 부착된 원통에 말려 있는 코일에 전류를 흘려 고정한 자석과 반발시켜, 접시의 위치가 정해진 위치에 오도록 코일에 흐르는 전류를 조절하고, 그때의 전류의 값을 중량으로 환산하여 디지털에 표시를 한다.

(가) 천평은 수평으로 설치하는 것이 중요하므로 수평기를 이용하여 정확하게 설치한다.

(나) 눈금의 교정은 표준분동을 사용하여 조정할 필요가 있다. 내장된 표준분동을 사용하여 자동적으로 교정되는 것도 있다.

(다) 단추만 누르는 조작으로 단시간에 쉽게 측정할 수 있다.

2) 용량측정기구

시료 중의 용질의 농도를 측정하는 기구와 약을 일정한 농도로 조제하거나 일정한 용량을 채취하는 목적으로 사용하는 측정용기에는 그림 2-8과 같이 mass cylinder, mass flask, 피펫, buret, pipetman 등이 있으며, 모두 일정한 오차범위 내에서 검정을 받고 있다. 측정용기는 용기 안에 있는 액의 물의 위치로부터 용량을 측정하는 경우가 있으므로 온도에 의하여 측정결과가 다르다. 그러므로 20℃를 용기를 측정하는 표준온도로 정의하고 있다.

(1) Mass cylinder

Mass cylinder에는 뚜껑이 있는 것과 없는 것이 있고, 여러 종류의 용량의 것이 있다. 비교적 정밀도를 필요치 않을 경우 사용한다. Mass cylinder의 안에 들어 있는 액체의 용량은 나타내는 액의 아래쪽 눈금을 옆으로 읽는다.

(2) Mass flask

Mass flask에는 색이 없는 유리와 갈색 유리로 만든 것이 있고, 그 용량도 여러 종류가 있다. 그리고 플라스크의 목의 중간에 표시선이 있다. 이 기구는 일정한 용액을 정확하게 만드는 데 사용한다. 일반적으로 mass flask는 가득 채운 용량이 표시되어 있다. 그러나 mass flask에는 두 줄의 표시선이 있는 것이 있다. 이 경우는 E와 A의 기호가 적혀 있고, E는 가득 채운 용량, A는 방출용량을 나타낸다.

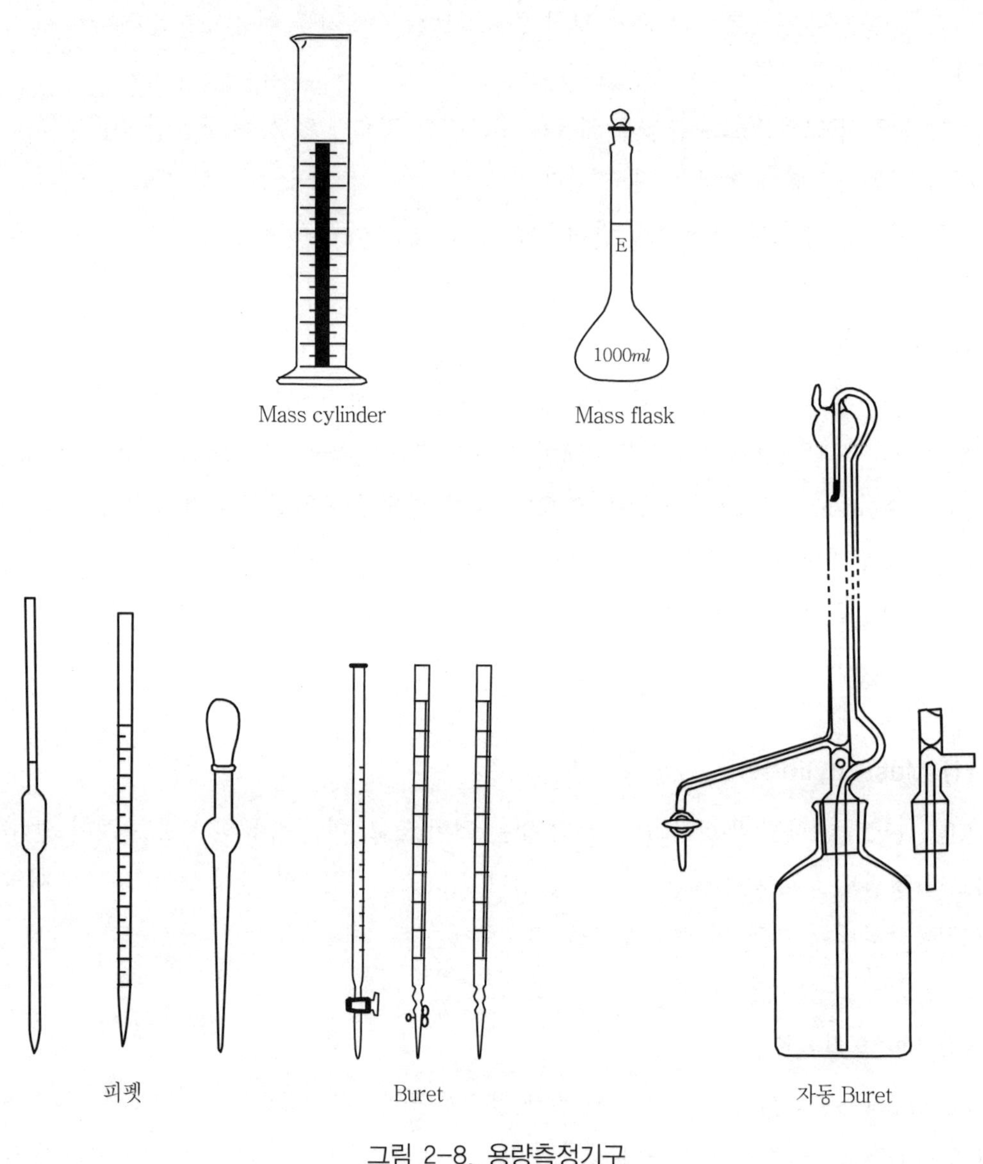

그림 2-8. 용량측정기구

(3) 피펫

피펫(pipette, pipet)에는 홀피펫(hole pippete), 매스피펫(measuring pipette), 이동식 피펫(transfer pipette), micropipette($1\sim1000\,\mu l$의 용량)이 있다. 적은 양의 용액을 빨리 정확하게 채취할 경우에 사용한다.

A. 홀피펫

홀피펫은 그림 2-8과 같이 중간이 부풀어 있고 그 위쪽의 관에 방출량의 표시선이 있다. 일정한 액량을 채취하는 데 사용한다. 피펫을 취급하는 방법은 다음과 같다.

(가) 깨끗하고 건조된 것을 사용하는 것을 원칙으로 한다.

(나) 피펫 속에 물이 붙어 있을 경우는 채취하려는 용액으로 안쪽을 세척한다.

(다) 피펫의 끝을 채취하려는 액 속에 $3\,cm$ 이상 넣고, 입으로 액을 빨아들인다. 이 경우 얕게 넣어 채취하면 공기가 들어가 액을 빨아들이는 경우가 있으므로 주의를 해야 한다.

(라) 피펫의 표시선의 보다 위쪽으로 $2\sim3\,cm$ 이상 더 빨아들인 다음 입을 떼고 빨리 손가락으로 피펫의 위쪽을 막는다.

(마) 표시선보다 여분의 액을 방출하여 옆으로 봐서 표시선에 맞게 조절한다.

(바) 그 후 피펫을 수직으로 들고, 막은 손가락을 약간 떼면서 천천히 유출시킨다.

(사) 액의 유출이 끝나면 약 10초 동안 그 상태로 유지한다.

(아) 최후에 남아 있는 액은 피펫의 끝을 유리벽에 붙이고, 피펫의 위쪽을 손가락으로 막고, 피펫의 벽을 손바닥으로 잡으면 피펫 속의 공기가 팽창하여 남은 액이 나오게 된다.

B. 매스피펫

매스피펫(measuring pipette)에는 눈금이 새겨져 있어, 필요로 하는 액의 양을 정확하게 채취할 수 있다. 사용하는 방법은 홀피펫과 같으나, 액을 전부 유출하는 것이 아니고 필요량의 눈금까지 되었을 때 위쪽을 눌러 유출을 정지시키고, 끝을 유리벽에 붙여 피펫에 붙어 있는 물방울이 남지 않도록 한다.

C. 이동식 피펫

그림 2-8과 같이 위쪽에 고무모자가 붙어 있고, 눈금이 있는 것과 없는 것이 있다. 입으로 빨 경우 위험한 용액을 채취할 때 사용한다.

(4) Buret

Buret은 색이 없는 유리 또는 갈색의 유리로 만들고, 그림 2-8과 같이 균일한 직경의 유리관에 0.1 ml마다 눈금이 새겨져 있으며, 25 ml, 50 ml의 buret을 많이 사용한다. 아래쪽에 콕크(cock)가 붙어 있는 것(buret with stop cock)과 유출하는 쪽에 고무관을 연결하여 핀치콕크로 정지시키는 Mohr buret의 두 종류가 있다. 이 외에 전체 용량이 2 ml인 micro-buret 또는 자동 buret이 있다. 어느 것이든 용액을 적정하여 유출된 양을 정확하게 측정하는 데 사용한다.

(가) 콕크를 갖고 있는 buret은 콕크에 와세린 또는 실리콘을 액체가 통과되는 부분에 닿지 않게 양쪽 끝에 얇게 바른다.

(나) Buret을 스탠드에 수직으로 고정하고, 액을 액면이 영점이 되는 눈금의 위까지 채운다.

(다) 콕크를 밀면서 회전하여 액을 천천히 유출시켜, 액면을 영점의 눈금 또는 목적하는 적당한 눈금으로 조절한다.

(라) 유출구의 끝에 붙어 있는 물방울은 여지 또는 유리봉에 살짝 대어 제거힌다.

(마) 유출구의 끝 부분과 콕크에 기포가 없도록 한다.

(바) 액을 유출시킬 경우는 일정한 속도가 되도록 한다.

(사) 유속이 빠르면 내부 벽에 붙어 있는 액이 뒤에 흘러 눈금을 읽을 때까지 시간을 두지 않으면 정확하지 않다.

(아) 사용한 다음에 깨끗이 씻어 건조한다.

(자) 콕크는 종이를 끼워 굳어지는 것을 방지한다.

제 **03** 장

1. 기구

2. 현미경을 사용하는 방법과 주의사항

3. 무균조작과 멸균

1. 기구

1) 시험관

시험관의 크기는 여러 종류가 있으나 일반적으로 길이 15 cm, 내경 1.5 cm 정도의 것을 많이 사용한다(그림 3-1).

2) 배양 유리기구

미생물을 배양하는 기구에는 삼각플라스크, Fernbach flask, Roux flask, 진탕플라스크, Monod관(L자형, T자형)이 있다(그림 3-1).

3) 접시(Petri dish)

미생물의 한천평판배양에 사용한다(그림 3-1).

4) 콜넷 핀셋

슬라이드글라스(slide glass) 또는 커버글라스(cover glass)를 옮기는 데 사용한다.

5) Micrometer

Micrometer는 현미경으로 미생물의 크기를 측정하는 데는 접안 micrometer와 대물 micrometer를 사용한다. 접안 micrometer는 원형의 유리판의 중앙에 5 mm를 50 눈금으로 나눈 눈금이 있다. 대물 micrometer는 슬라이드글라스의 중앙에 원형으로 된 작은 유리를 붙인 것으로 그 슬라이드글라스에는 100으로 나눈 눈금이 있고, 한 눈금은 정확하게 1/100 mm(10 μm)이다.

6) 백금봉 및 콘라지봉

백금봉과 콘라지봉은 미생물을 분리 또는 접종할 때 사용한다. 백금봉은 알미늄봉의 끝에 길이 5~8 cm의 백금선 또는 니크롬선을 연결한 것으로 백금선의 끝의 모양에 따라 백금선, 백금이, 백금구라 부른다. 그리고 콘라지봉은 유리 또는 특수재질의 플라스틱으로 만든 봉의 끝을 삼각형으로 만들고 미생물을 한천평판배지에 접종한 다음, 분산 희석시켜 분리할 때 사용한다(그림 3-2).

7) 튜브류

Eppendorf류의 튜브는 제한효소 등의 효소반응, 핵산의 페놀 추출, 에탄올 침전, 적은 양의 침전물의 제거 등의 실험에 사용하는 용기이다(그림 3-2).

8) Pipetter

적은 양의 시료, 시약을 채취할 경우는 micro-pipetter($1\sim20\,\mu l$용, $20\sim200\,\mu l$용, $200\sim1,000\,\mu l$용)가 있다. 전용의 팁을 가압증기살균하여 사용하기도 한다. 그 외에 용량이 큰 pipetter도 있다(그림 3-2).

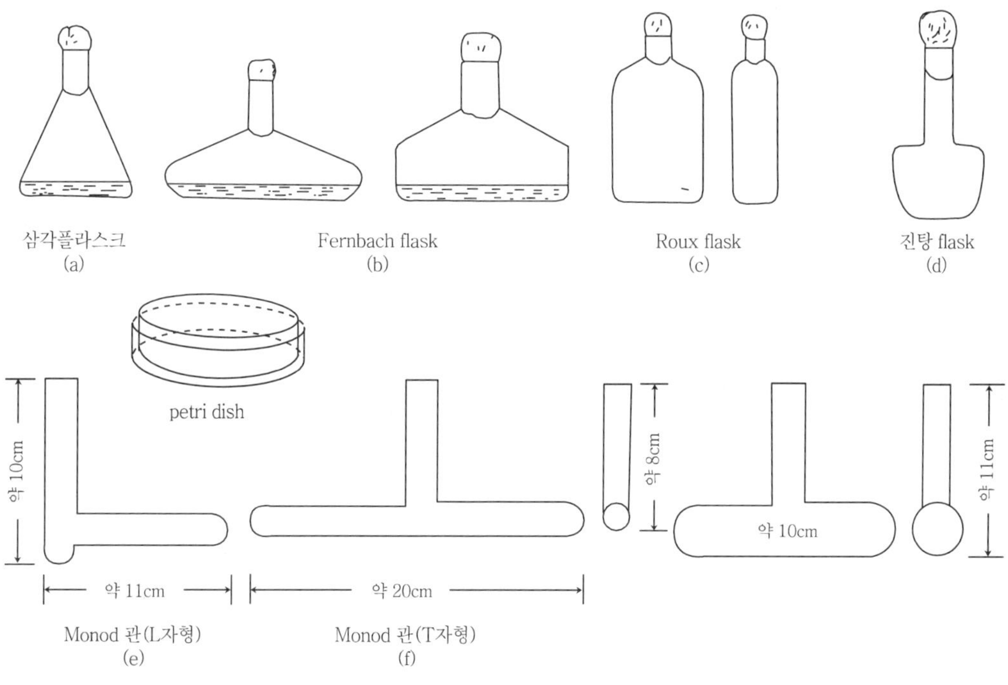

그림 3-1. 배양병

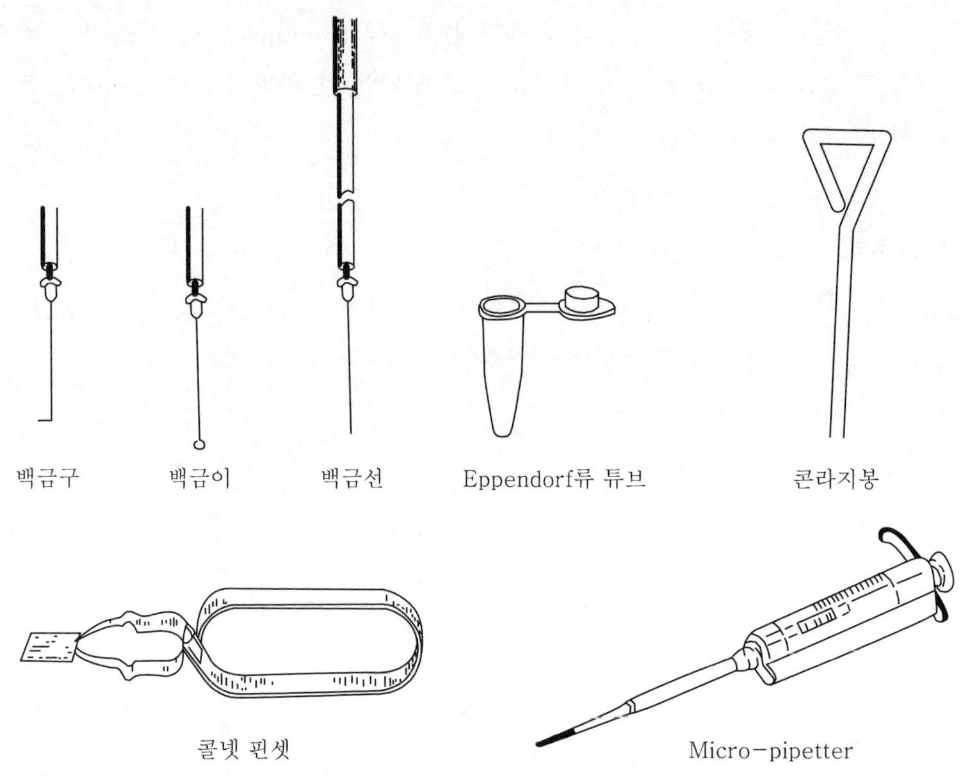

그림 3-2. 백금봉, 콘라지봉, 튜브, micro-pipetter

2. 현미경을 사용하는 방법과 주의사항

현미경(microscope)은 그림 3-3, 3-4에 나타낸 것과 같이, 대물렌스, 접안렌스, 조명
장치를 갖고 있는 광학적인 장치와 거울 및 그 외의 부속비품이 붙어 있는 기계적 장치
의 두 부분으로 되어 있는 정밀 기기이고, 현미경의 구조를 이해하고, 관찰하려는 대상
과 목적에 따라 현미경을 선택하는 것이 중요하다. 여기서는 실체현미경(그림 3-3)과
생물현미경(그림 3-4)을 사용하는 기본조작에 관해 설명한다.

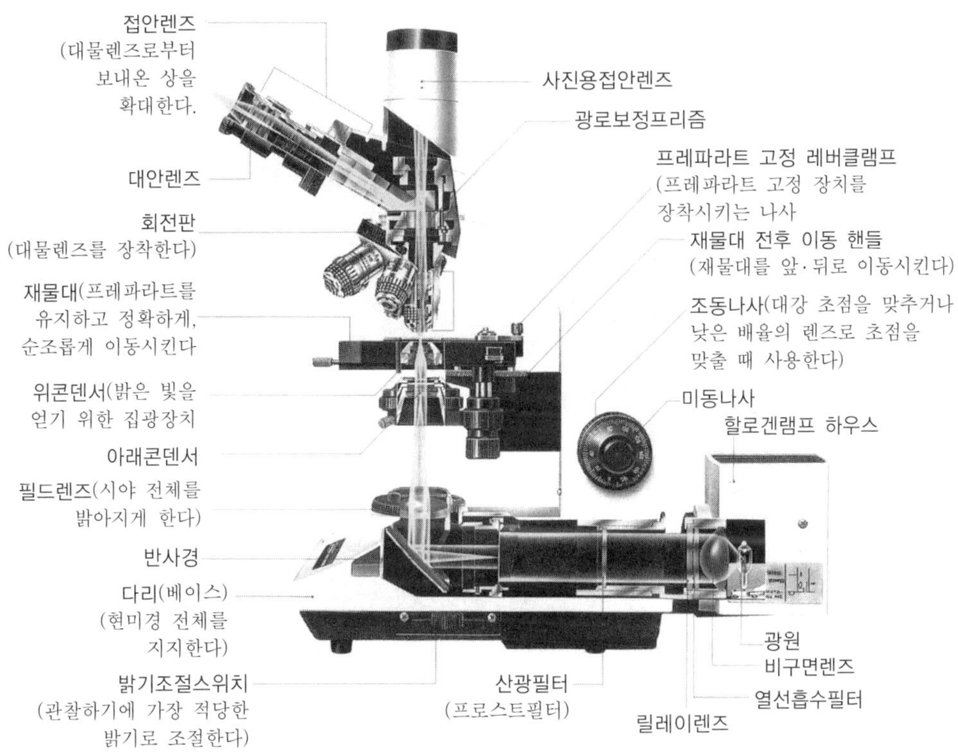

그림 3-3. 생물현미경

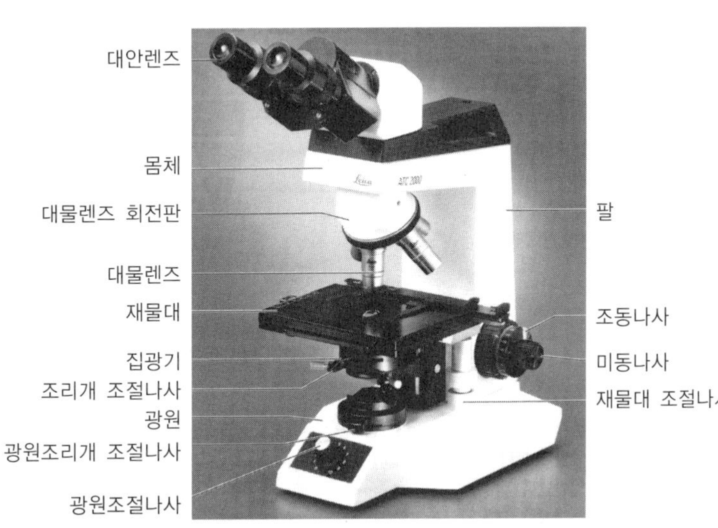

그림 3-4. 실체현미경

2.1 생물현미경의 조작순서

(가) 관찰하려고 하는 표본을 슬라이드글라스에 놓고 커버글라스로 덮고, 대물대에 고정한다.

(나) 접안렌즈와 대물렌즈로 배율을 조절한다. 이때 처음부터 높은 배율을 사용하면 관찰하려는 부분을 찾기가 어려우므로 시야가 넓은 낮은 배율로 관찰하려는 부분을 찾은 다음 높은 배율로 관찰하는 것이 편리하다.

(다) 대물렌즈로 커버글라스가 깨지지 않도록 하기 위해, 먼저 대물대와 대물렌즈를 가능한 접근시킨다.

(라) 전원을 켜서 조도를 조절한다.

(마) 접안렌즈에 눈을 대고 보면서 미세조절기의 노브를 돌려가면서 대물대를 천천히 내리거나 또는 올리면서 어느 정도 초점을 맞춘다.

(바) 좌우의 상이 하나가 되도록 눈의 폭을 맞게 한다.

(사) 오른쪽 눈으로 오른쪽 접안렌즈를 보면서 미동 노브로 초점을 맞게 하고, 다음에 왼쪽 눈으로 왼쪽 접안렌즈를 보고, 미동 노브를 돌리지 않고, 접안렌즈의 시도보정환을 돌리면서 초점을 맞춘다.

(아) 집광기를 조절하여 관찰하고 싶은 부분이 보다 잘 나타나게 할 수 있다.

2.2 실체현미경의 조작순서

(가) 관찰하려고 하는 표본을 대물대의 위에 올려놓고, 클립으로 고정할 필요가 있는 것은 잘 고정시킨다.

(나) 광량이 부족할 경우는 광원장치를 설정하고, 전원을 켜서 적당한 조도로 조절한다.

(다) 관찰하고 싶은 배율로 렌즈를 조절한다.

(라) 접안렌즈를 보면서 작동노브를 움직여 어느 정도 초점을 맞춘다.

(마) 좌우의 상이 하나가 되도록 눈의 폭을 조절한다.

(바) 오른쪽 눈으로 오른쪽 접안렌즈를 보면서 작동 노브를 돌려서 조절하고, 다음에 왼쪽 눈으로 왼쪽 접안렌즈의 작동노브를 돌리지 않은 상태에서 접안렌즈의 시도보정환을 돌려서 초점을 맞춘다.

2.3 현미경을 사용할 경우 주의할 점

(가) 검경할 경우 직사광을 피한다.

(나) 현미경을 운반할 때, 한쪽 손으로 현미경의 지지대를 잡고, 또 다른 손은 현미경의 밑을 받쳐 운반한다.

(다) 검경할 장소는 온도가 낮고, 깨끗하고 진동이 없는 장소가 좋다.

(라) 검경할 경우는 반드시 접안렌즈를 장착시킨 다음 대물렌즈를 장착한다.

(마) 렌즈의 유리 부분에 직접 손을 대지 않는다.

(사) 오랫동안 라이트를 켜 두면 표본이 건조하여 정확한 모양을 볼 수가 없으므로, 물을 몇 방울 보충하는 경우도 있다. 그리고 라이트를 끄는 것을 잊게 되면 전구의 수명이 단축되므로 관찰하지 않을 경우는 반드시 라이트를 꺼야 한다.

(아) 슬라이드글라스와 커버글라스는 더러운 것을 사용하면 기포가 생겨 잘 보이지 않으므로 깨끗한 것을 사용해야 한다.

(사) 커버글라스는 기포가 들어가지 않도록 먼저 커버글라스를 핀셋으로 집고, 커버글라스의 한쪽을 슬라이드글라스 위에 먼저 닿게 하여 천천히 놓는다. 이때 여분의 염색액 또는 물을 여지로 빨아들인다.

(아) 생물현미경의 접안렌즈의 배율을 바꿀 경우는 반드시 대물렌즈의 회전부분을 누르고 돌린다.

(자) 생물현미경의 100배 대물렌즈를 사용할 경우는 슬라이드글라스의 중앙부분에 유침용 오일을 한 방울 떨어트리고, 대물렌즈를 떨어트린 오일부분에 밀착시킨다.

(차) 슬라이드글라스의 표본을 오랜 기간 보존할 경우는 색이 없는 글리세린수로 커버글라스의 둘레에 칠한다.

3. 무균조작과 멸균

3.1 미생물, 동식물세포의 배양실험 할 때의 주의

미생물과 동식물의 세포의 실험을 할 경우, 적당한 배지(medium, media)를 사용하여 목적하는 미생물 또는 동식물세포만을 순수 배양하여 연구한다. 이 경우 다른 미생물에 의한 오염(contamination)이 되지 않도록 해야 한다. 실험실에는 무수한 미생물이 있어, 이것이 실험재료에 오염하게 되면 여러 면으로 혼란을 일으켜 실험한 결과를 무의미하게 만든다.

　　미생물과 동식물세포의 실험은 일반화학의 기본실험방법을 알아두어야 하며, 이들의 각종 주의사항은 미생물과 동식물세포의 실험에서도 그대로 지켜야 한다. 여기에서는 미생물의 실험을 하는 데 필요한 중요한 주의할 점을 설명한다.

1) 일반적인 주의

　　(가) 청결을 유지하고 잘 정돈해야 한다. 이것은 실험을 정확하게 하기 위해 잡균의 오염을 방지해야 하는 데 도움이 되고, 동시에 능률적으로 실험하는 데 그리고 화재를 방지하는 데도 도움이 된다.

　　(나) 실험실 안에서는 반드시 실험복을 입는다.

　　(다) 미생물의 접종(inoculation)을 무균적으로 위험이 없게 하기 위하여 기본적인 방법에 익숙해 두어야 한다.

　　(라) 실험에 사용하는 균주는 보존에 세심한 주의를 해야 하며, 적어도 두 개 정도의 여분이 있게 배양하여 잡균오염 등의 만일의 경우를 대비하여 둔다. 균주를 한천배지에 보관할 경우는 사멸될 가능성이 있으므로 2주~2개월마다 새로운 배지에 이식하여 계대 배양하여 보관한다.

　　(마) 배양된 미생물을 버리는 경우에는 증기살균한 다음 버린다.

　　(바) 현미경, 항온기, autoclave, 측정기를 사용할 경우는 사용법을 잘 지켜 사용한다.

　　(사) 실험이 끝난 다음에는 실험대의 주위, 실험복, 손 등을 다시 소독하고 기계, 기구를 정돈한다. 최후에 시약병의 마개, 수도, 밸브, 전기장치 등을 주의 깊게 조사하여 이상이 없도록 한 다음 실험실을 나온다.

2) 병원성 미생물을 취급하는 방법

　　(가) 사용이 끝난 슬라이드글라스, 커버글라스, 피펫, 실험관, 플라스크 등은 소독용

액에 담가 살균한다.

(나) 라벨 등은 혀로 적셔서 붙여서는 안 된다.

(다) 백금이를 화염살균할 때는 조심해야 한다. 백금이에 많은 균을 묻혀서 직접 불에 태우면 세균이 튀어 위험하다. 그러므로 천천히 탄화시켜 태우는 것도 좋으나 소독약, 소독기에서 잘 씻은 다음 화염살균을 하는 것이 좋다.

(라) 잘못하여 실험관 또는 플라스크 등을 깨트렸거나 배양액을 흘렸을 때 실험관 속, 실험기구 또는 실험대 등에 오염범위를 그 이상 넓히지 않도록 주의해야 한다. 먼저 흩어진 파편과 조각을 찾아내고, 배양액은 cresol 또는 비누용액을 적신 휴지나 걸레로 흡수시킨 다음 소독용액에 담그고, 파편과 오물은 주의하면서 소독용액에 넣어 둔다. 그리고 아무 것도 남아 있지 않은 것을 확인한 다음 그곳에 소독용액을 분무한다.

(마) 실험이 끝난 다음 손을 씻는다. 실험실에 있을 때는 되도록 자주 씻고, 실험실을 떠나서 다른 일을 할 때도 반드시 손을 씻는 버릇을 들여야 한다. Cresol, 비누용액, 70% 알코올로 씻은 다음 물과 비누로 씻는다.

3.2 살균 또는 균을 제거하는 방법

미생물과 동식물의 세포를 배양할 경우 중요한 것은 무균상태로 하기 위해서는 배지, 실험재료, 실험기구 등을 멸균해야 한다는 것이다. 멸균은 실험하는 대상에 따라 방법이 다르고 화염살균법, 건열살균법, 증기살균법, 가압증기멸균법, 여과로 균을 제거하는 방법, 약품에 의한 살균법, 자외선에 의한 살균법, 방사선을 이용하는 살균법 등이 있다. 일반적으로 배양할 때 사용하는 것은 autoclave, 약품에 의한 살균, 자외선살균이다. 그리고 무균상자 안에서 균의 접종, 계대배양을 무균조작으로 한다. 멸균과 무균조작은 배양실험을 할 경우 기본적인 기술이다.

1) 솜 마개와 다공성 실리콘마개

살균한 배지가 들어 있는 실험관, 삼각플라스크, 진탕플라스크에 공기 중에 있는 미생물의 통과로 인한 오염을 방지하고 산소를 공급하기 위해 솜 마개(cotton plug) 또는 다공성 실리콘마개를 한다.

솜 마개는 탈지하지 않은 것을 사용한다. 탈지면을 사용하면 수분을 흡수하여 오염의 원인이 되기 쉽고, 통기가 잘되지 않는다. 실험관에 솜 마개를 할 경우는 솜을 펴고, 솜의 한쪽 가로부터 폭 5~6 cm 되게 붕대모양으로 자르고, 이것을 다시 긴 쪽을 자르고, 각 중심에 1~2장의 얇은 솜을 놓고, 오른손 둘째손가락으로 조금 강하게 중심을 눌러 손가락에 끼워 면전의 머리 쪽을 오른손으로 쥐고, 자른 부분을 조금씩 접고 말아 시험관의 입구에 오른쪽으로 돌리면서 3 cm 정도가 되게 넣고, 머리 부분은 직경 2 cm 정도로 실험관의 입구의 주위를 덮게 한다. 솜 마개가 너무 단단하면 공기유통이 나쁘며, 증기살균할 때 물이 젖기 쉽다. 너무 무르면 균의 여과가 잘되지 않는다. 관의 입구 속에 들어간 솜의 길이는 긴 것이 좋으며, 너무 짧으면 빠지기 쉬우므로 주의를 해야 한다 (그림 3-5).

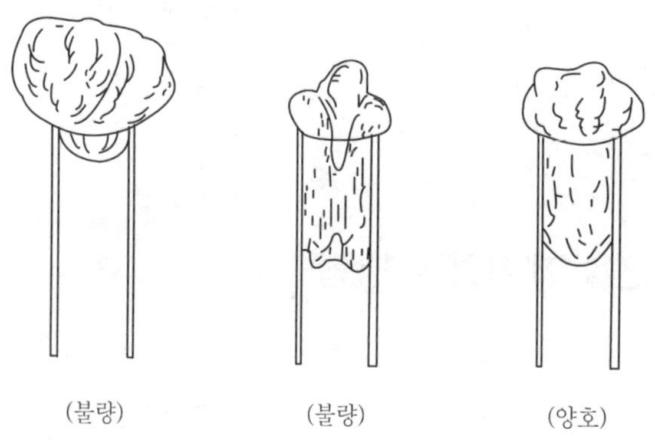

그림 3-5. 솜 마개 모양의 단점과 장점

2) 화염살균(flame sterilization)

불꽃에 태워 살균하는 것을 화염살균이라고 한다. 백금이, 백금선, 핀셋(pincette) 등의 금속제의 기구를 사용하여 균을 접종할 경우, 그리고 시험관과 플라스크에 들어 있는 균을 접종할 때는 접종하기 전과 후에 기구를 반드시 화염살균을 하여 사용한다.

3) 건열살균법

시험관, 플라스크, 페트리접시, 핀셋, 피펫 그리고 솜 마개를 한 시험관, 플라스크 등, 고온에서 견디는 것은 이 방법으로 살균한다. 솜 마개를 한 시험관과 플라스크는 적당한 실험관대 또는 금속망에 넣고 페트리접시, 핀셋, 피펫은 금속상자에 넣거나 또는 종이에 싸서 건열살균기에 넣어 가열공기로 살균한다. 가열시간은 건조기 안의 온도가 160℃가 된 다음 최저 1시간 가열하는 것이 바람직하다. 170~180℃에서 10~20분간 가열하여도 좋으나, 200℃ 정도에서는 면전과 종이 등은 건조기의 벽에 닿아 있거나 과열하면 타기 쉬우므로 주의할 필요가 있다. 솜 마개 또는 싼 종이가 연한 갈색으로 탄 정도가 되면 살균이 완전하다고 생각해도 좋다. 살균이 끝난 다음 온도가 내려가지 않은 상태에서 살균기의 문을 열면 유리 기구가 갑자기 냉각되어 파손될 염려가 있음으로 살균기가 식은 다음에 문을 열도록 주의를 하여야 한다.

4) 증기살균법

증기살균법(steam sterilization)에는 상압증기살균법과 가압증기살균법이 있다.

(1) 상압증기살균법

상압증기살균법(pasteurization)에는 60~65℃에서 30분간 살균하는 저온장시간살균법(low temperature long time sterilization , LTLT 살균 , pasteurization, holding sterilization)과 70~75℃에서 15~16초간 살균하는 고온순간살균법(high temperature short time sterilization, HTST 살균)이 있다.

100℃에서 30분간 살균하는 상압증기살균법으로는 대부분의 미생물이 사멸되나, *Bacillus*속과 *Clostridium*속의 내생포자는 내열성이 강하여 사멸되지 않으므로 이를 살균하기 위해서 1일에 한 번씩 100℃에서 30분간씩 살균하여 냉각한 다음 실온에 방치하는 방법으로 연속하여 3일간 살균하는 간헐살균법(discontinuous sterilization, Tyndalization)이 있다. 이 방법의 원리는 첫 번째의 100℃에서 가열 살균에서 죽지 않은 내열성 포자를 다음날까지 실온에 방치하여 열에 약한 영양세포로 발아시켜 다시 살균하는 방법이다. 기온이 높은 여름철에는 하루 방치하면 잡균의 오염이 생겨 혼탁되는 경우가 있다. 이런 경우는 아침에 1회 살균을 한 다음 수시간 방치하고, 오후에 2회 살균을 하며, 다음날 아침에 3회 살균을 하는 방법이 좋다.

배지가 들어 있는 솜 마개를 한 시험관과 플라스크는 솜 마개한 곳을 종이 또는 황산지로 싸서 살균기에 넣어 살균을 해야 한다. 이렇게 하지 않으면 응축수가 솜 마개를 젖게 하고 배지 속까지 들어가서 배지를 못 쓰게 하는 경우가 있음으로 주의해야 한다. 또한 살균 도중에 쓰러져서 솜 마개가 살균기 기벽에 닿아 젖는 수가 있으므로 주의를 해야 한다.

(2) 가압증기살균법(high pressure steam sterilization)

고온 고압의 과열 수증기를 포화시킨 고압증기살균기(autoclave) 안의 증기압 1.2 kg/cm^2(121℃)에서 15분간 살균하는 가압증기살균법이 있다. 이 방법은 모든 미생물을 사멸시킬 수 있으므로, 고온에서 변질 분해되지 않는 모든 배지에 사용된다. 그 외에 주사기, 피펫 등 유리기구와 금속기구의 살균에도 이용된다.

그 외에 열교환기를 사용하여 130~135℃에서 0.5~2초간 살균하는 초고온살균법(ultra high temperature sterilization, UHT sterilization)이 있다. 이 방법으로는 *Bacillus*속과 *Clostridium*속의 내성포자는 사멸하지 못한다. 그러나 열에 대하여 변질하기 쉬운 우유 등의 살균에 공업적으로 이용되고 있다.

(3) Autoclave의 사용

Autoclave의 온도는 표 3-1에 나타낸 것과 같이 증기압에 따라 다르다. 실험실에서는 autoclave(그림 3-6)를 많이 사용하므로 이 사용법에 대하여 설명한다.

표 3-1. Autoclave 안의 증기압과 온도의 관계

Gauge압		온도(℃)
kg/cm^2	1 b/inch^2	
0	0	100.00
0.2	2.84	104.25
0.4	5.59	108.74
0.6	8.53	112.73
0.8	11.38	116.33
1.0	14.22	119.62
1.4	19.90	125.46
1.8	25.60	130.55
3.0	44.66	142.92

그림 3-6. Autoclave

[사용순서]

(가) Autoclave의 아래쪽에 있는 물의 높이를 확인하고, 물이 적을 경우는 물을 넣는다.

(나) 살균하려고 하는 기구를 넣는다.

(다) Autoclave의 뚜껑을 닫는다.

(라) 증기의 배기밸브를 열고 전원을 켠다.

(마) 배기밸브로 수증기를 배출하여 내부 공기를 내보내 증기로 치환한 다음, 배기밸브를 닫고 일정한 살균 온도(121℃, 증기압 $1.0\,kg/cm^2$)와 살균시간(15분간)을 설정하고 전원을 넣어 살균한다.

(바) 증기압력계가 0이 되고 온도가 80℃ 이하가 된 것을 확인한 다음, 장갑을 끼고 autoclave의 뚜껑을 열고 수증기를 제거한 다음 살균한 기구를 꺼낸다.

(사) Autoclave의 뚜껑을 원위치에 갖다 두고 전원을 끈다.

[주의할 점]

(가) 고온고압이 되므로 취급하는 데 주의를 하고, autoclave의 내에 증기압이 있을 경우는 절대로 뚜껑을 열지 않는다.

(나) 증기압이 1.0기압 이상이 되면 탄수화물 등의 열에 대한 불안정한 물질의 분해
가 시작되므로 주의한다.

(다) Autoclave에서 멸균하는 조건은 고온이므로, 금속성의 해부기구 또는 유리로
만든 시험관, 페트리접시, 비이커 등의 내열성기구에 한한다.

(라) 고무마개 등은 내열성이 강한 실리콘고무를 사용한다.

5) 화학약품에 의한 살균

약품에 의한 살균은 autoclave로 살균할 수 없는 것, 다시 말하면 식물재료의 표면
살균, 실체현미경 등의 기기류, 열에 약한 플라스틱류가 대상이 된다. 기기류와 플라스
틱류는 70~80% 에탄올을 분무한다. 식물재료 등은 70% 에탄올로 수초 동안 살균한
다. 재료의 표면을 물로 닦을 경우는 중성세재를 한 방울 가하면 좋다. 멸균하기가 어
려운 재료는 차아염소산나트륨용액(일반적으로 1~2%)에서 5~10분간 담그면 효과
적이다.

열에 불안전한 분말 또는 결정이 아세톤과 반응하지 않는다면, 이것을 살균할 경우
결정 또는 분말을 살균한 시험관 또는 플라스크에 넣고, 순수한 아세톤을 적은 양을 넣
어 시료 전체를 젖게 한 다음, 항온기에 넣어 하룻밤 방치하고 아세톤을 증발시켜 살균
한다. 살균한 것을 살균 증류수에 무균적으로 용해시키면 무균상태의 용액으로 사용할
수 있다.

6) 자외선 살균

잡균의 살균에 이용된 자외선 살균등은 살균력이 강한 $250 \sim 280\,nm$의 파장이 주로
되어 있다. 자외선등도 가열살균할 수 없는 기구의 살균에 사용한다. 간단한 방법은 무
균상자(무균상자)에 붙어 있는 살균등 밑에 기구를 놓고 밀폐하여 20~30분간 쪼인다.
유리와 물은 자외선을 흡수하므로 유리를 통과한 햇빛의 살균력은 약하다. 따라서 물과
식품 등의 물질에 쪼일 경우는 표면층만이 살균된다. 살균등을 사용할 때는 자외선을
막는 안경을 쓴다. 그리고 무균실과 무균상자의 안을 살균할 때도 사용한다.

7) 여과 제균법

가열살균함으로써 변질되는 물질을 함유한 용액을 무균상태로 만들 경우에 적당한 여
과기를 선정하여 미생물을 제거한다. 이러한 목적으로 사용하는 여과기는 여러 종류가
있으나 일반적으로 실험실에서 막여과기(membrane filter)를 사용하고 있으므로 이에
관하여 설명한다(그림 3-7).

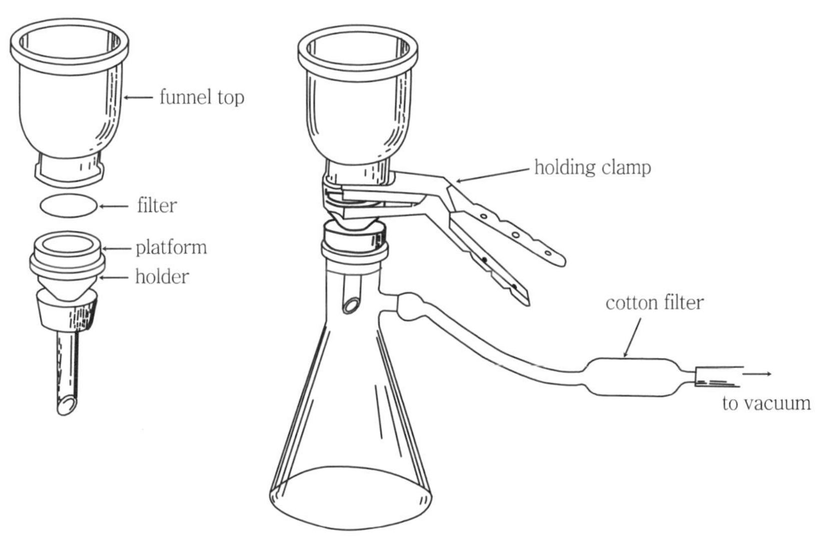

그림 3-7. Membrane filter의 장치

표 3-2. 필터의 구멍의 크기

필터의 종류	직　경	필터의 종류	직　경
SC	$8.0\,\mu \pm 1.4\,\mu$	HA	$0.45\,\mu \pm 0.02\,\mu$
SM	$5.0\,\mu \pm 1.2\,\mu$	PH	$0.30\,\mu \pm 0.02\,\mu$
SS	$3.0\,\mu \pm 0.9\,\mu$	GS	$0.22\,\mu \pm 0.02\,\mu$
RA	$1.2\,\mu \pm 0.3\,\mu$	VC	$100\,\text{m}\mu \pm 8\,\text{m}\mu$
AA	$0.90\,\mu \pm 0.05\,\mu$	VM	$50\,\text{m}\mu \pm 3\,\text{m}\mu$
DA	$0.65\,\mu \pm 0.02\,\mu$	VF	$10\,\text{m}\mu \pm 2\,\text{m}\mu$

　　Membrane filter에는 미세한 구멍이 있는 cellulose acetate 등의 cellulose ester로
만든 원형으로 된 필터(filter)를 사용한다. 그 구멍의 크기는 여러 종류가 있으며 목적

에 따라 크기를 선택하여 사용한다. Millipore Filter Corporation제의 필터의 구멍의 크기는 표 3-2와 같이 $8\,\mu \sim 10\,m\mu$의 것이 있다. 세균을 여과하는 데는 필터(membrane) 구멍의 크기가 $0.43 \sim 0.47\,\mu$인 것을 사용한다.

[사용하는 순서]

(가) 필터는 여지에 끼워 황산지로 싸고, 홀더(holder)로 느슨하게 맞추고 황산지 또는 종이로 싸며, 모든 장치를 종이로 싼다.

(나) 이 장치들을 autoclave에서 121℃, 15분간 살균한다.

(나) 멸균한 다음 무균상자 안에서 여과병에 필터 홀더를 맞추어 funnel top을 풀어서, 살균한 핀셋을 사용하여 필터를 올려놓고 원래의 상태로 조립한다.

(다) 살균한 면여과기(cotton filter)를 연결하고 진공펌프에 연결한다.

(라) 여과하려는 시료액을 funnel top에 넣고 진공흡인여과를 한다.

[세균의 여과 확인법]

*Serratia marcescens*를 배양한 Bouillon 배양액을 여과기로 여과하여, 이 여액을 Bouillon 한천배지에 접종 배양하여 본다. 만일 세균이 필터를 통과하여 여과되지 않았을 경우는 한천배지상에 *S. marcescens*가 생육하여 붉은 군락(colony)이 생기므로 간단하게 균체가 여과되는지를 확인할 수 있다.

3.3 무균조작

미생물의 배양과 동식물세포의 조직배양을 할 경우 필요한 무균상자 안에서 무균적인 조작을 하는 방법에 관해 설명한다. 무균상자 안에는 세균여과기를 통과한 무균공기가 실험대의 위쪽으로부터 내려와 무균상태를 만들고 있다. 그리고 안에는 소독용 가스버너와 자외선 살균등(UV 램프)이 있다.

[조작순서]

(가) 무균상자의 전면의 문을 올리고, 내부를 70% 에탄올로 닦아 소독한다.

(나) 팬(fan)의 전원을 켜고, 전면의 문을 완전하게 닫고, 자외선 살균등의 전원을 켠다.

※ 자외선 살균등은 무균상자를 사용하기 전에 30분간 켜 둔다.

※ 자외선 살균등이 켜 있는 동안에는 직접 눈으로 보지 않는다.

(다) 작업을 시작하기 전에 팔과 손톱 끝까지 비누로 잘 씻고, 70% 에탄올로 소독한다.

(라) 자외선 살균등의 전원을 끄고, 조명등을 켠다.

(마) 앞쪽의 문을 조금 열고, 가스의 원래의 밸브 또는 장치의 기구 밸브를 열고, 가스공급 스위치가 있는 것은 누른다.

(바) 가스버너에 있는 작은 불꽃의 콕크를 열어, 작은 불꽃을 점화한다.

(사) 주가 되는 불꽃의 콕크를 열어, 발에 있는 스위치를 밟아 점화한다. 접종(inoculation) 또는 계대 등의 조작을 하기 전후에 칼, 가위, 핀셋 등의 끝을 태워 살균한다.

※ 알코올 등의 폭발성, 연소성 약품을 무균상자 안에서 사용하지 않는다.

※ 전면의 문은 가능한 한 내려서 사용한다.

※ 팬을 운전하는 동안 이외는 착화할 수 없게 되어 있으나 팬을 정지할 때, 자리를 뜰 때는 버너의 주가 되는 불꽃, 작은 불꽃의 콕크를 닫는다.

※ 전면의 문을 완전하게 내린 상태 또는 10분 이상 연속적으로 사용하는 것은 과열, 산소의 결핍현상의 원인이 되므로, 가스버너를 사용하지 않는다.

(아) 사용한 다음에는 가스버너의 주가 되는 불꽃, 작은 불꽃의 콕크, 외부 기구의 밸브, 책상의 원래 밸브를 닫는다.

(자) 무균상자의 내부를 70% 에탄올을 닦고 건조한 다음 팬과 조명의 전원을 끄고, 전면의 문을 내리고, 전원코드 또는 가스공급용 호스를 푼다.

[주의할 점]

(가) 무균상자 안에 기구의 배치를 하는 방법에 따라 작업효율과 오염률에 영향을 준다.

(나) 작업하는 동안 사용하는 기구 또는 배지에 필요 없이 닿지 않도록 한다.

제 04 장

1. 배지 만들기
2. 미생물의 분리와 배양

1. 배지 만들기

1.1 배지

1) 배지종류와 배지조성

배지(culture media : 복수, culture medium : 단수)는 미생물 또는 동식물세포를 생육시키기 위한 여러 종류의 영양원이 들어 있는 혼합물이다. 그 조성은 미생물의 종류와 동식물세포의 종류, 생리조건 또는 실험 목적에 따라 각각 다르다. 배지는 외관상의 성질에 따라 액체배지(liquid media)와 고체배지(solid media)로 분류한다. 액체배지는 미생물의 생리화학적인 연구 또는 대량 배양에 사용하며, 고체로 된 한천배지는 미생물의 순수분리, 보존, 배양 등의 목적으로 사용한다. 액체배지를 고체배지로 만들 경우는, 액체배지에 한천(agar)을 1.5~2.0% 되게 혼합한 다음 가열하여 용해시키고 냉각하면 된다.

배지의 재료에 의하여 분류하면, 동식물 자체 또는 그를 추출한 물질을 재료로 만든 천연배지(natural media : meat extract, koji extract, malt extract, peptone, yeast extract, 곡류, 밀기울 등)와 화학적 조성이 명확한 당류, 아미노산, 핵산, 비타민, 염류 등을 재료로 하여 만드는 합성배지(synthetic media)가 있다. 그 외에 천연물질과 화학물질을 혼합하여 만든 반합성배지(semisynthetic media)가 있는데, 이 배지가 일반적으로 많이 사용되고 있다.

배지를 만드는 방법은 미생물의 종류에 따라 다르고, 연구실이나 개인에 따라 다르다. 배지 중에 있는 성분은 미생물의 균체의 구성성분과 대사산물이 되는 것이므로 배지의 성분과 성질을 잘 조사해야 한다. 배지를 구성하고 있는 영양원을 크게 분류하여 탄소원(carbon source), 질소원(nitrogen source), 무기염류, 생육인자(growth facter)로 나누고 있다.

탄소원에는 전분, glucose, sucrose, lactose, 알코올류, 유기산류, CO_2 등과 같은 탄수화합물 있고, 질소원에는 NH^+, NO_3^-의 염류, 요소, peptone, 대두박, 대두박 분해액 등이 있다. 무기염류에는 K, Mg, P, S, Fe, Ca, Na, Cl 등이 함유된 무기염류가 있고, 일반적으로 많이 사용하고 있는 것은 KH_2PO_4, K_2HPO_4, $MgSO_4 \cdot 7H_2O$이다.

표 4-1. 배지

---

① Nutrient agar medium(bouillon agar medium) - 호기성 일반세균 분리용 배지

Meat extract 5 g, peptone 10 g, NaCl 5 g, 한천분말 15 g, pH 7.0, 물 1,000 *ml*당

※ 페트리접시(9 *cm*)에 한천 평판을 만들 경우, 페트리접시 1개당 배지 약 20 *ml*로 하여 계산하여 만든다.

---

② Potato dextrose 한천배지 - 일반 곰팡이의 분리배지

20% 감자추출액 1,000 *ml*, glucose 20 g, 한천분말 20 g, pH 5.6

※ 20% 감자추출액 : 감자 200 g을 잘라 1,000 *ml*의 물에서 20분간 끓인 다음 감자를 으깨어 가제로 여과한다. 그 여액을 20% 감자추출액으로 사용한다.

---

③ Czapex-dox 배지 - 곰팡이의 액체배지

Sucrose 30 g, NaNO$_3$ 2 g, K$_2$HPO$_4$ 1 g, KCl 0.5 g, MgSO$_4$·7H$_2$O 0.5 g, FeSO$_4$ 0.01 g, 증류수 1,000 *ml*, pH 5.5~6.0

---

④ YM 한천배지 - 효모 분리, 배양배지

Peptone 0.5%, yeast extract 0.3%, malt extract 0.3%, glucose 1.5%, 한천분말 1.5%, pH 5.2

---

⑤ 전분-peptone 한천배지 - Bacillus속의 분리, 배양, 보존용 배지

가용성전분 15 g, peptone 1 g, K$_2$HPO$_4$ 0.5 g, MgSO$_4$·7H$_2$O 0.2 g, 한천분말 15 g, 물, pH 7.0, 배지 1,000 *ml* 당

---

⑥ GYP 액체배지 와 GYP 한천배지

젖산균 등 통성혐기성 세균의 분리, 배양, 보존에 사용한다.

Glucose 10 g, yeast extract 5 g, peptone 5 g, sodium acetate 2 g, Tween 80 0.5 *ml*, 무기염류용액 0.5 *ml*(v/v), pH 6.8, CaCO$_3$ 10 g, 한천분말 15 g, 배지 1,000 *ml* 당

※ 무기염류용액(*mg/ml*) : MgSO$_4$·7H$_2$O 40 g, MnSO$_4$·4H$_2$O 2 g, FeSO$_4$·7H$_2$O 2 g, HCl 적은 양

※ GYP 액체배지는 GYP 한천배지의 조성 중에서 CaCO$_3$와 한천분말을 뺀 것이다.

※ Tween 80이 없이 자라는 경우는 배지에 가할 필요가 없다.

※ 무기염류용액은 산성에서 침전을 방지하고 저장한다.

※ GYP 한천배지는 pH를 조절한 다음 CaCO$_3$와 한천을 가한다.

---

⑦ 크라인스키배지 - 방선균의 분리배지

Glucose 10 g, asparagine 5 g, K$_2$HPO$_4$ 5 g, 한천분말 20 g, pH 7.4, 배지 1,000 *ml* 당

---

⑧ 일반용 한천배지 - 방선균, 세균의 분리용배지

Glucose 10 g, peptone 5 g, yeast extract 3 g, malt extract 5 g, 한천 20 g, pH 6.2, 배지 1,000 *ml* 당

생육인자는 탄소원, 질소원, 무기염 등의 영양원이 풍부한 배지라 할지라도 배지에 미량의 성분을 첨가해야만 미생물이 생육하는 미량의 필요성분을 말한다. 이 생육인자에는 비타민, 아미노산, 핵산 등이 있다. 일반적으로 사용하고 있는 배지 일부를 표 4-1에 나타냈다.

2) 사면배지와 고층배지를 만드는 방법

사면한천배지와 고층한천배지는 미생물을 배양, 보존하는 데 사용한다. 사면한천배지는 호기성미생물을, 고층한천배지는 혐기성미생물을 배양, 보존하는 데 사용하며, 이들 한천배지를 만드는 방법은 다음과 같다.

가열하여 녹인 한천배지를 실험관에 넣고 증기살균을 한 다음 굳기 전에 그림 4-1과 같이 경사지게 실온에 놓고 냉각하여 사면한천배지를 만든다. 그리고 살균한 한천배지를 수직으로 놓아 냉각하여 고층한천배지를 만든다. 한천이 무르거나 한천을 잘못 녹일 경우 응축수가 많이 나오는 경우가 있는데 이것은 좋지 않다.

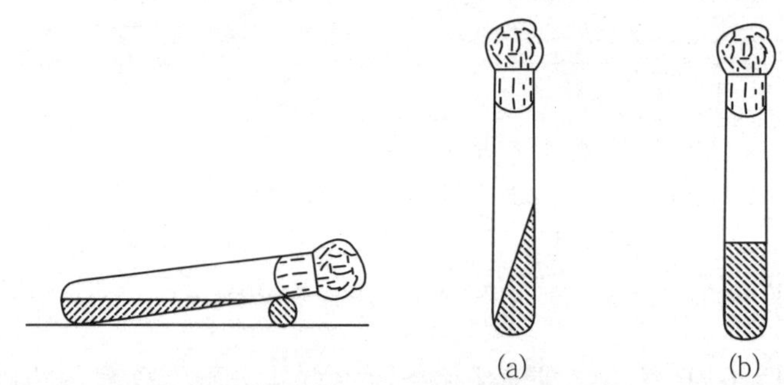

그림 4-1. 사면한천배지(a)와 고층한천배지(b)

3) 만든 한천배지의 무균시험과 보존

앞에서 설명한 방법으로 만든 한천배지는 무균시험을 해야 한다. 30~37℃에서 1~2일간 보온하여 잡균의 오염이 있는지 없는지를 확인한 다음 사용한다. 바로 사용하지 않은 배지는 변질 또는 건조되지 않도록 비닐봉투에 잘 쌓아 청결한 저온 암실에 보관하고, 필요할 때 꺼내어 사용한다.

1.2 배지의 pH 조절

미생물의 생육에 있어서 수소이온의 농도는 매우 중요한 영향을 미친다. 미생물의 종류에 따라 생육의 최적 pH가 다르므로 배지의 pH를 조절할 때 목적하는 미생물에 따라서 배지의 pH를 조절한다. 일반적으로 곰팡이는 약산성(pH 4.0~6.0), 효모류는 약산성 내지 중성 부근(pH 5.0~6.8), 세균과 방선균은 중성 내지 약알칼리성(pH 7.0~8.0)에서 잘 생육한다.

만든 배지가 목적하는 pH를 나타내지 않을 경우는 산 또는 알칼리를 가하여 조절한다. 일반적으로 NaOH, $Na_2CO_3 \cdot 10H_2O$, HCl 용액을 사용하여 pH를 조절한다. 그리고 배지를 살균하는 동안 화학반응이 일어나 조절한 pH가 다소 변화는 경우가 있으므로 이러한 것을 고려하여 목적하는 pH가 되게 처음부터 주의를 해야 한다.

[기　　구]

pH meter, stirrer, 비이커, 피펫, 세척수(증류수)

[시　　약]

표준액(pH 4, 7, 9), 4% NaOH, 0.1 N-NaOH, 1 N-NaOH, 0.1 N-HCl, 1 N-HCl

[pH 표준액 교정]

(가) pH meter를 사용하기 30분 전에 전원을 켠다.

(나) 세척수로 전극 등의 끝을 세척하고, 휴지로 닦는다.

(다) 전극 등을 표준액(pH 7)에 담그고, read 스위치를 누른다.

(라) 표준온도에 대응하는 pH값으로 STD 노브로 조절한 다음 세척한다.

※ 표준액 pH 7의 온도가 20℃일 경우는 pH 6.88로 조절

(마) 표준액 pH 4 또는 pH 9로 측정

(사) 표준액의 온도에 대응하는 pH값으로 SLOP 노브로 조절하여 교정한다.

※ 표준액 pH 4, pH 9의 온도가 20℃일 때 , 각각 pH 4.00, pH 9.22로 조절하여 교정한다.

(아) 이러한 (가)~(사) 조작을 2~3회 되풀이하여 오차를 수정하여 교정한다.

[시료의 pH 측정]

(가) 전극 등을 세척한다.

(나) 전극 등을 시료용액에 담근 다음 pH를 읽는다.

(다) 시료용액의 pH를 산성 쪽으로 조절하고 싶은 경우는 교반하면서 0.1 N-HCl 또는 1 N-HCl을 조금씩 넣어가면서 목적하는 pH로 조절하고, 시료의 pH를 알칼리 쪽으로 조절하고 싶은 경우는 교반하면서 0.1 N-NaOH 또는 0.1 N-NaOH, 10% Na_2CO_3를 조금씩 넣어 가면서 목적하는 pH로 조절한다.

(라) pH의 측정이 끝나면 물로 세척하고 전원을 끄고, pH 전극의 끝이 건조하지 않도록 증류수에 담가 둔다.

[주의할 점]

(가) pH 전극에 붙어 있는 내부에 들어 있는 액의 보충용 고무마개는 pH를 교정 또는 측정하는 동안은 열어 둔다.

(나) 준비하는 동안 전극은 액에 담그고, stirrer로 천천히 교반하고 용액에 적응시킨다.

(다) 측정하는 시료가 산성이면 표준액 pH 4와 pH 7만으로, 알칼리성이면 표준액 pH 7과 pH 9만으로 교정하여도 좋다.

(라) pH 전극에 담그는 용액을 바꿀 경우는 전극을 잘 세척하여야 한다.

(마) 전극의 끝 부분은 유리가 얇기 때문에 깨지지 않도록 잘 취급해야 한다.

(바) 교정이 끝나면 STD, SLOPE의 노브를 돌리지 않는다.

(사) 한 번 사용한 표준액은 원래의 용기에 다시 넣어서는 안 되고, 폐기한다.

(아) 전극의 안에 있는 액이 액 끝 부분으로부터 약 $25\,mm$의 높이까지 줄었을 경우는 스포이드 등으로 KCl의 전극의 안에 있는 액을 채운다. 또한 3~6개월마다 KCl의 전극 안에 있는 액을 교환한다.

2. 미생물의 분리와 배양

자연계에 있는 미생물은 주위환경의 조건(영양원, pH, 온도, 공기 등)에 따라 생육하는 미생물의 무리가 다르나, 같은 종류의 미생물만이 생육하는 경우는 매우 적고, 대부분의 경우 여러 종류의 미생물이 같이 생육하고 있다. 실험하는 사람이 목적으로 하는 미생물을 분리하여 그 생리적 성질, 응용 등에 관해 연구하는 데는 먼저 목적하는 미생물을 단독으로 분리하여 순수배양(pure culture)하는 것이 중요하다.

2.1 순수배양

목적으로 하는 미생물을 순수배양하려면 용기에 들어 있는 배지를 무균상태로 만들고 접종(이식, inoculation)할 때 잡균이 오염되지 않도록 하기 위해서 세심한 주의가 필요하다. 이 조작은 무균상자 안에서 다음과 같은 순서로 한다.

1) 접종 순서

(1) 백금선, 백금이, 백금구의 살균

(가) 백금선자루를 7% 알코올로 닦는다.

(나) 백금이를 화염살균할 때는 백금 또는 니크롬선의 부분을 화염 속에 비스듬히 넣어 붉은색이 될 때까지 태운다.

(다) 백금선 자루의 끝(금속부분까지)도 불꽃에 통과시켜서 살균하여야 한다.

(라) 화염살균한 식균 자루의 백금선이 다른 곳에 닿지 않게 놓는다.

(2) 종균을 배양한 실험관과 옮겨 심으려 하는 새로운 배지의 시험관의 화염 살균

(가) 종균을 배양한 시험관과 옮겨 심으려는 새로운 배지가 들어 있는 시험관의 외부를 70% 알코올로 닦는다.

(나) 시험관을 돌리면서 솜 마개의 외부를 살짝 태워, 용기와 솜의 외부에 붙어 있는 잡균을 죽이고, 솜 마개를 약간 빼서 다시 살짝 태운 다음 다시 막는다.

(다) 불꽃에 태운 시험관의 솜 마개를 한 부분이 다른 곳에 닿지 않도록 둔다.

(라) 종균을 배양한 시험관을 안쪽으로, 새로운 배지의 시험관을 안과 바깥쪽으로 하여 왼손의 엄지손가락과 둘째손가락 사이에 꼭 쥔다(그림 4-2).

(마) 시험관의 솜 마개를 돌리면서 약간 뺀다.

(바) 백금자루를 오른손에 쥐고 다시 화염살균한다.

(사) 시험관의 솜 마개를 그림 4-3과 같이 손가락으로 잡고 가볍게 돌리면서 뺀다. 시험관에 들어가 있는 부분이 나왔을 때 절대로 손 또는 의류 등 다른 것에 닿지 않도록 해야 한다.

(아) 시험관 입구를 불꽃 중에 넣어 회전하면서 살균한다.

(자) 살균한 백금선의 끝을 새로운 배지 안에 넣어 냉각시킨 다음 종균이 있는 시험관에서 한 백금이를 따서 새로운 배지에 접종한다.

(차) 시험관 입구를 불꽃 속에서 잘 살균하여 솜 마개의 2/3 정도의 깊이를 넣어 막고, 솜 마개와 시험관의 입구 부분을 가볍게 화염살균한 다음 오른쪽으로 돌리면서 꼭 끼워 잘 막는다.

(카) 백금선을 화염살균한다.

(타) 접종한 시험관을 항온배양기에 넣어서 배양한다.

(파) 무균상자의 내부와 주위를 깨끗이 정리 청소하여 둔다.

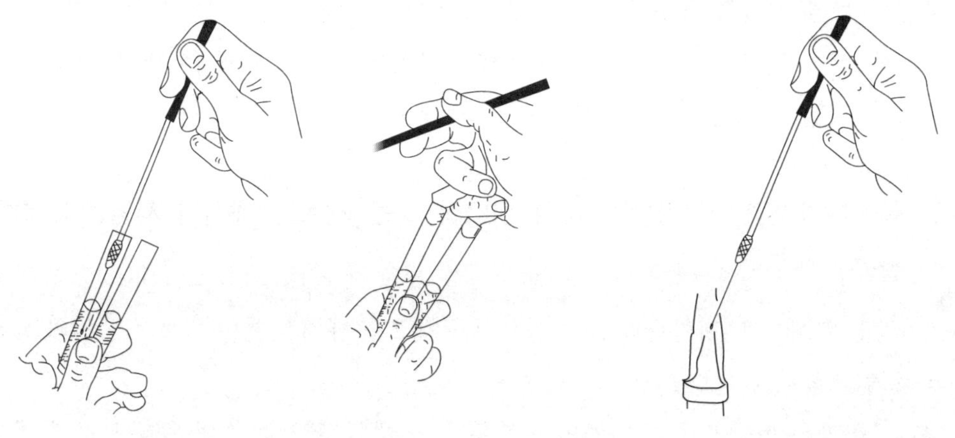

그림 4-2. 미생물의 이식 방법   그림 4-3. 백금선의 화염살균

2) 사면배양(slant culture, slope culture)

사면한천배지에 미생물을 접종하여 배양하는 것을 사면배양이라 하고, 이 배양법은

호기성 미생물을 배양하여 보관 또는 종균으로 사용한다. 백금이 또는 백금구로 순수배양법에 의하여, 배양한 시험관에 있는 균을 묻히고, 새로운 한천배지에 그림 4-4와 같이 선을 그어 가면서 접종한 다음, 항온배양기 안에서 배양한다. 그림 4-4의 A와 B는 일반적으로 균주를 보존할 때 사용하고, C는 밑 부분에 많은 균이 자라게 하며 위로 올라올수록 간격을 넓혀 단독 colony를 볼 수 있게 하는 수도 있다.

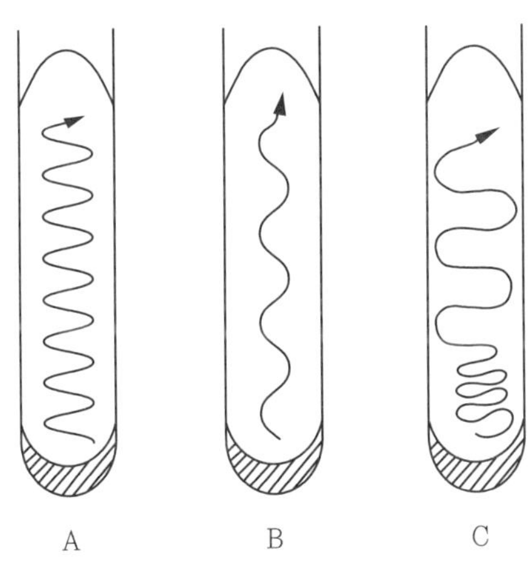

그림 4-4. 사면한천배지에 미생물을 접종하는 방법

3) 고층배양 또는 천자배양(stab culture)

고층한천배지 미생물을 접종하여 배양하는 것을 고층배양(천자배양, stab culture)이라 하고, 이와 같이 배양하는 방법은 혐기성 미생물의 배양, 보존 또는 일반 세균과 효모의 생태나 생리학적 성질을 관찰할 때 사용하는 방법이다. 이 경우는 백금이와 백금구를 사용하지 않고 백금선을 사용한다. 백금선을 순수배양법에 의하여 배양한 시험관에 있는 균을 묻히고, 새로운 고층한천배지에 그림 4-5와 같이 한천배지의 표면 중앙에서 배지의 밑 가까이까지 찔러 접종한다.

산을 생성하는 균을 보존할 경우는 고층한천배지의 밑에 백색의 침전 $CaCO_3$가 들어 있으므로 그 부분까지 닿게 접종한다. 호기성 미생물은 고층한천배지의 아래쪽은 혐기조건이므로 생육할 수 없고 상면에서 생육한다. 혐기성 미생물은 고층한천배지의 내부에서 생육한다. 그리고 한천 대신에 젤라틴(gelatin)을 사용하면 젤라틴의 응고성을 알 수 있다.

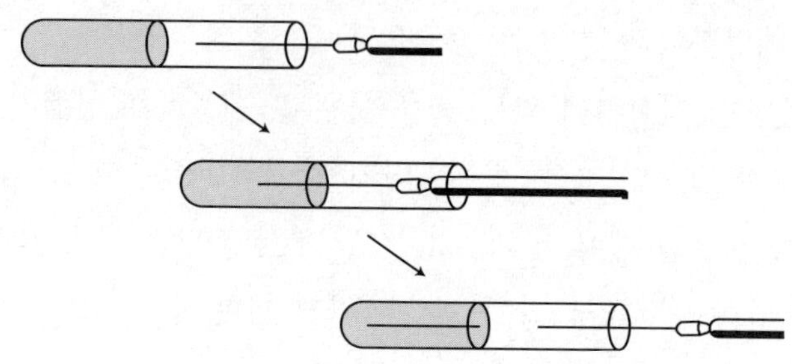

그림 4-5. 고층한천배양(천자배양)

4) 액체배양

정치배양법은 배양액을 용기에 담아 항온기 또는 항온배양기에 방치한 상태에서 배양하는 방법이다. 일반적으로 호기성 미생물을 배양할 경우는 배양액을 적게 담아 배양액의 양에 대비하여 공기와 접촉하는 면적을 크게 하고, 혐기성 미생물을 배양할 경우는 이와 반대로 배양액을 많이 담아 그의 대비를 적게 하여 배양한다.

호기성 미생물을 액체 배양하는 방법 중 정치배양법 이외에 액체배지를 삼각플라스크에 적은 양을 담아, 왕복운동 또는 회전운동의 형식으로 진탕하면서 공기 중의 산소의 공급효율을 높이는 진탕배양법(shake culture method)이 있다. 그리고 많은 양의 액체배지를 배양할 경우는 발효조(fermenter)를 사용하여 배양하는 심부배양법이 있고, 호기성 미생물을 배양할 경우는 교반속도를 높이고 여과한 공기를 공급하면서 배양하나, 혐기성 미생물을 배양할 경우는 교반속도를 낮게 하고 동시에 통기하지 않는다.

5) 한천평판배양법(agar plate culture)

Koch가 고안한 것으로, 호기성 미생물과 혐기성 미생물의 순수분리법으로 이용되고 있다. 그 외에 시료 중에 포함되어 있는 미생물의 생균세포수를 측정하는 데도 사용하고 있다. 한천평판배양법에는 분리하려는 시료를 희석하여, 녹아 있는 무균상태의 한천배지(60℃ 정도)와 혼합한 다음 페트리접시에 부어 한천평판배지를 만들고 항온배양기에서 배양하는 희석평판배양법과 살균한 한천배지를 페트리접시에 부어 한천평판배지를 만든 다음 평판배지에 분리하려는 시료를 희석하여 도말(도주, streak)하여 배양하는 도주평판배양법이 있다.

2.2 호기성미생물을 분리하는 방법

1) 희석평판배양법

토양 또는 시료 중에 있는 미생물군(microflora)의 분리와 생균수의 측정에 사용한다.

[실험 재료와 기구]

토양 또는 시료(수g)

페트리접시($9\,cm$) 5장   피펫($2\,ml$) 10개

Mass 피펫($10\,ml$) 5개   시험관($15\,cm$) 5개

콘라지봉 1개   삼각플라스크($300\,ml$) 2개

알루미늄호일

Autoclave, 건열멸균기, 항온배양기, 무균상자, 천평.

[시   약]

NaCl, 70% 에탄올

[배   지]

Nutrient agar medium(한천배지 $1,000\,ml$ 당)

Meat extract 5 g, peptone 10 g, NaCl 5 g, 한천분말 15 g, pH 7.0

※ 페트리접시($9\,cm$) 한 개에 배지 $20\,ml$로 계산하여 만든다.

[사전 준비와 주의할 점]

　(가) 페트리접시 5개와 피펫을 알루미늄 호일로 싼다.

　(나) 시험관과 삼각플라스크의 솜 마개 쪽을 알루미늄 호일로 쌓아, 미리 건열살균기에서 180℃, 30분간 멸균하여 둔다.

　(다) 콘라지봉과 닛풀은 70% 에탄올 용액에 담가 두고, 사용할 때 버너로 화염살균을 한다.

(라) 실험대는 역성비누용액으로 닦고, 청결하게 하여 둔다.

(마) 손은 깨끗이 씻고 무균조작을 하기 전에 70% 에탄올 용액으로 분무한다.

(바) 가스버너를 사용할 경우의 무균조작은 버너를 중심으로 하여 반경 $15\,cm$ 범위 안에서 모든 조작을 하도록 한다.

(사) 배지의 pH 조절은 한천을 넣기 전에 한다.

(아) 조제한 한천배지는 autoclave로 멸균하기 전에 열탕 또는 전자오븐에서 녹이거나, 또는 autoclave로 멸균한 다음 잘 흔들어 균일하게 한다.

(자) 한천배지를 autoclave로 121℃(증기압 $1.2\,kg/cm^2$)에서 15분간 살균하나, 삼각플라스크 1개당 배지의 양은 플라스크 높이의 1/3 정도로 한다. 1개당 배지의 양이 많으면 autoclave에서 멸균할 때 끓어 올라 솜 마개를 적시는 경우가 있다.

[실험방법]

(1) 한천평판배지를 만드는 방법

(가) 삼각플라스크에 들어 있는 멸균한 한천배지는, 기포가 생기지 않도록 주의하면서 잘 흔들어 60℃(손을 대면 약간 뜨겁다고 느낄 정도)까지 실온에서 냉각한다.

(나) 페트리접시를 싼 알루미늄 호일을 벗겨서, 가스버너를 중심으로 하여 앞쪽으로 왼쪽에 놓고, 플라스크는 오른쪽에 놓는다.

(다) 삼각플라스크의 배지는 오른손으로 잡고 왼손으로 알루미늄 호일을 벗기고, 바로 버너로 솜 마개가 있는 쪽을 살짝 태운다. 이때 너무 강하게 태우면 배지를 분주할 경우 유리가 깨지는 수가 있으므로 주의를 하여야 한다.

(라) 왼손으로 제일 위에 있는 페트리접시의 뚜껑을 반 정도 열어, 오른손의 배지를 $20\,ml$ 정도(3~4\,mm의 두께) 되게 천천히 따른다.

(마) 왼손의 뚜껑을 닫고, 실험대 위에 둔다.

(사) 위와 같은 방법으로 한천배지를 페트리접시에 분주하여 쌓아 두어, 냉각 응고시켜 평판배지를 만든다.

(아) 배지가 굳어지면 뒤집어 알루미늄 호일로 싸거나 고무 밴드로 묶고, 37℃의 항온배양기에서 약 하루 동안 평판배지의 표면을 건조시키고, 동시에 평판배지를 만드는

도중 오염되었는지를 확인한다(그림 4-6).

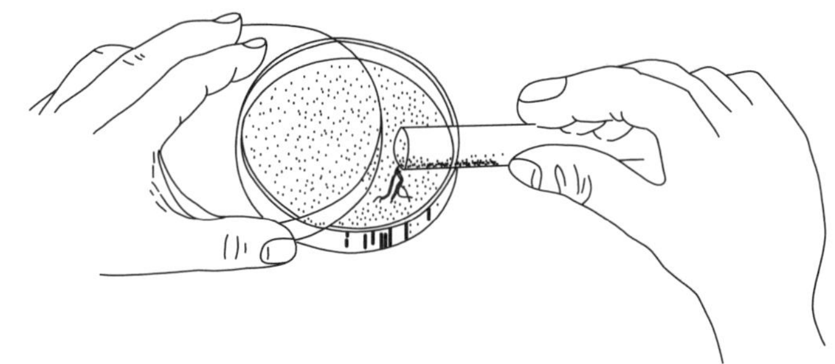

그림 4-6. 페트리접시에 한천배지를 분주하는 방법

(2) 접종균액의 희석

접종할 균의 희석방법은 그림 4-7과 같다.

(가) 솜 마개를 한 시험관에 생리식염수를 $9\,ml$씩 넣고 가압증기살균한 다음 냉각한다.

(나) 시험관에 매직으로 차래로 1번 붙어 7번까지 번호를 붙인다.

(다) 실험대를 깨끗한 물걸레로 닦고 70% 알코올로 닦는다. 그리고 버너에 불을 붙인다.

(라) 시료 또는 토양을 잘 섞고, 그중에서 $0.5\,g$을 달아 1번의 생리식염수 시험관에 넣고 잘 혼합시킨다.

(마) 피펫을 싼 알루미늄 호일을 벗기고 $1\,ml$를 취하여 2번 시험관에 넣고 잘 섞는다.

(사) 2번 시험관이 있는 혼합액 $1\,ml$을 취하여 3번 시험관에 넣고 잘 섞는다.

(아) 이러한 조작을 5번 시험관까지 되풀이하여, 각각 1/10로 희석한 액을 만든다.

(자) 이러한 조작은 무균조작법으로 한다.

분주액량	$1\,ml$	$1\,ml$	$1\,ml$	$1\,ml$	
(토양 1 g) →	(1번 시험관) →	(2번 시험관) →	(3번 시험관) →	(4번 시험관) →	(5번 시험관)
생리식염수	$9\,ml$	$9\,ml$	$9\,ml$	$9\,ml$	$9\,ml$
희석배율	1/10	1/100	1/1,000	1/10,000	1/100,000

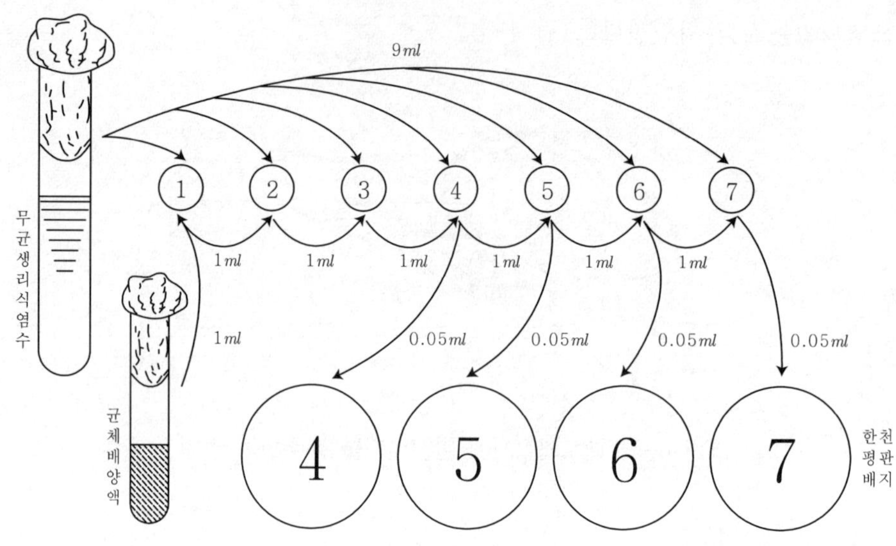

그림 4-7. 접종균액의 희석방법

(3) 한천평판배지에 접종균액을 도주하는 방법

한천평판배지에 접종균액을 도주법으로 접종하는 방법은 백금이 또는 백금구로 도주하면서 접종하는 방법과 콘라지봉(벤드글라스, bend glass)을 사용하여 도주하면서 접종하는 방법이 있다.

A. 백금구, 백금이를 이용해 도말 접종하는 방법

백금이와 백금구를 이용하는 도말 접종하는 방법은 그림 4-8과 같다.

(가) 무균처리한 한천평판배지를 3개 준비한다.

(나) 오른손에 백금이 또는 백금구를 잡고 화염살균하여 냉각한다.

(다) 백금이 또는 백금구의 끝에 균을 분리하려는 토양 또는 시료를 묻힌다.

(라) 페트리접시의 뚜껑을 왼손으로 열고 한천평판배지 위에 닿게 하여 그림 4-8과 같이 평행으로 또는 평행하게 왔다 갔다 하면서 계속 도말 접종한다.

(마) 도말이 끝난 백금이 또는 백금구를 그대로 2번 페트리접시에 같은 도말방법으로 계속 접종한다. 이 접종이 끝난 다음 위와 같은 방법으로 3번 페트리접시에 계속 도말 접종한다.

(바) 페트리접시의 뚜껑 쪽을 아래로, 한천배지를 위쪽으로 하여 항온기에 넣어 방치

하여 미생물의 생육최적온도에서 배양한다.

(사) 단독으로 형성된 콜로니를 무균상태로 새로운 한천시험관에 이식하여 배양한 다음 보관하여 시험에 사용한다.

※ 백금이와 백금구로 처음 도말한 쪽은 균이 많이 번식하여 단독으로 된 콜로니를 볼 수 없으나, 뒤쪽으로 갈수록 희석되어 단독 콜로니(single colony)를 볼 수 있다.

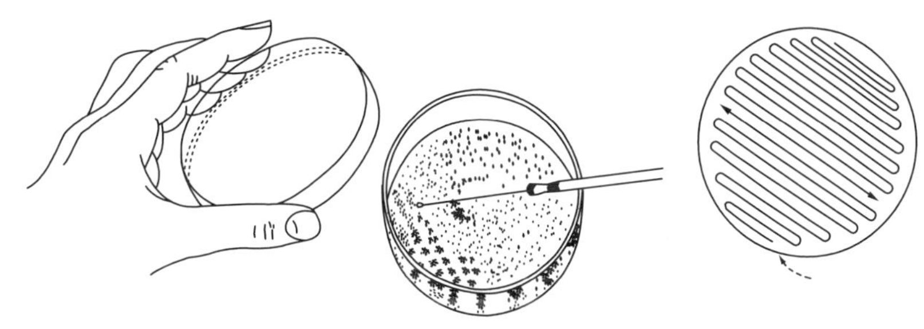

그림 4-8. 백금이와 백금구를 이용한 도말 접종방법

B. 콘라지봉을 이용한 칠하는 방법

(가) 한천평판배지가 들어 있는 페트리접시의 뚜껑의 표면에 미리 매직으로 접종일, 희석단계의 숫자를 적어 둔다. 토양에서 미생물을 분리할 경우는 희석단계 No. 4와 5를 일반적으로 사용한다.

(나) 버너를 중심으로 하여 앞 방향의 왼쪽 손 앞에 한천평판배지가 있는 페트리접시 6개를 쌓는다. 이때 희석단계의 숫자가 작은 것을 아래쪽으로, 큰 것을 위쪽으로 하여 쌓아 둔다. 그리고 오른쪽 손 앞에 희석용액이 들어 있는 시험관을 둔다.

(다) 실험하는 사람의 앞에는 알루미늄 호일로 싼 피펫을 두고, 상부를 열어 닛풀을 끼워 둔다.

(라) 5번 희석단계의 희석용액이 들어 있는 시험관을 들어 mixer로 잘 섞는다.

(마) 피펫으로 희석용액 $1\,ml$를 취하고, 한천배지 위에 $0.05\,ml$(약 한 방울)씩 2개에 접종한다.

(바) 이 조작을 4단계, 3단계에서도 실행하나, 한 개의 피펫을 사용할 경우는 균수가 적은 것, 즉 희석단계 숫자가 큰 것부터 적하 접종을 시작하도록 한다.

(사) 균액을 접종한 평판배지를 다시 희석배율이 작은 평판을 아래로 하여 차례로 쌓는다.

(아) 콘라지봉을 알코올 용액 용기에서 꺼내어, 버너에서 알코올을 증발시키면서 살균하여 불꽃 부근에서 식힌다.

(자) 페트리접시의 뚜껑을 왼손으로 열고, 콘라지봉을 한천 위에서 다시 식히고, 균액을 한천평판배지의 전체에 고루 퍼지도록 도말하여 접종한다. 다른 평판배지도 희석수가 많은 것부터 같은 방법으로 도주 접종한다.

(차) 사용이 끝난 콘라지봉은 화염살균을 한 다음 증류수에 세척하고, 70% 알코올에 담가 둔다.

(카) 한천평판의 수가 많고, 균액을 적하 도주 접종하는 시간이 많이 소요되는 경우는 같은 희석단수별로 균액을 적하 도주 접종하는 것이 편리하다.

(파) 균액을 적하한 다음 시간을 오래 두게 되면 균액이 한천에 침투하여, 콘라지봉으로 도주 접종할 경우 균이 고루 퍼지도록 하는 것이 불가능하게 되는 경우가 있다.

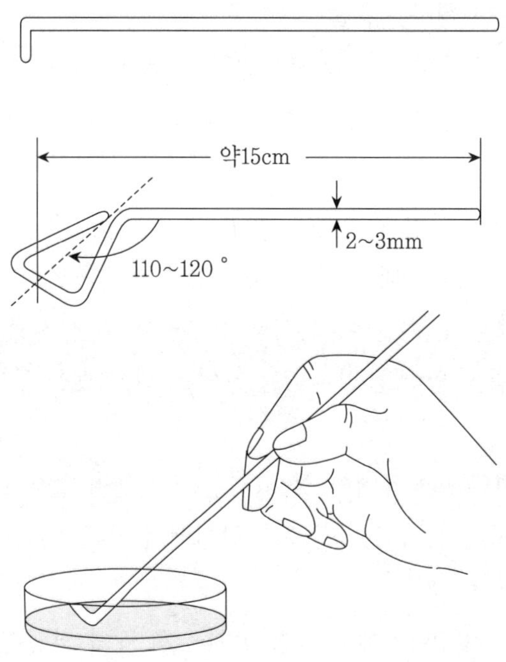

그림 4-9. 콘라지봉(벤드글라스, bend glass)에 의한 평판도주

(하) 균의 도주 접종이 끝난 다음, 10~20분간 방치하여 한천배지 중에 균액을 흡착시키고, 항온기 속에 한천평판배지의 뚜껑 쪽을 밑으로 놓고, 목적하는 미생물의 생육 온도에서 2~5일간 배양한다. 일반적으로 호기성 세균의 경우는 2일간, 효모와 곰팡이는 5일간 배양한다.

C. 균체수의 측정

(가) 배양을 한 다음, 배지의 표면에 형성된 균의 콜로니(colony)수를 측정한다.

(나) 각 평판에 형성된 콜로니수를 (N)이라 하면, (N)을 곱하여 원래의 시료, 토양 1 g당의 균체수를 계산할 수 있다.

만일 희석 5단계의 평판에 형성된 콜로니수가 20개라면

$$\text{토양 1 g 중의 균체수} = (N) \times 1/\text{적하접종량} \times \text{희석배율}$$
$$= 20 \times 1/0.05 \times 10^5$$
$$= 4 \times 10^7$$

[참 고]

(가) 평판희석배양법은 측정하는 데 1주일 정도가 소요되나, 형성된 콜로니의 형태, 색, 광택 등을 관찰하여 어느 정도 미생물별로 구별하여 측정할 수가 있다. 그리고 평판 배지상에서 특정한 미생물만을 분리할 수 있고, 실험의 목적에 사용할 수도 있다. 이를 위해서 시료 중에 어떠한 미생물이 어느 정도 있는지 알고 싶을 경우, 또는 여러 종류의 미생물이 관여하고 있는 시료 중의 균체수를 조사하는 경우에 사용하는 방법이다.

(나) 콜로니수를 측정할 경우, 측정하기 쉬운 수는 한 장의 평판배지에 콜로니수가 50~100개 정도이다. 균체수를 전혀 모르는 시료에 대해서는 8단계까지 희석하여 1~8단계의 모든 평판배지에 도주 접종 배양하고, 그중에서 적당한 콜로니수가 있는 것을 선택하여 측정하는 것이 좋은 방법이다. 콜로니수를 측정할 경우, 평판을 4개 구역으로, 또는 8개 구역으로 분할하여 콜로니수를 측정하고 계산하는 경우도 있으나, 오차가 많으므로 적당한 방법이라고 할 수 없다.

2.3 혐기성 미생물의 분리 배양법

미생물을 접종한 한천평판배지를 넣은 용기의 환경을 밀폐하여 산소가 없는 상태로 만들어 배양하여 혐기성균의 분리와 균수를 측정할 수 있다. 산소가 없는 환경을 만드는 방법은 밀폐한 용기에서 산소를 제거하거나, 또는 탄산가스로 인공적으로 치환하거나, 배지성분으로 산화환원제(cystein, thioglycolate 등)를 보충하여 배양하는 방법이 있다.

1) 한천배지를 만드는 방법

한천평판배지는 위에서 설명한 호기성 미생물을 분리하기 위해 사용하는 평판배지를 만들어 혐기조건에서 배양하는 방법과 균체액을 한천배지와 혼합하고 페트리접시에 부어 응고시킨 다음 배양하는 방법이 있다. 혐기성 미생물을 분리 배양할 경우는 일반적으로 후자의 방법을 사용한다. 후자의 방법에는 균체 시료액 또는 용해된 한천배지와 혼합한 것을 페트리접시의 밑에 있는 속 접시에 부어 응고시켜 배양하는 방법과 혼합한 것을 페트리접시의 뚜껑에 따르고, 굳기 전에 그림 4-10과 같이 속 접시의 밑을 아래로 하여 배지 위에 포개어 놓아 응고시켜 배양한다. 이때 접시의 뚜껑과 속 접시 사이를 파라핀으로 밀봉해도 된다.

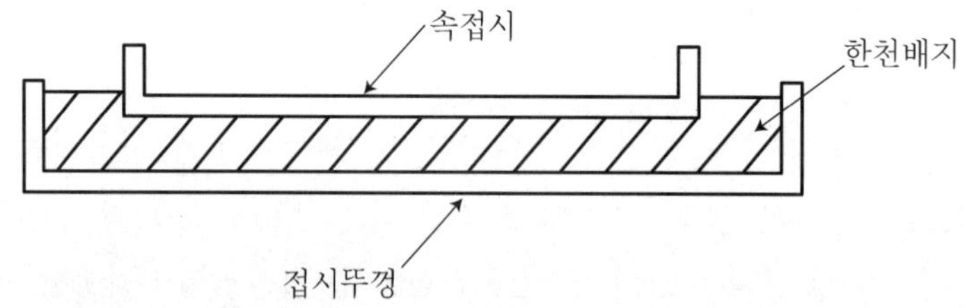

그림 4-10. 한천배지를 접시의 뚜껑에 따라 만드는 방법

(1) 한천배지를 페트리접시의 뚜껑에 부어 만드는 방법

[실험기구, 접종균액의 희석방법]

혐기성 미생물을 분리하는 데 필요한 실험기구의 준비와 접종균액의 희석방법은 호기성 미생물을 분리할 때와 같은 기구와 방법으로 한다.

[한천배지를 접시 뚜껑에 부어 만드는 순서]

이 방법은 호기성 미생물을 분리할 경우의 한천평판배지를 만들 때와 다른 점을 설명한다.

(가) 6개의 페트리접시를 알루미늄 호일로 쌓아 건열멸균한다.

(나) 한천배지 $300\,ml$를 삼각플라스크 $500\,ml$에 넣어 가열하여 녹인 다음, 솜 마개를 한 시험관에 용해된 한천배지 $25\,ml$를 넣고 솜 마개를 닫는다.

(다) 한천배지가 들어 있는 시험관의 솜 마개를 알루미늄 호일로 싼 후 121℃에서 15분간 멸균시켜 냉각한다.

(라) 버너를 중심으로 하여, 왼쪽에 멸균한 페트리접시의 알루미늄호일을 풀어 놓는다. 그리고 오른쪽에 미생물을 분리할 시료를 희석한 시험관을 놓는다.

(마) 멸균한 한천배지시험관을 60℃ 정도의 중탕에서 용해시킨다.

(바) 유성펜으로 페트리접시의 뚜껑에 희석단계의 No 5.를 적고 열어 버너 앞쪽에 놓는다.

(사) 한천배지시험관과 5단계 희석시험관의 솜 마개 쪽을 화염살균한다.

(아) 5단계 희석시료 $0.05\,ml$를 취하여 용해된 한천배지의 시험관에 접종하여 잘 섞고 준비한 페트리접시의 뚜껑에 부은 다음, 속 접시의 밑을 그림 4-10과 같이 아래로 하여 기포가 없게 포개어 응고시킨다.

(자) 이러한 조작[(바)~(아)]을 4단계의 희석한 시료액, 3단계의 희석한 시료액도 한다.

(차) 접종한 한천평판배지를 항온기에서 배양하여 생긴 콜로니를 천자배지에 접종배양한다.

(2) 배지와 배지표면의 공기차단방법

(가) 파라핀과 바셀린(vaseline) 등을 이용하는 방법

살균 냉각한 파라핀과 바셀린 등을 배지의 표면에 $1.5\,cm$ 정도 두께로 중층하여 공기와 차단하는 방법이다.

(나) 공기치환법

혐기배양기에 미생물을 접종한 시험관 또는 플라스크를 넣고 진공펌프로 탈기한 상태로, 또는 탄산가스나 질소가스로 치환하여 배양한다.

(다) 탄산가스 배양법

Desiccater의 뚜껑을 열어 미생물을 접종한 시험관, 페트리접시를 넣고 양초에 불을 켜서 뚜껑을 닫아 두면, 연소할 때 desiccator 속에 있는 산소가 소모되어 탄산가스로 치환되면서 불이 꺼진다. 이 상태로 하여 항온기에서 배양한다.

(라) 환원제를 배지에 첨가하는 방법

대표적인 것으로 thioglycolate가 있고, 육즙에는 0.1% cystein을 넣어 사용한다.

(마) 화학적 산소흡수법(Novy씨법)

화학용 건조기 밑에 pyrogallol과 KOH를 고체상태로 넣고 용기 내의 산소를 흡수시켜 혐기성 세균을 배양하는 방법이다. 그림 4-11과 같이 화학용 건조기에 미생물을 접종한 시험관, 페트리접시 등을 넣고 뚜껑을 닫고, 한쪽에서(A) 공기를 뺀 다음 콕크를 막고, 다른 쪽(B)을 통하여 물을 흡수시켜 건조기의 밑에 넣는다. 건조기의 밑에 있는 pyrogallol과 탄산칼륨은 물에 녹으면서 화학 반응이 일어나 무산소상태가 된다. Pyrogallol 1 g에 10% KOH 10 ml를 가할 경우는 37℃에서 하루에 100 ml의 공기 중에 있는 산소를 전부 흡수한다. 건조기 안을 감압상태에서 할 경우는 그 비율을 계산하여 첨가하면 좋다. 실온에서는 산소를 흡수하는 데 오랜 시간이 소요된다.

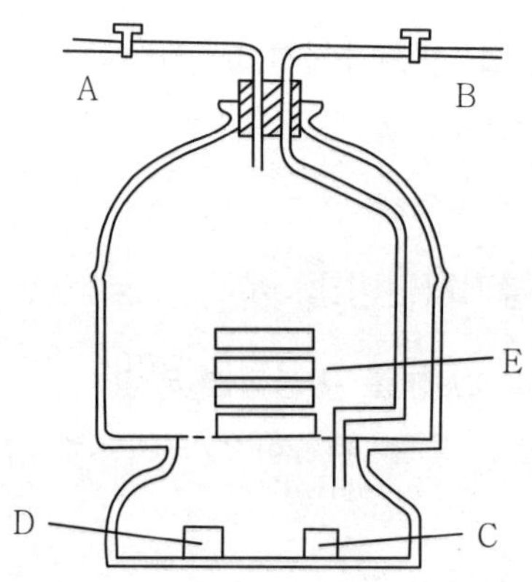

A : 공기배제 cock   B : 물유입 cock   C : 고형 KOH
D : 고형 pyrogallol   E : 평판배양할 페트리접시

그림 4-11. Novy씨 배양기

2.4 액체배양

미생물의 생리와 생태의 관찰, 배양액의 화학적 분석, 발효상태의 조사, 많은 양의 균체와 대사산물의 획득을 위하여 사용하는 액체배양법에는 정치배양법, 진탕배양법, 통기배양법이 있다.

1) 정치배양법(stationary culture or static culture)

(1) 시험관 액체배양법

시험관 안에 $5{\sim}10\,ml$의 배지를 넣고 살균한 다음 백금이로 접종하여 항온기에서 배양한다. 관찰할 것은 실험하려는 균의 생육상태, 균괴, 피막, 침전물의 생성 유무, 가스 발생의 유무 등 간단한 발효생산물의 검출에 사용한다.

(2) 배양병에 의한 액체배양

배양액을 삼각플라스크, 평저플라스크에 넣고 정치하여 배양한다. 호기성 미생물을 배양할 경우는 배양액의 용적에 비하여 공기와 접촉되는 면적을 크게 하기 위하여 배지를 적게 담아 배양한다. 혐기성 미생물을 배양할 경우는 이와 반대로 배양액의 용적에 비하여 공기와 접촉하는 면적을 적게 하기 위해 배양액을 많이 담아 배양한다.

2) 진탕배양법(shaking culture)

진탕배양법은 통기배양법의 일종으로, 왕복진탕기(reciprocal shaker, 일반적으로 $120{\sim}140\,rpm$)와 회전진탕기(rotary shaker, 일반적으로 $150{\sim}300\,rpm$)를 사용한다. 액체배지를 시험관과 플라스크의 용량의 $10{\sim}20\%$ 정도 되게 넣고, 진탕배양기의 판에 잘 고정하여 진탕배양한다. 시험관을 사용할 경우는 시험관을 배지가 솜 마개를 젖게 하지 않게 비스듬히 고정하여 진탕배양한다.

배양액의 용량에 대하여 액량이 너무 많으면 배양하는 동안 솜 마개가 젖어 잡균오염이 될 우려가 있으므로 배지의 액량, 솜 마개의 단단한 정도, 길이 등을 적당히 조절한다. 이 방법은 공업적으로 대량 배양할 경우 접종하는 종균의 배양에 사용하고 있다. 그 외에 실험실적인 통기배양에 사용하고 있다.

3) 통기배양법(aeration culture method)

공기여과기를 통하여 미생물을 제거한 공기를 공급하면서 호기성 미생물의 배양과 산화적 발효를 하여 대량 배양하는 목적에 사용한다. 가장 간단한 장치는 삼각플라스크에 공기를 통기시키는 방법이 있으나, 현재는 특수한 통기장치가 고안되어 있다. 실험실에서 사용하고 있는 통기배양장치로 jar fermenter가 있다. 이 장치는 공업용 fermenter를 소형화한 장치로 1~30 *l* 정도가 되는 용적이 많다. 발효조가 stainless steel로 만든 것과 유리로 만든 것이 있다. 그중에서도 용기(vessel, 2.5~14 *l*)를 유리로 만든 것을 실험실에서 많이 사용하고 있으므로 이에 대하여 설명한다.

(1) 유리 jar fermenter의 구조

배지를 넣은 용기의 교반기를 위쪽에 연결한 것과 아래쪽에 있는 자석의 회전에 의하여 교반되는 두 종류가 있다. 발효할 때 균체의 양이 많이 생기거나 또는 발효액의 점도가 높을 경우는 전자를 사용해야 한다.

발효조의 용기는 유리로 만든 원통이고, 위쪽과 아래쪽은 stainless 원판으로 밀폐되어 있다. 위쪽의 뚜껑에는 교반기가 붙어 있고, 그 외에 공기통풍구, 공기배출구, 시료 채취구, 종균의 접종과 소포제의 투입구, 산과 알칼리, 온도계, DO meter, pH meter의 전극들의 삽입구가 있고, 이들을 삽입하거나 연결할 수 있게 되어 있다. 그리고 자동조절판에는 계기와 기록계가 있고, pH와 온도는 자동조절 할 수 있게 되어 있다(그림 4-12).

(2) 살 균

(가) 유리 용기와 용기에 붙어 있는 모든 장치를 깨끗이 씻어 건조한다.

(나) 용기의 뚜껑에 붙어 있는 장치를 전부 조립한 다음 유리 용기와 조립하여 물이 새지 않도록 한다.

(다) 플라스크에 담은 배지용액을 용기의 용량의 50~70%의 용량이 되게 종균 접종구로 넣고 뚜껑을 닫는다.

(라) 산과 알칼리의 투입구, 시료채취구, 공기투입구에 실리콘튜브를 연결하고 그 끝을 알루미늄 호일로 싼다. 이때 공기투입구와 시료채취구로 증기가 통하게 하여 이 부

분을 완전하게 살균하는 것이 중요하다.

(마) 모든 것을 조리한 용기를 autoclave를 사용하여 121℃에서 15분간 살균한다. 배지의 용량이 많을 경우는 살균시간을 연장한다.

(바) 살균한 용기를 본체의 원래 위치에 갖다 두고 용기의 모든 연결부분을 본체와 연결하고, 통기하지 않고 교반하면서 천천히 냉각한다. 급속하게 냉각하면 유리가 깨질 수가 있다.

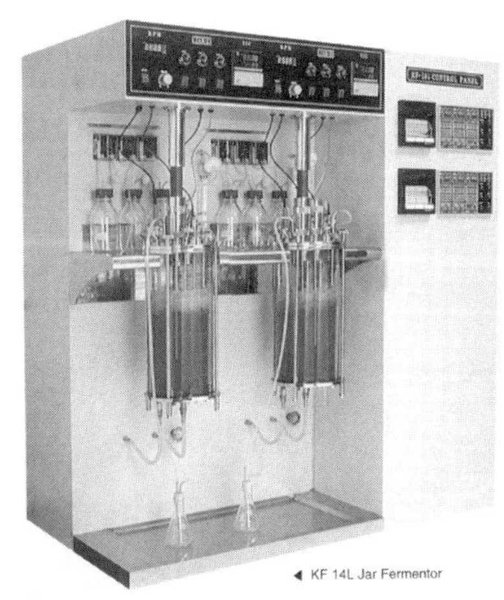

(A) 상부 교반형(top driven)

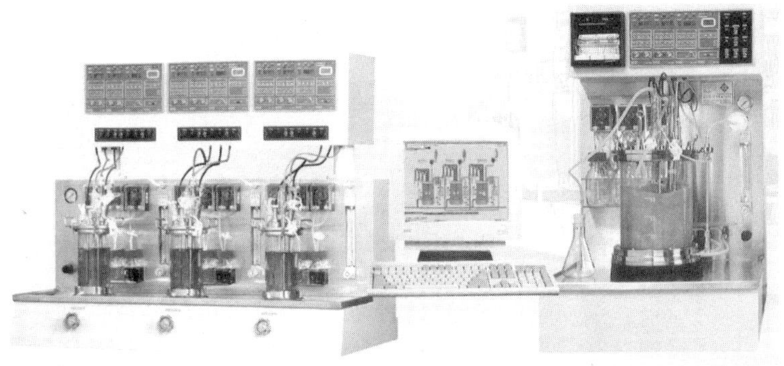

(B) 하부 교반형(bottom driven)

그림 4-12. Jar fermenter

(3) 종균의 접종

(가) 종균이 들어 있는 플라스크를 70% 알코올로 닦아 둔다.

(나) 알코올을 묻힌 가제를 종균접종구 둘레에 놓고 점화한다.

(다) 종균접종구의 뚜껑을 열어 둔다.

(다) 종균을 배양한 플라스크의 솜 마개 쪽을 돌리면서 화염살균을 하고, 불꽃 속에서 솜 마개를 빼고 접종한다.

(라) 종균접종구의 뚜껑을 화염살균하여 닫는다.

(마) 불이 붙어 있는 가제를 핀셋으로 집어 빈 용기에 넣고 빨리 뚜껑을 덮어 불을 끈다.

(바) 통기하면서 정상발효를 시작한다.

제 05 장

1. 효모와 세균의 형태의 관찰

1.1 효모와 세균의 형태

[실험목적]

미생물의 세포를 관찰하는 방법을 알게 하고, 동시에 효모와 세균의 모양과 세포의 크기, 배열, 운동성 등을 알게 한다.

[실험재료]

Saccharomyces cerevisiae, Schizosacharoyces pombe, Escherichia coli

[시   약]

(가) Methylene blue 염색액

Methylene blue 5.0 g을 에탄올 100 ml에 녹인 용액 10 ml에, 0.01 % 수산화칼륨용액 100 ml를 가한다.

(나) 유침유

[실험기구와 기기]

슬라이드글라스 5개, 커버글라스 6개, micrometer, 백금이, 콜넷 핀셋, hollow slide glass 1개, 광학현미경, 가스버너

[슬라이드글라스의 세척]

표본을 만들 때 사용하는 슬라이드글라스는 크롬황산용액(진한 황산 500 ml, K_2CrO_4 50 g 혹은 K_2CrO_4 60 g을 물 300 ml에 녹여, 진한 황산 460 g을 가한다.)의 세척용액에 담갔다가 물로 깨끗이 씻은 다음 건조시키고, 알코올을 채운 광구병에 담가 보관한다.

1.2 일반적인 표본

효모, 세균, 곰팡이의 검경에 가장 많이 사용하며, 슬라이드글라스와 커버글라스 사이에 시료(균체)를 물에 현탁시킨 것이다.

(가) 백금이를 사용하여 슬라이드글라스 위에 살균한 증류수 또는 수돗물을 한 방울 떨어트린다.

(나) 이 물방울이 떨어진 위에 백금이로 시료 균체를 묻혀서 도말하듯이 고루 섞어 준다.

균체이 양이 너무 많으면 관찰하기가 어렵다.

(다) 커버글라스의 한쪽을 슬라이드글라스에 균체를 도말한 부분의 위에 비스듬히 세우고, 천천히 다른 쪽을 내려가면서 덮어 슬라이드글라스 위에 포갠다. 이 경우 두 글라스 사이에 기포가 들어가지 않도록 주의해야 한다.

(라) 글라스가 서로 밀착되어 여분의 수분이 커버글라스의 가장자리에 나와 있으면 여지로 흡수시킨다.

(마) 현미경으로 검경하는 동안 수분이 증발되어 건조하는 것을 방지하기 위해 커버글라스 주변에 바셀린을 칠하여 고정시키는 경우가 있다.

(사) 현미경의 대물대에 올려놓고 검경한다.

1.3 현적표본

미생물(세균) 고유의 운동성이 있는지 없는지를 검사하는 데 사용한다.

(가) 커버글라스를 콜넷 핀셋(cornet pincette)으로 집어 그 위쪽 면의 중앙에 한 방울의 살균증류수, 수돗물, 생리식염수(1.85%)를 떨어뜨린다.

(나) 백금이로 소량의 시료 균액을 묻혀서 물방울이 떨어진 위치에 도말하듯이 고루 섞어 준다.

(다) 한편 오목하게 들어간 부근의 주위에 바셀린을 칠하여 둔다.

(라) (나)에서 처리한 콜넷 핀셋으로 집은 커버글라스를 뒤집어 표본의 면을 밑으로 가게 하면서 커버글라스의 2개의 대각선을 가볍게 두 손가락 끝의 콜넷 핀셋에서 빼내고 hollow glass 위에 그림 5-1과 같이 놓고, 가볍게 눌러 둔다.

(마) 커버글라스의 주변에 바셀린을 도말하여 고착시킨다.

(바) 검경할 때는 저배율로 조절하여 시야의 중앙에 도말한 부분을 가져와서 고정하여 놓고, 고배율로 검경한다. 광선은 가능한 약하게 하여 관찰하는 것이 좋다. 이상과 같이 초점을 맞추어 균체가 보이게 되면 표본을 약간 움직여 도말한 중심부분을 관찰한다.

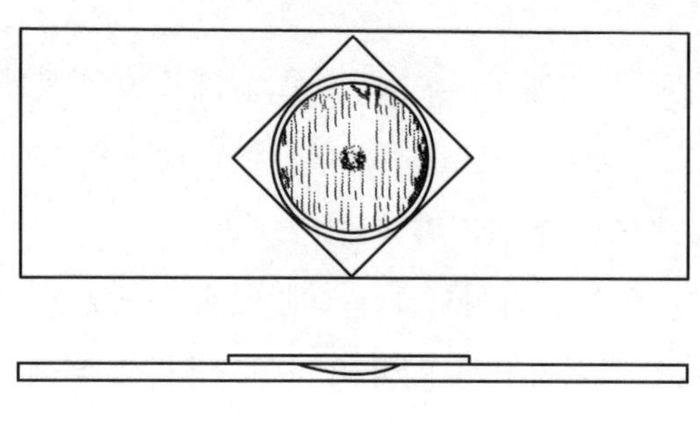

그림 5-1. 헌적표본

1.4 염색표본

미생물의 세포 내에 있는 과립과 같은 내무구조나 편모 등의 세포 구조를 현미경으로 관찰하기는 어렵다. 이와 같은 세포내부의 구조를 광학현미경으로 관찰하려면 염색법을 사용하여 표본을 만들어야 한다.

미생물을 염색하는 데 가장 많이 쓰이는 것은 염기성 fuchsin, methylene blue 등의 염기성 aniline 색소 시약이다. 염색의 목적에 따라 또는 염색의 성질에 따라서 여러 색소용액이 사용된다. 염색법에는 생체염색과 고정염색이 있고, 고정염색은 다시 보통염색과 특수염색으로 나누어진다.

1) 생체염색

미생물의 생체를 염색하는 방법으로서 균체 내의 성분, 세균의 생사 등을 구별하는 데 응용된다.

(가) 슬라이드글라스에 살균증류수 또는 생리식염수를 한 방울 떨어트린다.

(나) 백금이로 시료 균액과 염색액을 한 백금이의 양을 각각 가하여 잘 혼합한다.

(다) 커버글라스를 덮고 검경한다.

(라) 장시간 보존할 경우는 커버글라스의 주위를 바셀린으로 도말하여 밀착시킨다.

2) 보통염색

일반적으로 많이 이용되는 염색법으로, 염색의 기본이 된다. 실험순서는 도말→건조→고정→염색→물 세척→검경의 순서이다.

슬라이드글라스는 사용하기 전에 지방을 잘 제거해야 한다. 그렇게 하지 않으면 균체의 고정이 잘되지 않아 물로 세척할 때 균이 표본에서 떨어져 버린다. 만일 지방이 물로 세척이 잘되지 않았을 경우는 불꽃 중에서 태워버려야 한다. 탈지한 슬라이드글라스는 지방이 묻을 염려가 있기 때문에 그 표면에 손을 대지 않도록 주의해야 한다.

(1) 도말

깨끗이 화염살균한 슬라이드글라스를 콜넷 핀셋으로 집어 고정시켜 두고, 검경하려는 시료가 액체인 경우는 화염살균한 백금이로 취하여 슬라이드글라스의 면상에 원형 모양으로 칠한다. 시료가 콜로니일 경우는 먼저 슬라이드글라스 위에 살균증류수 또는 증류수를 백금이로 한 방울 떨어트리고, 그곳에 미량의 시료(균체)를 백금이로 취하여 혼합시키면서 위와 같이 한다.

(2) 건조

시료를 도말한 표본은 공기 중에 두어 자연건조시키는 것이 원칙이다. 급히 서두를 경우는 도말한 면을 위로 하여 약한 불꽃 위에서 표본을 좌우로 흔들면서 건조시킨다.

(3) 고정

시료를 도말한 면을 위로 하여 약한 불꽃 중에서 3회 정도 천천히 통과시켜 가면, 균체는 그 원형질 성분이 고체화함에 따라 글라스 면에 고정된다. 이 조작은 다음 과정에 물로 세척할 때 균체가 씻겨 내려가는 것을 막는다. 단 염색을 할 경우는 일반적으로 화염 고정법을 사용하나, 특별한 경우는 메탄올, 에탄올, formalin, 승홍수, osmic acid

등으로 고정하는 수도 있다.

(4) 염색

시료 균체액을 도말한 한 부분이 전부 덮일 정도로 염색액을 1~3방울 떨어트려 1~2분간 방치하고 표본을 비스듬히 하여 남은 염색액을 흘려 버린다.

(5) 물 세척

압력을 약하게 한 수돗물 또는 물 세척장치의 흐르는 물을 사용하나, 이 흐르는 물이 시료를 칠한 면에 직접 닿지 않고 뒷면에 닿게 하여 세척하고, 세척한 물이 무색이 될 때까지 천천히 씻는다. 이때 표본의 앞뒤가 바뀌지 않게 주의해야 한다.

슬라이드글라스상에 시료를 고정시킨 부분에 커버글라스를 포개고 여분의 물을 여과지로 흡수시킨다. 슬라이드글라스와 커버글라스 사이에 물이 없으면 관찰하기 어려우므로 건조하면 물을 넣도록 한다.

(6) 검경

먼저 저배율렌즈를 사용하여 표본의 목적하는 부분을 시야의 중앙에 두고, 유침 렌즈를 사용하여 검경한다. 검경조작은 일반방법과 같다. 시야에 균이 포개 있거나 무늬가 있으면 좋지 않다.

1.5 유침검경(oil immersion)

보다 높은 배율에서 검경하려면 유침에 의한 검경을 해야 한다. 일반 현미경의 사용법과 같으나, 관찰한 다음에 경동을 위로 올려 표본의 중앙에 한 방울의 cedar oil을 떨어뜨리고 일반 방법에 따라 경동을 내려 대물렌즈를 기름 속에 담가 표본 면에 거의 닿을 정도 가까이에 접착시킨다. 그 다음 조동노브를 위아래로 경동을 움직이면서 초점을 맞추고, 다시 미동노브로 조절하여 선명한 모양이 보이면 조명을 조절한다. 검경 중에 미동노브로 조절하면서 표본의 전체를 잘 관찰한다. 검경이 끝나면 xylene을 적신 가제로 cedar oil을 깨끗이 닦아 낸다.

1.6 Gram 염색

[목   적]

세균을 분류하는 데 기본이 되는 Gram 염색법

[실험재료]

Gram 양성균 : *Staphylococcus aureus*, Gram 음성균 : *Escherichia coli*

[시   약]

(가) 제1액

A액 : crystal violet 2 g을 에탄올 20 ml에 녹인 용액

B액 : ammonium oxalate 0.8 g을 80 ml에 녹인 용액

※ A액과 B액을 같은 양으로 섞는다.

(나) 제2액(Lugol 용액)

KI 2 g을 5~10 ml의 증류수에 녹이고, 여기에 I₂ 1 g을 넣어 완전하게 녹이고 증류수를 채워 300 ml로 한다.

(다) 제3액(safranin 용액)

Safranin 0.25 g을 에탄올 10 ml에 녹여, 증류수로 10배로 희석한다.

[실험기구]

슬라이드글라스 3개, 커버글라스 3개, 콜넷 핀셋 1개, 백금이, 광학현미경, 버너

[실험방법]

(가) 균체를 슬라이드글라스에 도말하여 고정시킨다. 균체를 진하게 한 곳과 연하게 한 곳이 있도록 만들면 좋다.

(나) 제1액으로 1분간 염색한 다음 물로 씻는다.

(다) 제2액으로 1분간 담근 다음, 물로 씻는다. 제2액을 떨어트린 다음 즉시 이것을 버리고 다시 제2액을 떨어트려 1분간 담그면 좋다.

(라) 제2액을 물로 씻은 다음, 살짝 여과지로 물기를 제거하고, 완전하게 건조하기 전에 95% 에탄올 중에 살짝 흔들면서 30초 동안 탈색한다.

(마) 건조를 한 다음 제3액으로 30~40초 동안 염색하고 물로 씻는다(대비염색).

(바) 현미경으로 관찰한다.

[주의할 점]

(가) Gram 양성균은 청자색, Gram 음성균은 적색이다.

(나) Gram 염색성, 형태, 배열 등을 주의 깊게 관찰한다.

(다) 세포는 염색함에 따라 보다 작아진다.

(라) 배양을 한 다음 오래된 균체는 Gram 염색성이 변하므로 활성이 강한 균체를 사용한다.

(마) Gram 염색액 제1액은 오래 두면 염색작용이 상실되어 염색되지 않는다.

2. 곰팡이의 관찰

곰팡이는 주로 균류 중에서 균사가 자라는 사상균류를 말하고, 분류학상으로는 정확한 명칭이 아니다. 이 곰팡이는 무성생식과 유성생식으로 증식한다. 여기에서는 곰팡이의 배양과 관찰 등의 실험에 관하여 설명한다.

2.1 분리와 배양

1) 한천평판배양

[실험목적]

단일 콜로니를 형성하여 곰팡이의 형태를 관찰한다.

[실험재료]

Aspergillus niger, *Penicillium citrinium*

[실험기구와 기기]

페트리접시($9\,cm$), 삼각플라스크 1개, 시험관($15\,cm$) 2개, 백금선, 백금이, 배양기

[시   약]

생리식염수

[배   지]

한천평판배지 1개당 한천배지 $20\,ml$를 사용한다.

Potato dextrose 배지의 조성(배지 $1,000\,ml$ 당) : 20% 감자추출액 $1,000\,ml$, glucose $20\,g$, 한천분말 $20\,g$, pH 5.6

※ 20% 감자추출액을 만드는 방법 : 작게 절단한 감자 $200\,g$을 $1,000\,ml$의 물에 넣어 20분간 끓인 다음 감자를 으깨어 가아제로 여과한다. 이 여액을 20% 감자추출액으로 사용한다.

[실험방법]

(가) 배지를 만든 다음 한천평판배지를 만든다.

(나) 실험재료인 곰팡이로부터 한 백금이의 포자를 희석용 살균수에 접종하여 섞는다.

(다) 섞은 포자액을 백금선의 끝으로 취하고, 한천평판배지의 중심에 찔러 균체를 접종한다.

(라) 27℃에서 배양하여 거대한 콜로니를 형성한다.

(마) 콜로니형태를 관찰하여 콜로니의 모양을 그리고, 색과 모양 등의 관찰사항을 정리한다.

[관찰사항]

(가) 콜로니의 표면의 상태와 색 등의 성상

(나) 콜로니의 뒷면의 색

(다) 콜로니의 주변의 모양

(라) 배지의 색의 유무 또는 색의 변화

(마) 콜로니의 냄새

(바) 콜로니 위의 물방울 형성의 유무

[주   의]

포자는 잘 날리기 때문에 배지 중에 날려 들어가지 않도록 한다.

2) 슬라이드배양(slide culture)

[실험목적]

곰팡이의 균사의 발생하는 모양, 포자의 착생방법 등을 관찰하는 슬라이드글라스 배양법을 터득한다.

[실험재료]

Aspergillus niger, Penicillium citrinium

[실험기구]

페트리접시(9 cm) 1개, 시험관 2개, 삼각플라스크(100 ml) 1개, 슬라이드글라스 2장, 커버글라스 4장, U자관 2개, 멸균한 피펫, 핀셋 1개, 백금이, 가스버너, 삼각대, 광학현미경, 배양기, 멸균한 물, U자형 철사(철사를 한쪽이 1.8 cm 정도 되게 U자형으로 구부린 것)

[시   약]

살균한 고형 파라핀

[배   지]

Potato dextrose 배지

실험관 1개당 한천배지를 5 ml씩 만든다.

[실험방법]

(가) 페트리접시에 여지를 깔고 U자관을 놓고, 슬라이드글라스, U자형 철사를 넣어 건열 멸균하여 둔다.

(나) 페트리접시의 뚜껑을 열고 U자관을 여지의 중앙에 놓고 슬라이드글라스를 올려 둔다. 그리고 U자형 철사를 슬라이드글라스의 중앙에 올려 둔다.

(다) 한천배지가 들어 있는 시험관을 멸균하여, 중탕기 50℃에 넣어 녹여 둔다.

(라) 한천배지의 온도가 50℃ 정도로 떨어지면 곰팡이의 포자를 접종하여 섞는다.

(마) 멸균한 피펫으로 포자혼합배지를 취하여 슬라이드글라스에 올려둔 U자형 철사 안에 그림 5-2와 같이 분다. 한천배지 양은 커버글라스의 1/3 정도가 되록 가감하여 조절한다.

(바) 배지가 굳기 전에 불꽃으로 살균한 핀셋으로 커버글라스를 덮는다.

(사) 커버글라스의 3변을 멸균한 파라핀으로 철사와 커버글라스를 고정시킨다.

(아) 페트리접시에 여지가 적셔질 정도로 살균수를 넣고, 페트리접시의 뚜껑을 덮어 27℃에서 배양한다.

(자) 때때로 내놓고 균사의 발육상태 또는 포자의 발아상태를 검경한다.

[주의할 점]

(가) 포자를 현탁한 배지가 굳기 전에 슬라이드글라스에 접종한다.

(나) 배지에 혼합된 포자가 너무 많으면 관찰할 수 없게 된다. 커버글라스로 배지를 덮을 때 커버글라스의 밖으로 배지가 나오지 않도록 한다.

(다) 고형파라핀은 냉각되면 굳어지므로 열탕에서 녹이면서 조작한다.

(라) 균사가 커버글라스 밖으로 생육한 경우는 별도로 페트리접시, 커버글라스를 준비하고, 무균적으로 생육한 균사의 일부를 배지와 같이 옮기고 배양하면서 관찰한다.

(마) 현미경의 렌즈가 곰팡이로 오염되지 않도록 해야 한다.

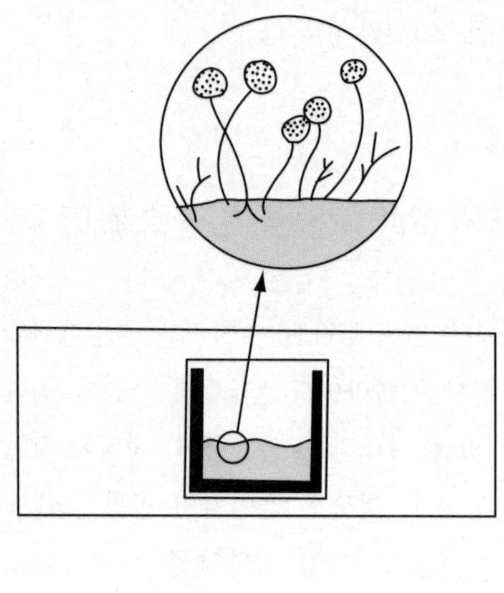

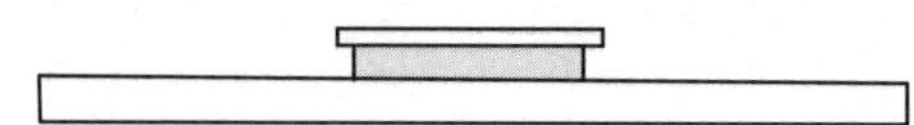

그림 5-2. 슬라이드글라스 배양

[관찰할 사항]

(1) *Aspergillus*속과 *Penicillium*속의 관찰 사항

(가) 균사의 색과 격막의 유무

(나) 분생자경의 길이 및 분생자의 유무

(다) 정낭의 모양 및 크기

(라) 경자의 모양 및 크기, 착생의 상태

(마) 분생자의 모양 및 크기, 색

(바) Penicilllus의 모양 및 분지 여부

(2) *Mucor*속과 *Rhizopus*속의 관찰사항

(가) 균사의 색과 크기

(나) 포자낭병의 길이, 분지의 유무, 분지의 상태

(다) 포자낭의 모양과 크기

(라) 중추의 모양과 크기

(마) 포자의 모양과 크기, 색

(사) 가근의 유무와 상태

3. 균체의 크기와 수의 측정

3.1 미생물의 크기 측정

[실험목적]

마이크로미터(micrometer)를 사용하는 방법을 숙달시키고, 접안마이크로미터의 각
배율의 대물렌즈에서 한 눈금 길이를 측정한다(그림 5-3).

[실험기구와 기기]

현미경, 접안마이크로미터, 대물마이크로미터

[실험방법]

(가) 현미경 접안렌즈의 위에 렌즈를 풀고, 접안마이크로미터(eyepiece micrometer)를
넣고, 렌즈를 원래와 같이 끼운다.

(나) 접안렌즈를 현미경에 끼우고, 접안마이크로미터의 숫자가 정확하게 들어가 있
는지를 확인한다. 역으로 되어 있을 경우는 접안마이크로미터를 다시 끼워 고친다.

(다) 대물마이크로미터(objective micrometer)를 현미경의 미동장치에 고정하고, 낮
은 배율에서 대물마이크로미터의 눈금이 시야에 들어오게 한다. 대물마이크로미터는
유리판이 붙어 있는 쪽을 위로 하여 조립한다.

(라) 대물마이크로미터에 초점을 맞추고, 접안경을 회전시키면서 두 마이크로미터의
눈금이 서로 평행이 되도록 조절한다.

(마) 대물마이크로미터의 큰 눈금과 접안마이크로미터의 작은 눈금이 정확하게 두
곳에서 겹치도록 재물대를 좌우로 이동시킨다.

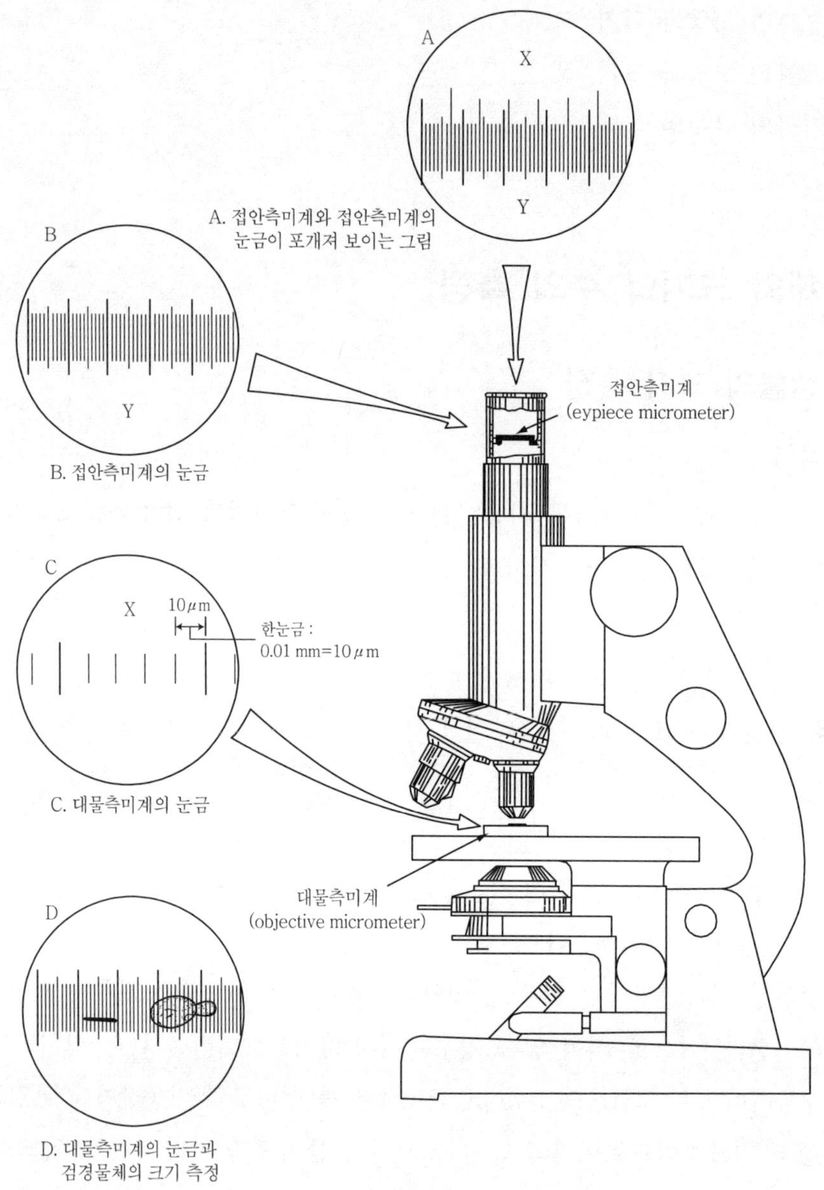

그림 5-3. 마이크로미터의 계측

(바) 접안마이크로미터의 몇 개의 눈금이 대물마이크로미터의 몇 개의 눈금과 서로 일치하는지를 측정한다.

(사) 이 측정결과로부터 대물마이크로미터의 한 눈금(한 눈금이 $10\,\mu m$의 간격으로

나누어져 있음)이 대물마이크로미터의 몇 개의 눈금이 되는지를 계산한다.

(아) 이와 같이 각 렌즈에 대하여 계산하여 두면 균의 크기를 계측하는 경우 접안마이크로미터를 사용하여 몇 눈금인지를 측정하면 즉시 실제의 길이를 계산할 수 있다.

(마) 접안마이크로미터의 한 눈금의 길이를 계산한다. 두 마이크로미터가 두 곳에서 일치하였을 때의 각각의 눈금수가 다음과 같다면 다음 식과 같이 나타낼 수 있다.

접안마이크로미터의 눈금의 수 : (A) = 7개

대물마이크로미터의 눈금의 수 : (B) = 1개

$$\text{접안마이크로미터 한 눈금의 거리} = 10\,\mu m \times \frac{(B)}{(A)} = 10\,\mu m \times \frac{1}{7} = 1.43\,\mu m$$

3.2 균체의 사멸세포와 생세포의 수의 측정

1) Thoma 혈구계산반을 이용하는 방법

[실험목적]

효모수, 세균수, 곰팡이의 포자수 등을 Thoma 혈구계산반(Haematometer)을 사용하여 측정하는 방법을 터득한다.

(1) 효모의 균체수의 검경

[실험재료]

*Saccharomyces cerevisiae*의 배양액

[실험기구와 기기]

현미경, 피펫 1개, Thoma 혈구계산반, 커버글라스, 비이커(계산반 사용 후 세척용)

[시   약]

70% 에탄올, 멸균한 0.85% 생리식염수

[참   고]

(가) Thoma 혈구계산반의 1개 구역의 체적

Thoma 혈구계산반은 두꺼운 슬라이드글라스의 중앙에 $0.05\,mm$ 간격으로 가로 세로로 평행선이 그어져 있고, 그 위에 커버글라스를 덮어서 밀착시키면 $0.1\,mm$의 높이가 되는 간격이 만들어진다. 따라서 1개 구역의 체적은 $0.00025\,mm^3(0.05\,mm \times 0.05\,mm \times 0.1\,mm)$가 된다. 그리고 4개 구역의 체적은 $1\,ml/100(0.00025\,mm^3 \times 4 = 0.001\,mm^3)$가 된다.

(나) Methylene blue의 염색에 의한 사멸세포와 생세포의 구별

효모세포의 생사를 구별하기 위해서는 다음과 같은 methylene blue를 이용한 염색 검정법을 사용한다.

효모현탁액 $1\,ml$에 대하여 0.1% methylene blue를 약 한 방울 가하여 염색한다. 살아 있는 세포는 염색되지 않으나, 죽은 세포는 쉽게 청색으로 염색이 되므로 이 염색법과 검경법으로 양자를 정확하게 구별할 수 있다.

[실험방법]

(가) Thoma 혈구계산반과 커버글라스를 깨끗이 닦는다.

(나) 커버글라스의 끝을 물을 적셔 계산반의 중앙으로부터 좌우의 튀어나온 언덕까지 빈 틈이 없게 꼭 맞게 밀착시킨다(그림 5-4B).

(다) 이때 커버글라스와 밑에 있는 계산반의 좌우에 있는 언덕에 밀착된 부분에 무지개색의 간섭윤이 보여야 한다. 보이지 않으면 밀착이 잘되지 않은 것이므로 다시 되풀이해야 한다.

(라) 배지용액 또는 균체액을 진탕하여 일반적으로 사용하는 희석법으로 희석하여, 균체액이 거의 투명할 때까지 희석시킨다. 이렇게 희석하여 혈구반의 한 구간 안에 5~6개 정도의 세포가 함유되게 한다.

(마) 희석한 균체액을 흔들어 균일하게 현탁시키고, 살균한 피펫으로 현탁액을 취하여 그 끝을 계산반의 중앙의 언덕부분과 커버글라스의 사이에 대면, 액은 모세관작용으로 커버글라스의 밑으로 들어간다(그림 5-4C).

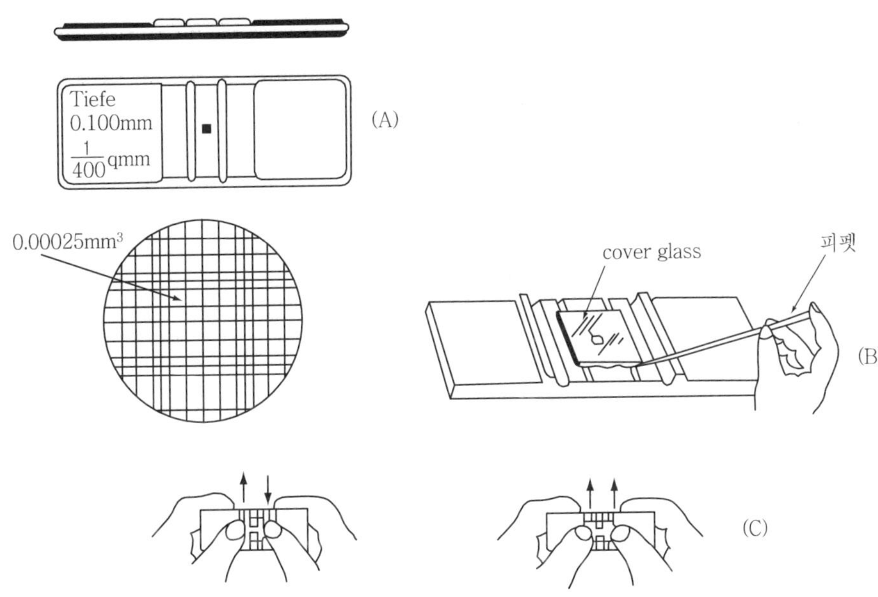

A. Thoma 혈구계산반, B. 배양액을 넣는 방법, C. 커버글라스를 놓는 방법

그림 5-4. Thoma 혈구계산반과 사용법

(바) 현미경으로 150~400배의 배율에서 관찰하고, 4개 구역 안에 있는 균체수를 센다. 이때에 4개 구역 둘레의 선상에 있는 균체는 가로 선상에 있는 것은 세고, 세로 선상에 있는 것은 계산하지 않는다. 시야를 움직여 다른 4개 구역의 균체수를 측정하여 평균치를 얻고, 계산식에 대입하여 $1\,ml$당의 균체수를 구한다.

[실험 보기]

액체배양한 균체액 $1\,ml$를 살균증류수 $5\,ml$에 희석하여(희석 배율 : 6배), 4개 구역 안에 있는 균체수를 측정한 결과가 다음과 같았다.

	1차	2차	3차
제1회	25	24	23
제2회	21	16	25
제3회	18	20	15
제4회	23	17	18
평균치	21.8	19.2	20.2

이 결과로부터 (21.8 + 19.2 + 20.2)/3 = 20.4, 즉 4개 구역 중에 있는 균체수는 20.4개가 존재하는 셈이다.

1개 구역 안에 있는 균체는 20.4 × 1/4 = 5.1개의 세포가 있게 된다.

1개 구역의 체적은 $0.00025\,mm^2$이므로 계측반에 사용된 희석액 $1\,ml$ 중에는 $5.1 × 1000/0.00025 = 20.4 × 10^6$개이다.

따라서 원액 $1\,ml$ 중에 있는 균체수는

$20.4 × 10^6 ×$ (희석배율) $= 20.4 × 10^6 × 6 = 122.4 × 10^6$의 세포가 있다고 할 수 있다.

(아) 검경이 끝난 다음 혈구계산반의 균액을 세척병으로 씻고 폴리비이커에 넣고 계수반과 커버글라스를 70% 에탄올 담그고 물에서 흔든다. 다시 에탄올을 흘려서 적시고 양쪽을 완전하게 건조한다.

[주 의]

계산반의 커버글라스는 반드시 시료가 되는 배양액을 계산반에 넣기 전에 넣어야 한다. 반대로 하면 균액이 계산반의 둘레를 넘어 흐르게 된다.

2) 세균계산반을 사용한 측정법

[실험목적]

효모의 영양세포와 사상균의 포자보다 크기가 작은 세균을 세균계산반을 사용해 측정하는 방법을 터득한다.

[실험재료]

Escherichia coli(대장균)의 배양액

[실험기구와 기기]

현미경(1,000~1,500배), 100배 유침계 대물렌즈, 세균계산반(Petroff-Hauser 계산반), 커버글라스, 살균한 피펫 2개, 폴리비이커, 희석용 시험관($15\,cm$) 1~3개 , 희석용 $2\,ml$ 피펫 1개

[시   약]

아니졸(methoxybenzene 유침오일), 1% formalin 용액, 70% 에탄올, 0.85% 멸균
생리식염수

[참   고]

세균계산반(Petroff-Hauser 계산반)의 가로, 세로의 길이는 Thoma 혈구계산반과
같은 크기이지만, 균액의 깊이가 Thoma 혈구계산반의 $0.1\,mm$에 대하여 $0.02\,ml$로 되
어 있다. 그러나 1구역의 체적은 $0.00005\,mm^3(0.05\,mm \times 0.05\,mm \times 0.02\,mm)$이다.
따라서 배양액 $1\,ml$ 중의 균체수는 다음 식으로 구한다.

배양액 $1\,ml$ 중의 균체수 $=$ 1구역 중의 평균세포수 $\times\ 2 \times 10^4 \times 10^3 \times$ 희석배율

[실험방법]

(가) Thoma 혈구계산반의 사용하는 방법을 참고한다.

(나) 배양액에 1% formalin 용액을 소량 가하고, 균체의 증식을 정지시켜 고정한다.
이것을 0.85% 멸균생리식염수를 사용하여 10배 희석법으로 희석하고, 잘 흔들어 피펫
으로 취하고, 계산반의 커버글라스의 밑에 모세관현상을 이용하여 넣는다.

(다) 현미경의 대물대에 계산반을 놓고, 커버글라스의 위에 아니졸을 한 방울 떨어트
려 100배의 유침계 대물렌즈를 천천히 내려서, 끝을 아니졸 속에 담근다.

(라) 구역의 선상에 있는 균체의 계산은 혈구계산반의 경우와 같으나, 계산하는 구역
은 100구역 정도로 하고 그 평균값을 내고 계산식에 넣어 $1\,ml$ 당의 균체수를 구한다.

[실험 보기]

대장균 배양액을 생리식염수로 10배로 희석하여 시료액으로 하였을 경우는, 1개 구
역의 평균 균체수가 4.5개이었다면,

대장균 배양액 $1\,ml$ 중의 세균수

$$= 4.5 \times 2 \times 10^4 \times 10^3 \times 10 = 4.5 \times 2 \times 10^8 = 9.0 \times 10^8$$

[주의할 점]

(가) 배양액을 1% formalin 용액으로 고정하지 않으면 커버글라스 밑에 있는 계산실 안에서 균체가 흘러 정확하게 계산할 수 없다.

(나) 유침에 사용하는 아니졸은 커버글라스 위에서 휘발하여 건조하므로 오랜 시간을 관찰할 경우는 주의해야 한다.

(다) 유침할 때 cedar oil을 사용한 경우는, 측정한 다음 xylene을 적신 가제로 cedar oil을 깨끗이 닦는다.

(라) 세균계산반을 사용한 세균의 측정법은 측정할 오차가 많고, 계산반의 가격이 고가이므로 일반적으로 많이 사용하지 않는다. 실제로 세균의 수를 측정할 경우는 한천평판희석법을 사용하는 것이 좋다고 생각된다.

4. 탁도에 의한 측정법과 생육곡선(growth curve)

[실험목적]

광전비색계에 의한 비탁법을 사용하여 액체배양을 하는 동안 미생물의 균체의 양을 경시적으로 측정하는 방법을 터득한다.

[실험재료]

Saccharomyces cerevisiae

[실험기구와 기기]

(1) 증식곡선을 만드는 데 필요한 기구

솜 마개를 한 삼각플라스크(500 *ml*) 2개, 삼각플라스크(300 *ml*) 1개, 살균한 hole pipette(2 *ml*) 26개, 진탕배양기, autoclave, 건열멸균기, pH meter, 천평, 광전비색계(UV spectrophotometer), 유리셀 2개

(2) 균체수 측정용

한천평판희석법용, Thoma 혈구계산반용

(3) 균체양측정법

알미늄평량접시, desiccater(실리카젤을 넣은 것), 직시천평, 진공건조기

[시   약]

70% 에탄올(셀 담금용)   0.5 N-NaOH 용액(pH 조절용)

0.5 N-HCl 용액(pH 조절용)   오스판액(피펫 담금액)

한천분말(한천평판배지를 만들 경우 YM 배지에 농도 1.5%를 가한다.)

[배   지]

효모를 배양하는 데 사용하는 액체배지(YM 배지)

Polypeptone 0.5%, yeast extract 0.3%, malt extract 0.3%. glucose 1.0%, pH 6.2

[실험방법]

증식곡선의 작성

(1) 배지의 준비

YM 액체배지 $400\,ml$를 만들고, 배지를 삼각플라스크($500\,ml$)에 본 배양용으로 $250\,ml$, 대조용으로 $150\,ml$를 각각 나누어 넣고, 알루미늄 호일로 솜 마개 쪽을 덮고 121℃에서 15분간 살균한다.

(2) 본 배양

(가) 배지에 배지의 1% 되는 $2.5\,ml$의 효모의 전배양액을 살균한 피펫으로 무균적으로 접종한다.

(나) 30℃에서 솜 마개에 닿지 않도록 천천히 진탕배양을 한다.

(3) 시료채취

(가) 배양하기 시작하는 0시간의 균체의 양을 알기 위해, 배지에 전배양액을 접종한 다음 균일하게 교반하고, 즉시 살균한 피펫으로 무균적으로 균체액을 4.5 ml를 채취한다. 약 2.5 ml는 O.D.(흡광도, optical density)를 측정하고, 1.0 ml는 한천평판희석법에 사용하고, 나머지의 1.0 ml는 균체의 양을 측정하기 위해 알루미늄접시에 넣는다.

(나) 배양을 시작한 0시간으로부터 2시간마다 배양액을 무균적으로 측정하는 항목별로 나누어 48시간까지 측정한다.

(4) 비탁도(흡광도)의 측정

(가) 비탁계의 측정파장을 660 nm로 맞춘다.

(나) 셀 2개를 70% 에탄올용액으로부터 꺼내고, 건조하여 둔다.

(다) 대조구로서 배양하지 않은 YM 배지를 첫 번째의 셀에 넣고 흡광도를 '0'으로 조절한다.

(라) 경시적으로 채취한 시료인 효모배양액을 측정할 때마다 두 번째의 셀에 넣고 흡광도를 측정하여 기록한다.

(5) 생육곡선의 작성법

방한지에 가로에는 흡광도를, 세로에는 배양시간(0시간부터 48시간까지)을 적고, 측정한 값을 plot한 후 각 점을 곡선으로 연결한다.

(6) 실험이 끝난 다음의 처리

(가) 셀 안에 있는 배양액은 버리지 말고 폐액으로서 폐액용의 삼각플라스크에 넣고, 실험이 끝난 다음 살균한 다음 버린다.

(나) 시료를 채취한 다음의 피펫은 100배로 희석한 오스판액을 담은 용기에 담고, 최후에 모아 물로 씻은 다음 피펫세척용 세제조에 담근다

(다) 셀은 내용물을 따르고 100배로 희석한 오스판액 속에서 살짝 씻어 증류수로 씻어 흘리고, 다음에 측정할 때까지 70% 에탄올용액에 담가 둔다.

(라) 광전비색계의 셀 홀더에 흘린 것을 닦고, 비색계 안에 먼지와 균체가 남아 있지 않은 것을 확인한 다음, 셀 홀더의 뚜껑을 닫고 전원을 끈다.

[주의할 점]

(가) 삼각플라스크는 솜 마개를 하고 알루미늄 호일로 싸고, 피펫은 2개씩 알루미늄 호일로 싸고 미리 180℃, 30분간 건열살균하여 둔다.

(나) 광전비색계와 pH meter 등의 측정기기는 사용하기 30분 전에는 전원을 넣고 워밍업을 한다.

(다) 유리 셀은 측정하는 면에 손이 닿지 않도록 주의해야 하고, 폴리비이커에 70% 에탄올용액을 넣고, 그 안에 셀의 밑을 위로 하여 담가 둔다.

(라) 대조구의 YM 배지는 이후에도 0을 조절할 경우에 사용하므로 냉장고에 보관하고 사용할 때 꺼내어 실온이 된 다음 사용한다. 찬 상태로 사용하면 셀의 표면에 서리가 생겨서 0을 조절하기가 어렵다.

(마) 대조구용과 시료용 셀은 셀에 연필로 표를 하여 두면 실험이 끝날 때까지 나누어 사용할 수 있다.

(바) 알루미늄접시에 번호를 적고, 시료가 들어 있지 않은 상태에서 미리 측정하여 둔다.

[시료를 채취하는 순서]

(1) 균체수의 측정

생육곡선을 작성할 때 경시적으로 채취한 시료배양액 $1.0\,ml$를 사용하여 배양액 중에 있는 균체수를 측정한다. 배양을 시작한 다음 1일 안에는 한천평판배양법을 사용하여 균체수를 측정한다. 배양을 시작한 2일째부터, 그리고 O.D.가 0.8 전후가 되면 혈구계산반을 사용하여 측정한다. 혈구계산반을 사용하면 방법이 간편하고 실험하는 기간이 짧으나 직접 현미경으로 측정하므로 세포가 4×10^6 정도 이하에서는 시야에 나타지 않아 세포수를 측정할 수 없는 경우가 있다.

한천평판희석법에 의한 측정법과 혈구계산반의 사용방법은 앞에서 설명한 것을 참고하여 실시한다.

(2) 균체 양의 측정

(가) W_0의 중량을 갖고 있는 알루미늄 평량접시에 채취한 시료 효모배양액 $1\,ml$를 넣고, 밑쪽에 펴서 미량천평으로 측정한 무개가 W_1이라 하고,

(나) 효모배양액이 들어 있는 평량접시를 진공동결건조기에서 수분을 증발시킨 다음, 평량접시별로 미량천평으로 측정한 중량이 W_2라 하면

채취한 시료 효모배양액 $1\,ml$ 중의 효모균체의 건조중량(mg)

$$= (W_2 - W_0) \times (W_1 - W_0)/\ 1 \times 1{,}000$$

[그래프의 작성]

세로에는 O.D., 가로에는 균체수 또는 균체의 중량을 취하여 상호 관계를 표시한다.

[참　　고]

Lambert-Beer의 법칙에 의하면, 어떤 균체배양액의 흡광도(O.D.)는 배양액 중의 균체의 농도에 비례한다. 이것을 이용하여 균체를 접종하기 전의 O.D.를 0으로 조절하고, 액체 배지 중에서 균체를 성장시키면서 경시적으로 O.D.를 구한다. 가로에는 균체수 또는 균체의 양을, 세로에는 O.D.를 그래프용지에 작성한다. 이 그래프는 일반적으로 O.D.가 0.2~0.8 범위 안에서 균체의 양과 직선관계가 있으므로, 희석법을 겸용하여 이 측정범위에서 O.D.를 측정하면 이 그래프로부터 배양액 중에 있는 균체의 수 또는 균체의 양을 구할 수 있다.

제 06 장

1. 곰팡이의 응용실험

1.1 곰팡이의 보존

[실험목적]

곰팡이를 보존하는 데 일반적으로 많이 사용하는 방법은 계대배양보존법이다. 이 방법을 이해하고 기술을 터득한다.

[실험재료]

Aspergillus oryzae, *Aspergillus niger*

[실험기구와 기기]

시험관($15\,cm$) 4개, 삼각플라스크($100\,ml$) 1개, 피펫($5\,ml$) 1개, 백금구, 배양기

[배   지]

Potato-dextrose 배지

[실험방법]

(가) Potato-dextose 배지 $30\,ml$를 삼각플라스크($100\,ml$)에 넣고 열탕 또는 전자 오븐에서 녹이고, 시험관 한 개당 배지 $5\,ml$씩 분주한 다음 솜 마개를 하고 알루미늄 호일로 솜 마개를 싸 121℃에서 15분간 살균한다.

(나) 살균이 끝난 즉시 꺼내어 경사로 두고, 응고시켜 사면배지를 만든다.

(다) 순수분리된 균체를 사면배지에 2개씩 접종하고, 27℃에서 배양한다.

(라) 포자가 형성된 다음 솜 마개 쪽을 방수지로 덮고 4℃에 보존한다.

[주   의]

(가) 솜 마개가 젖어 있으면 다른 균이 오염하기 쉽다.

(나) 균주는 반드시 복수를 보존한다. 가능한 하나는 계대배양보존을 하기 위하여 접
종할 때만 솜 마개를 열어 접종한다.

[참   고]

(가) 균주에 따라 균체를 잘 생육시켜 사면배지에서 10년간 보존이 가능한 균주도
있으나, 계대는 1년마다 하는 것이 좋다.

(나) 새로운 균주를 보존할 경우는 보존에 사용하는 배지를 많이 사용하여 2~3개월
마다 계대하여 어느 정도의 기간에서 생육이 가능한지를 확인할 필요가 있다. 그리고
균주마다 가장 유효한 보존방법을 탐구하는 것도 중요하다.

(다) 시험관에 배양한 것을 그 자체로 동결보존하는 것도 유효하다.

1.2 *Aspergillus niger* 에 의한 citric acid 발효

[실험 목적]

곰팡이를 사용하여 citric acid 발효를 이해하고, 동시에 액체배양법과 곰팡이를 취급
하는 기술을 터득한다.

[실험기구와 기기]

삼각플라스크($500\,ml$, $300\,ml$) 각각 1개, 삼각플라스크($100\,ml$) 3개, 백색 buret,
buret stand, mass pipette($2\,ml$) 2개, 모세관 3개, 여두 1개, 전개조 1개 배양기

[시   약]

생리식염수   phenolphthalein
citric acid   bromophenol blue(B.P.B)
1/25 N-NaOH 용액   thin layer, 5% 황산제2철 용액

[배   지]

배지조성은 sucrose 5%, $NaNO_3$ 0.2%, K_2HPO_4 0.1%, $MgSO_4 \cdot 7H_2O$ 0.05%, KCl

0.05%, $FeSO_4 \cdot 7H_2O$ 0.001%로 하여 pH 3.5로 조절한다.

※ 500 ml 삼각플라스크에 배지를 100 ml씩 넣고, 300 ml 삼각플라스크에 배지를 100 ml를 넣어 121℃에서 15분간 살균한다.

[실험방법]

(1) 액체배양

(가) 실험균의 slant에 살균한 생리식염수에 5 ml를 무균적으로 넣고 현탁시켜 포자현탁액을 만든다.

(나) 살균한 삼각플라스크(500 ml)의 배지에 포자현탁액 1 ml를 접종한다.

(다) 27℃에서 진탕배양 또는 정치배양을 한다.

(2) Citric acid의 생산량의 측정

(가) 배양액 2 ml를 정확하게 취하여 삼각플라스크(100 ml)에 넣는다.

(나) 사용한 피펫에 붙어 있는 시료를 증류수로 씻어 넣는다. 이곳에 phenolphthalein을 2~3방울 적하한다.

(다) 1/25 N-NaOH로 buret에 넣어 적정한다.

(라) 용액이 연한 분홍색이 된 순간에서 적정을 끝내고, 소모된 1/25 N-NaOH 용액의 용량, 즉 적정값을 읽는다.

[계산법]

시료 2 ml 중에 생산된 citric acid의 양(%)

= (배양액 2 ml의 적정값 - 배양 전의 배지 2 ml의 적정값) × 0.00256 × F × 100/2

※ 1/25 N-NaOH용액 1 ml = citric acid 0.00256 g(2.56 mg)에 상당하다.

※ F : 1/25 N-NaOH 용액의 factor

(3) Thin layer chromatography에 의한 citric acid의 확인

(가) 전개조에 전개용매(n-butanol : acetic acid : 물 = 4:1:1)를 넣고, 전개조 안

을 전개용매로 포화시켜둔다.

(나) 배양액을 여과하여 균체를 여과하고, 실리카젤의 thin layer에 모세관으로 5% citric aicd의 표준액, 배양여액, 균체를 접종하지 않은 배지를 각각 spot한다. 그리고 전개조에 넣어 전개한다.

(다) 실리카젤 thin layer의 위쪽으로부터 1 *cm* 정도까지 전개되었을 때 thin layer를 꺼내어 전개를 끝낸다.

(라) 발색제 5% 황산제2철 용액을 분무하여 표준 citric acid, 배양액, 배지의 spot의 Rf값을 비교한다(그림 6-1).

※ Rf값 = (spot한 위치로부터 전개된 spot까지의 거리)/(spot한 위치로부터 전개된 용매의 끝까지의 거리) = b/a

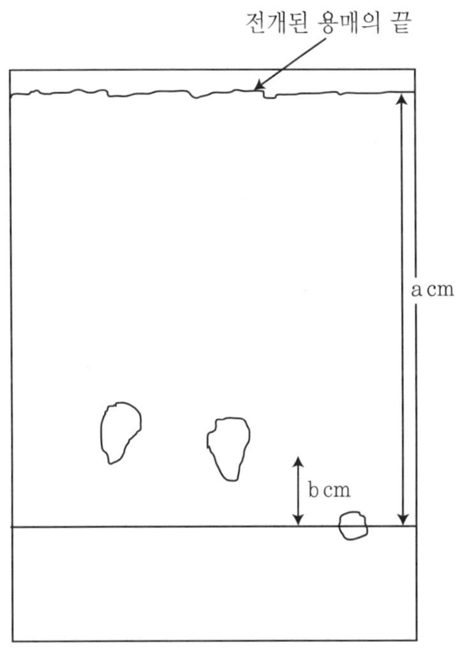

그림 6-1. Rf값

[주   의]

(가) 균체를 현탁하기 위한 현탁액인 살균생리식염수를 준비하여 둔다.

(나) Citric acid의 생산량을 측정하기 위하여 배양을 시작한 다음 매일 한 번씩 7 ml를 채취하고, 2 ml씩 3회 적정한다.

(다) 공실험은 균체를 접종하지 않은 배지 2 ml를 사용한다.

(라) Thin layer에 시료를 spot할 경우, spot이 너무 크거나 진하면 전개할 경우 실패하기 쉽다.

[기 록]

(가) Citric acid를 생산하는 균주를 분리해 본다.

(나) 배양하는 기간(일)을 가로, 적정하여 환산한 citric acid의 생산량을 세로로 하여 배양곡선을 그려 본다.

(다) 배양조건(당의 농도, 배양온도, 정치배양과 진탕배양 등)에 의한 citric acid의 생산량의 차이를 조사한다.

2. 효모를 재료로 한 응용실험

진핵세포 중에서 일반적인 균사형을 하지 않고, 각종 배양조건에서 효모모양을 하는 미생물을 효모라고 한다. 이것은 형태적인 특징으로부터 붙여진 명칭이고, 원래는 자낭균류 또는 불완전균류, 담자균류에 속해 있다. 효모는 발효공업 또는 양조 등의 분야에 중요한 역할을 하는 미생물로 이용되고 있다.

2.1 효모의 분리와 배양

[실험목적]

빵효모로부터 효모를 분리하는 방법을 이해하고, 그 기술을 터득한다.

[실험재료]

시판하고 있는 빵효모

[실험기구]

삼각플라스크($300\,ml$) 2개, 솜 마개한 시험관($15\,cm$) 2개, 페트리접시($9\,cm$) 2개, 백금이, 백금이홀더, 가스버너, 천평, autoclave, 항온배양기, 건조멸균기

[배   지]

YM 한천배지 : Peptone 0.5%, yeast extract 0.3%, malt extract 0.3%, glucose 1.0%, (한천분말 1.5%), pH 6.2

[실험방법]

(가) YM 액체배지를 $150\,ml$ 만들고, 그 배지를 삼각플라스크($300\,ml$)에 $100\,ml$, 시험관에 $10\,ml$ 분주하고, 알루미늄 호일로 싸서 120℃에서 15분간 살균한다.

(나) YM 한천배지를 $50\,ml$ 만들고, 그 배지를 열탕 또는 전자오븐에서 한천을 완전하게 용해하여 시험관($15\,cm$)에 $8\,ml$ 분주하고, 솜 마개 쪽을 알루미늄 호일로 싸 autoclave에서 멸균한 다음 slant를 만든다. 남은 한천배지는 autoclave에서 살균하고, 건열살균한 페트리접시에 $20\,ml$씩 무균적으로 분주하여 한천평판배지를 만든다.

(다) 빵효모 수g을 무균적으로 삼각플라스크($300\,ml$)의 YM 액체배지에 넣고, 30℃의 항온배양기에서 2일간 배양한다.

(라) 배양한 다음 배지가 희게 탁하게 되면 무균적으로 한 백금이를 취하고, 페트리접시의 YM 한천평판배지에 도말 접종한다.

(마) 페트리접시의 한천배지를 위쪽으로 하여 놓고, 30℃의 항온기에서 3일간 배양한다.

(바) 배양한 2개의 페트리접시 중에서 독립된 효모 콜로니를 선택하여, 솜 마개를 한 사면배지와 시험관에 들어 있는 액체배지에 접종한다.

(사) 이 시험관을 30℃ 항온배양기 속에서 3일간 배양하고, 액체배지는 형태적인 관찰과 생리적인 실험에 사용한다.

(아) Slant의 보존은 솜 마개 부분을 황산지로 싸서 라벨을 붙이고 냉장고에 보관한다.

(자) 잡균의 오염을 가능한 적게 하고, 콜로니의 형태를 보아 효모를 선별한다.

2.2 분리한 효모의 관찰

1) Methylene blue에 의한 관찰

[실험목적]

살아 있는 효모는 호흡을 하므로 methylene blue로 염색하여도 균체 안이 염색되지 않고 죽은 효모는 염색이 된다. 이러한 것을 이해하고, 효모의 생존율과 사멸률을 측정하여 그 기술을 터득한다.

[실험재료]

YM 액체배지에서 30℃, 3일간 배양한 빵효모로부터 순수 분리한 효모용액

[실험기구와 기기]

Thoma 혈구계산반, 피펫($2\,ml$) 2개, 왓셀만 시험관 1개, 현미경(600배 정도)

[시   약]

0.01% methylene blue 용액

[만드는 방법]

$0.2\,N\text{-}Na_2HPO_4$ 용액 $0.25\,ml$와 $0.2\text{-}N\text{-}KH_2PO_4$ 용액 $99.75\,ml$를 합치고, 여기에 0.02% methylene blue 용액 $100\,ml$를 가한 다음 $005\,N\text{-}HCl$ 용액으로 pH를 조절한다.

[실험방법]

(가) 왓셀만 시험관에 피펫으로 0.1% methylene blue 용액을 약 $0.5\,ml$를 넣는다.

(나) 별도의 피펫으로 효모의 전배양액 $0.5\,ml$를 취하여 시험관에 넣고, methylene blue 용액과 잘 섞는다.

(다) 혈구계산반의 사용방법에 따라 (나)의 혼합한 액을 피펫으로 취하고, 혈구계산반과 커버글라스의 사이에서 빨아들이게 한다.

(라) 죽은 세포는 청색으로 염색되나 살아 있는 세포는 염색되지 않으므로, 전체의 세포수, 생세포수, 죽은 세포수를 세어 사멸률과 생존율을 산출한다.

(마) 사멸률과 생존율의 계산

$1\,ml$ 중에 있는 전체의 세포수(N_t), 죽은 세포수(N_d), 살아 있는 세포수(N_l)를 측정한다.

$$\text{사멸률}(\%) \;=\; (N_d/N_t) \times 100 \qquad \text{생존율}(\%) \;=\; (N_l/N_t) \times 100$$

2.3 효모의 자낭포자의 염색에 의한 관찰

[실험목적]

Moller의 포자염색법으로 염색한 포자를 관찰한다.

[실험재료]

빵효모에서 순수 분리하여 배양한 효모의 slant

[실험기구와 기기]

(1) 포자형성배지용

삼각플라스크($300\,ml$) 2개, ($500\,ml$) 1개, mass cylinder($200\,ml$), 여두 1개 , pH meter, 여지(Whatman No.1), autoclave, 건열멸균기

(2) 포자염색용

콜넷 핀셋 1개, 커버글라스 1장, 슬라이드글라스 1장, 시약병($200\,ml$) 6개, 삼각플라스크($200\,ml$), 백금이홀더, 백금이, 가스버너, 현미경(600배 정도)

[시   약]

fuchsin 원액 : fuchsin 11 g을 99% 에탄올 $100\,ml$에 녹인다.

methylene blue 원액 : methylene blue 5 g을 99% 에탄올 $100\,ml$에 녹인다.

Ziehl phenol fuchsin 용액 : fuchsin 원액 $10\,ml$와 5% phenol 용액 $100\,ml$을 혼합한다.

5% 크롬산 수용액

1~3% 황산용액

Loffler의 알칼리성 methylene blue : methylene blue 원액 $30\,ml$와 0.01% KOH $100\,ml$을 혼합한다.

[배   지]

V-8 배지

델몬트 V-8 쥬스 $100\,ml$, 빵효모 $40\,g$, 한천분말 2%, pH 6.8

[실험방법]

(가) V-8 배지를 121℃에서 15분간 살균하여 살균한 페트리접시($9\,cm$)에 $20\,ml$ 정도를 분주하여, 한천평판배지를 만들어 둔다.

(나) 빵효모의 slant에서 무균적으로 한 백금이를 취하여, V-8 한천평판배지에 도말하여 30℃에서 1주간 배양한다.

(다) 콜넷 핀셋에 커버글라스를 집어, 커버글라스 위에 배양한 효모를 얇게 고루 도말한 다음, 바람으로 건조하고 화염고정을 시킨다.

(라) 포자막에 있는 지방을 제거하기 위하여 고정화시킨 커버글라스를 5% 크롬산용액에 1~2분간 담근 다음 꺼내어 다시 풍건, 화염고정시킨다.

(마) Ziehl phenol fuchsin 용액을 커버글라스 위에 1~3방울 떨어트리고, 약한 불꽃 위에서 1~2분간 염색한다.

(바) 물로 잘 세척한다.

(사) 염색된 영양세포를 탈색시키기 위해 1~3% 황산 수용액에서 30초간 처리한다.

(아) 물로 잘 세척한다.

(자) Loffler의 알카리성 methylene blue로 10~30초간 염색한다.

(차) 물로 잘 세척한다.

(카) 염색이 끝난 커버글라스를 슬라이드글라스 중앙에 엎어 놓고, 400~600배의 현미경으로 관찰한다.

※ 가온하는 동안 염색액이 건조하지 않도록 해야 한다.

[참　　고]

(가) 염색을 하였을 때 포자는 적색이고 영양세포는 청색이다.

(나) 자낭포자는 염색을 하여도 포자의 모양이 확실하게 보이는 경우가 적으나, 대표적인 9종류의 형태 중에서 그와 유사한 형태로 보이는 경우가 많다.

(다) 효모를 분류할 경우, 보다 자세히 알고 싶을 때는 효모의 분류서적인 Lodder편 『The Yeasts, A Taxonomic Study』를 참고한다.

2.4 효모에 의한 알코올 발효와 고정화 효모

[실험 목적]

효모 또는 고정화 효모에 의한 알코올 발효와 고정화 효모를 만드는 방법을 이해하고, 그 기술을 터득한다.

[실험재료]

빵효모에서 순수 분리하여 사면배양한 균주(효모) slant

시판하고 있는 생 빵효모(습한 것)

[실험기구]

효모를 이용한 알코올 발효용 : 솜 마개를 한 삼각플라스크(500 ml) 1개

[실험방법]

(1) 효모를 이용한 알코올 발효

(가) 배지 100 ml를 삼각플라스크(300 ml)에 넣고 솜 마개를 한 후, 121℃에서 15분간 살균하여 둔다.

(나) 무균조작방법으로 사면한천배양한 효모 균체를 백금이로 한 백금이를 따서 살

균한 삼각 플라스크배지에 무균조작으로 접종한다.

(다) 30℃ 항온기에서 5일간 알코올 발효를 시킨다. 배양하는 동안 가끔 흔들어 준다.

(라) 발효가 끝나면 증류하여 알코올의 생산량을 측정한다.

(2) 효모의 고정화

(가) 비이커(200 ml)에 sodium alginate 0.4 g을 넣고, 증류수 19.6 ml를 넣어 용해시켜 2.0% sodium alginate 용액을 만들고, 끓는 열탕에서 10분간 가열 살균한 다음 실온까지 냉각시킨다.

(나) 별도의 비이커(200 ml)에 생 빵효모 10 g과 살균한 증류수 20 ml를 넣고 균일하게 현탁시킨다.

(다) (가)의 2% sodium alginate 용액과 (나)의 효모현탁액을 혼합한다.

(라) 비이커(500 ml)에 염화칼슘 10 g을 넣고 살균한 증류수를 넣어 200 ml로 하고, 냉장고 또는 얼음 속에서 식힌다.

(마) (라)의 염화칼슘용액을 stirrer로 천천히 교반하면서, (다)의 효모 현탁액을 피펫으로 한 방울씩 떨어트리면 응고하면서 입자의 크기가 3~5 mm 정도가 된다.

(바) 여기서 만들어진 입자를 calcium alginate의 젤화를 완전하게 하고 입자를 보기 좋게 구형으로 하기 위해, (마)에서 만든 입자를 냉장고 속에 2시간 방치한다.

(3) 고정화 효모를 이용하는 알코올 발효

(가) 삼각플라스크(100 ml)에 고정화한 효모입자를 30 ml 넣는다.

(나) 10% glucose 용액 50 ml를 만들고, 굴절당도계로 glucose의 %를 확인하여 둔다.

(다) (가)의 플라스크에 (나)의 glucose 용액을 넣고, 30℃에서 항온기 또는 항온수조에서 알코올 발효를 시킨다.

(라) 발효 24시간 후에 발효액을 회수하고, 알코올 증류장치로 증류하여 알코올의 양과 당도를 측정한다.

(4) 알코올 증류

(가) 알코올 발효액 $10\,ml$를 환저플라스크($500\,ml$)에 넣고, 그곳에 $1\,g$의 침강성 탄산석회와 증류수 $10\,ml$를 넣고 증류장치로 수증기 증류를 한다(그림 6-2).

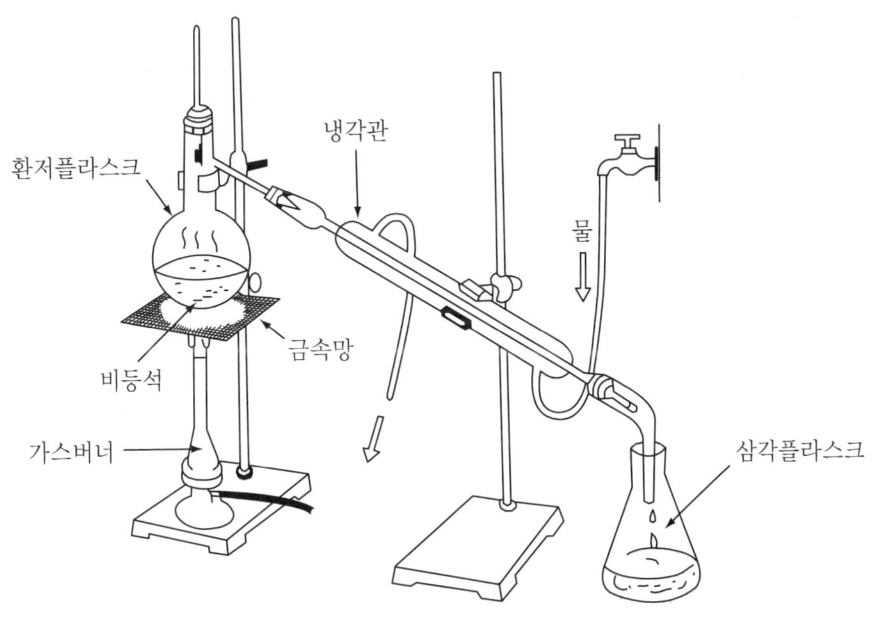

그림 6-2. 알코올 증류장치

(나) 응축된 알코올을 삼각플라스크($100\,ml$)를 사용하여 $10\,ml$ 정도가 될 때까지 받는다.

(다) 삼각플라스크에 받은 증류액을 mass flask $100\,ml$에 옮기고 증류수로 눈금까지 채우고 균일하게 섞는다.

(5) 산화법에 의한 알코올의 정량

(가) 증류하여 $100\,ml$로 만든 증류액 $10\,ml$를 마개를 한 삼각플라스크($500\,ml$)에 넣고, 여기에 0.1 N-중크롬산칼륨용액 $10\,ml$와 진한 황산 $10\,ml$를 가한다.

(나) (가)의 뚜껑을 닫고 실온에서 1시간 방치한다. 반응액은 녹갈색으로 변한다.

(다) 증류수 100~200 ml를 넣는다.

(라) 8% KI 용액 6.5 ml를 첨가하면 남아 있는 중크롬산칼륨에 의하여 산화분해된 I_2가 유리하기 때문에 0.1 N-sodium thiosulfate가 들어 있는 buret를 사용하여 신속하게 적정한다.

※ 알코올을 함유한 용액에 황산산성하에서 과량의 일정한 농도의 중크롬산칼륨용액을 가하면, 알코올은 다음 식과 같이 acetic acid가 산화되어 중크롬산 일부는 환원된다.

$$3C_2H_5OH + K_2Cr_2O_7 + 4H_2SO_4 \longrightarrow K_2SO_4 + Cr_2(SO_4)_3 + 3CH_3CHO + 7H_2O$$

$$3C_2H_5OH + 2K_2Cr_2O_7 + 8H_2SO_4 \longrightarrow 2K_2SO_4 + 2Cr_2(SO_4)_3 + 3CH_2COOH + 11H_2O$$

여기에 요오드화칼륨용액을 첨가하고, 여분의 중크롬산칼륨에 의하여 산화분해되어 유리된 I_2를 sodium thiosulfate 용액으로 적정한다.

$$K_2Cr_2O_7 + 6KI + 7H_2SO_4 \longrightarrow Cr_2(SO_4)_3 + 4K_2SO_4 + 7H_2O + 3I_2$$

$$2Na_2S_2O_3 + I_2 \longrightarrow Na_2S_4O_6 + 2NaI$$

(마) 적정하고 있는 액의 색이 연한 갈등색이 되어, 적정의 한계점에 가까워지면 전분용액 0.5 ml 정도를 가하고 I_2와 전분과의 반응으로 자색이 되고 자색이 없어지는 점까지 적정한다. 적정이 끝나는 점은 Cr의 연한 청색이 약간 남아 있을 때까지이다.

※ 산화반응의 용액의 색은 알코올 함량이 적을수록 갈색에 가깝고, 알코올 함량이 많을수록 녹갈색으로부터 녹색이 진하게 된다. 정량한계부분에서는 연한 녹색이 된다.

(바) 알코올 생성량의 계산

0.1 N-sodium thiosulfate용액의 적정치(ml)를 V_t, 역가를 U라 하면, 시료 중의 알코올은 다음 식으로 산출할 수 있다.

시료 100 ml 중의 알코올 g수(w/v%) = (10 -V_t × U) × 0.0012 × (100/10) × (100/10)

                 (A)   (B)   (C)   (D)

① 알코올에 의하여 환원된 중크롬산칼륨의 양

(0.1 N-중크롬산칼륨용액 ml-0.1 N-sodium thiosulfate 용액 ml)이므로 (10 - V_t × U)가 된다.

② 0.1 N-중크롬산칼륨용액 1 ml에 의하여 산화되는 에탄올의 g수

③ 시료 10 ml를 수증기 증류하고, 증류한 액을 100 ml로 조절한 다음 그중에서 10 ml를 취하여 적정하였기 때문에, 증류액 100 ml분으로 산출하기 위해 100/10이 된다.

④ 수증기증류에 사용한 시료는 10 ml이기 때문에, 시료 100 ml분으로 산출하기 위해 100/10로 하였다.

[참 고]

알코올의 정량법으로 사용한 산화법은 미량의 알코올의 정량에는 좋은 방법이나, 알코올 농도가 2.5% 이상일 경우는 적합하지 않다.

1. 세균을 이용한 실험

세균은 원핵세포의 하등생물이다. 일반적으로 세포의 외부에 세포벽이 있고, 세포벽의 조성의 특징이 있어 Gram 염색을 할 경우 차이가 있다. 염색의 여부에 따라 Gram 양성균, Gram 음성균, Gram 염색부정균으로 나누고 있다.

그리고 세균은 생육하는 데 산소의 영향을 받게 되므로 산소의 필요에 따라 호기성세균, 혐기성세균(통성혐기성세균, 편성혐기성세균)으로 나누고 있다. 세균을 배양할 경우 배양하는 배지의 조성, pH, 배양온도 등의 배양조건에 영향을 많이 받으므로, 사용하는 균체의 배양에 관한 최적조건을 알 필요가 있다.

그 외에 세균을 사용하는 실험과 연구를 할 경우, 사용하는 균주를 언제나 사용할 수 있도록 죽지 않게 잘 보존해야 하므로 세균의 배양법과 보존법을 터득해야 한다.

1.1 세균의 분리, 배양, 보존

1) 호기성 세균

[실험목적]

*Bacillus*속을 사용하여 호기성 세균의 분리, 배양, 보존의 기본적인 방법을 터득한다.

[실험재료]

생 청국장균(*Bacillus subtilis*, *Bacillus natto*) 균주

[실험기구와 기기]

페트리접시(9 *cm*) 6~10장, 삼각플라스크(300 *ml*) 1개, 시험관(15 *cm*) 6개, 왓셀만 시험관 1개, 스크류식 마개시험관 2~3개, hole pipette(2 *ml*) 3개, 피펫(5 *ml*) 2개, 백금이 1개, 항온배양기, 콘라지봉

[시   약]

NaCl

[배   지]

*Bacillus*속의 분리에는 전분-peptone 배지를 사용하고, 배양과 보존에는 일반적으로 많이 사용되는 meat extract-peptone 한천배지를 사용한다.

(가) 전분-peptone 한천배지

가용성 전분 1.5%, peptone 0.1%, K_2HPO_4 0.05%, $MgSO_4 \cdot 7H_2O$, 한천 1.5%, pH 7.0

(나) Meat extract-peptone 한천배지

Meat extract 0.5%, peptone 1.0%, NaCl 0.5%, pH 7.2

[실험방법]

(1) 한천평판도주법에 의한 *Bacillus*속의 분리와 배양

(가) *Bacillus*속의 균을 분리하기 위한 배지(전분-peptone 한천배지)를 사용하여 한천평판배지를 만든다.

(나) 살균한 희석용 생리식염수에 시료(청국장) 1 g을 취하여 섞고 잘 교반하고 15분간 방치하여 침전물을 침전시킨다.

(다) 살균한 hole pipette으로 시료현탁액의 상등액을 3 ml 취하여 살균한 왓셀만 시험관에 옮기고 80℃의 열탕에 15분간 둔다.

※ *Bacillus*속의 내생포자는 내열성이 강하고 일반 미생물의 영양세포는 내열성이 약하므로 80℃에서 15분간 가열처리를 함으로써 일반세균은 사멸하고 *Bacillus*속을 선택적으로 분리할 수 있다.

(라) 가열처리한 시료현탁액의 상등액 1 ml를 취하여 5단계 희석법으로 희석한다.

(마) 각 희석한 용액 0.1 ml를 한천평판배지에 접종하고 콘라지봉으로 고루 도말하여 접종한다.

(바) 한천평판배지의 페트리접시의 뚜껑을 아래로 하여 30℃의 항온배양기에서 배양한다.

(사) (나)배지(malt extract 한천배지)로 페트리접시에 한천평판배지를 만든다.

(아) (바)의 과정에서 한천평판배지에서 생육된 단일 콜로니의 균체를 (사)의 과정에서 만든 한천평판 배지에 도주평판배양법으로 또는 균체를 희석한 액을 평판배지에

접종하여 콜로니를 단리하고 새로운 배지에 접종하여 순수 분리한다.

※ 복수의 콜로니를 순수 분리한다.

(2) 분리한 균의 보존

(가) (나)의 배지(meat extract-peptone 배지)에 한천 1.0%가 되게 넣고 만든 한천 배지를 열탕 또는 전자오븐에서 녹이고, 녹인 배지를 스크류식 마개를 한 시험관에 넣는다. 마개를 닫고 살짝 풀어 121℃에서 15분간 살균한다.

(나) 멸균한 다음 마개를 꼭 닫고, 배지가 굳기 전에 시험관을 경사가 되게 두어 사면 배지를 만든다.

(다) 한천평판배지에서 자란 단일 콜로니(mono colony)의 균체를 사면배지에 접종하고, 30℃ 배양기에서 배양한다. 균체가 잘 자란 다음 5℃의 저온실에 보존한다.

※ 사면배지를 만들 경우, 배지가 시험관의 2/6~3/6이 되도록 한다.

[주　　의]

(가) 희석에 사용하는 생리식염수를 만들어 살균하여 둔다.

(나) 보존하는 데 사용하는 스크류식 마개를 한 시험관 대신에 솜 마개를 한 시험관을 사용하여도 좋다. 솜 마개를 한 시험관은 180℃에서 30분간 건열살균한 것을 사용한다. 배양한 다음 보존할 경우는 방수용 종이로 솜 마개부분을 싸 놓는다.

[참　　고]

(가) 분리한 균체를 동정하기 위해 수 종류의 동정실험을 할 필요가 있다.

(나) 계대배양을 할 경우는 균주의 종류에 따라 다르나, 1개월부터 6개월마다 계대배양을 할 필요가 있다. 이 경우 보존했던 균주를 새로운 배지에 접종한 다음 배양한다.

2) 통성혐기성균의 분리와 배양

[실험목적]

젖산균을 사용하여 통성혐기성균의 분리·배양·보존법을 터득한다.

[실험재료]

김치, 발효유

[실험기구와 기기]

페트리접시($9\,cm$) 10장, 시험관($15\,cm$), 왓셀만 시험관, 삼각플라스크($100\,ml$, $300\,ml$)
1개씩, hole pipette($2\,ml$, $5\,ml$) 1개씩, 백금선, 실리콘마개, 항온배양기

[배   지]

분리와 보존을 할 경우는 GYP한천배지를 사용하고, 전 배양하는 데 사용하는 액체
배지는 GYP배지를 사용한다. GYP한천배지는 GYP액체배지에 한천과 $CaCO_3$를 첨가
한다. Tween 80을 가하지 않아도 생육하는 경우는 배지에 이것을 가할 필요가 없다.
한천평판배지를 만들려면 페트리접시 한 장당 $15\sim20\,ml$로 하여 만든다.

(가) GYP액체배지(배지 1,000 ml당)

Glucose $10\,g$, yeast extract $5\,g$, peptone $5\,g$, sodium acetate $2\,g$, Tween 80 $0.5\,g$, 무
기염류용액 $0.5\,ml$, pH 6.8
　※ 무기염류용액의 조성(mg/ml)
　　$MgSO_4 \cdot 7H_2O$ 40, $MnSO_4 \cdot 4H_2O$ 2, $FeSO_4 \cdot 7H_2O$ 2, NaCl 2, HCl 적은 양
　※ 무기염류액은 산성에서 침전이 되지 않으므로 저장액을 만들어 둔다.

(나) GYP한천배지

GYP액체배지에 $CaCO_3$를 1.0%, 한천을 1.5% 되게 가하여 만든다.
※ pH를 조절한 다음에 $CaCO_3$와 한천을 가한다.

[실험방법]

(1) 희석법에 의한 젖산균의 분리

(가) GYP한천배지와 중층으로 사용하는 1.5% 한천액(평판배지 1개당 $10\,ml$)을 만
들어 121℃에서 15분간 살균하여 둔다.

(나) 분리하려고 하는 시료 1 g을 멸균한 생리식염수로 7단계별로 희석하고, 희석액은 희석 단수가 높은 쪽부터 5단계 정도를, 희석한 액을 각각 1 ml씩 멸균한 페트리접시에 접종한다.

(다) 50℃ 정도에서 녹인 GYP한천배지를 희석액을 접종한 페트리접시에 분주한다. 그리고 접종한 균체와 $CaCO_3$가 페트리접시에 고루 퍼지도록 회전하면서 잘 교반한 다음 방치하여 굳게 한다.

(라) 배지가 잘 굳어지면 1.5% 한천액 10 ml에 백금선에 묻힌 NaN_2를 넣고 잘 섞어 한천평판배지 위에 분주한다.

※ NaN_2는 호기성균의 생육을 저해한다.

(마) 30℃ 또는 37℃의 배양기 속에서 배양한다.

(바) 전 배양 배지인 GYP액체배지를 만들고, 왓셀만 시험관에 5 ml씩 분주하여 멸균한다.

(사) 한천평판배지에 생육한 콜로니 중 콜로니의 주위에 투명대(clear zone)가 나타난 것을 백금선의 끝으로 GYP액체배지에 접종하여 배양한다. 그리고 복수로 된 콜로니를 단리하고, 24~48시간마다 계대배양한다.

※ 한천배지에 백색으로 현탁된 $CaCO_3$는 젖산균이 생산한 젖산에 의하여 calcium lactate가 되면서 용해되어 투명대를 형성한다.

(2) 계대배양법에 의한 젖산균의 보존법

(가) 젖산균의 보존배지는 GYP한천배지를 사용하고, 이 배지를 만들어 왓셀만 시험관 또는 솜 마개와 실리콘 마개를 한 시험관에 5 ml씩 분주하여 살균한 다음 고층배지를 만든다.

(나) GYP액체배지에서 전 배양한 균체를 백금선에 묻혀, 시험관에 준비한 한천보존배지에 삽입하여 접종한다. 한천배지에 있는 $CaCO_3$는 밑에 침전되어 있다. 이 $CaCO_3$에 닿게 삽입하여 접종한다.

※ $CaCO_3$는 젖산균을 보존하는 동안 생성된 젖산을 칼슘염으로 중화하므로, 배지의 pH의 완충작용을 한다.

(다) 30~37℃의 배양기에서 배양하고, 균을 배지 속에서 잘 생육시킨 다음 냉장고에 보존한다.

[주　　의]

(가) 발효유로부터 젖산균을 분리할 경우, GYP한천배지로 분리가 잘되지 않을 경우는 우유배지를 사용하면 분리가 잘된다.

(나) 고층배지로 계대배양하여 젖산균을 보존할 경우는 젖산균이 생산한 젖산에 의하여 사멸되기 쉬우므로 1개월마다 계대배양할 필요가 있다.

(다) 무균조작 실험을 해야 한다.

3) 절대혐기성세균의 분리, 배양, 보존

[실험목적]

절대혐기성미생물의 분리와 배양은 어렵다. 절대혐기성세균을 분리할 경우는 통성혐기성세균의 분리법과 배양법을 참고하여 희석법과 한천평판배지를 만들고, 다만 배양할 때 산소가 없는 환경에서 배양하는 것이 서로 다르다. 여기서는 절대혐기성미생물의 분리·배양·보존의 방법에 관해 설명한다.

[실험기구]

(가) 통성혐기성세균 분리·배양·보존실험에 사용한 것을 준비한다.
(나) 가스치환할 수있는 용기

[배　　지]

분리하려는 혐기성미생물의 종류에 따라 다르다.

[실험방법]

(가) 통성혐기성세균을 분리할 때 사용하는 실험방법에 준하여 희석법과 한천평판배지, 고층배지를 사용하여 배양, 분리한다.

(나) 배양하려는 한천평판배지와 고층배지를 산소가 없는 환경에서 배양한다. 배양하려는 페트리접시, 시험관을 가스를 치환할 수 있는 용기에 넣고, 용기 속을 가스로 치환한 다음 배양기에서 배양하여 분리한다.

[보   존]

(가) 스크류식 마개가 있는 vial(4 ml)에 20% 탈지우유를 0.5 ml씩 분주하고 121℃에서 15분간 멸균한다.

(나) 배양한 균체를 살균한 피펫으로 작은 양을 취하여 멸균한 탈지우유가 들어 있는 vial에 섞는다.

(다) -80℃의 냉동고에 보관한다.

[참   고]

(가) 균주를 보존하는 방법에는 보호액에 균체를 잘 섞어 -20℃ 또는 -80℃에서 동결하는 방법 또는 동결건조법, L건조법 등이 있고, 균주에 따라서는 이러한 방법으로 1년 이상의 오랜 기간 보존이 가능하다.

(나) 혐기성세균 중 장내세균을 보존하는 데는 20% 탈지우유에 균체를 섞어 -80℃에 보존하는 것이 유효하다.

(다) 평판배양법으로 절대혐기성세균을 분리, 배양할 경우는 가스를 치환할 수 있는 용기를 사용하여 용기 내부를 가스로 치환하여 산소가 없는 조건에서 배양하는 것이 유효하다.

4) 젖산균의 응용실험

젖산발효는 젖산균에 의하여 산소공급 없이 당을 분해하여 젖산을 생성하는 발효이다. 젖산균의 발효에는 당으로부터 젖산만을 생성하는 정상형 젖산발효(homo lactic acid fermentation)와 젖산 이외에 에탄올, 아세트산, 이산화탄소 등을 생성하는 이상형 젖산발효(hetero lactic acid fermentation)가 있다.

정상형 젖산발효(*Lactobacillus delbrucckii, Lac. casei, Lac. acidophilus*)

$$C_6H_{12}O_6 \longrightarrow 2CH_3CHOHCOOH$$

glucose $\qquad$ lactic acid

이상형 젖산발효(*Leuconostoc*)

$$C_6H_{12}O_6 \longrightarrow CH_3CHOHCOOH + C_2H_5OH + CO_2$$

glucose $\qquad$ lactic accid $\qquad$ ethanol

$$3C_6H_{12}O_6 \longrightarrow CH_3CHOHCOOH + CH_3COOH + CO_2 + 2C_6H_{14}O_6$$

glucose $\qquad$ lactic acid $\qquad$ acetic acid $\qquad$ mannitol

[실험목적]

수종의 젖산균을 사용하여 우유배지 중에서 젖산의 생성을 비교하여 젖산발효에 관해 이해한다.

[실험재료]

Lactobacillis acidophilus, Lac. casei, Enterococcus faecalis

[실험기구와 기기]

삼각플라스크($100\,ml$, $300\,ml$) 5개씩, 왓셸만 시험관 50개, 시험관($15\,cm$) 1개, hole pipette($2\,ml$, $5\,ml$) 1개씩, mass pipette($5\,ml$) 5개, buret와 stand, 백금선, 백금구, 여두, autoclave, 항온기

[시   약]

(가) 0.1 N-NaOH 용액
(나) 1% phenolphthalein(pH 지시약)

[배   지]

우유배지의 조성($1,000\,ml$당)

탈지분유 80 g, glucose 30 g

※ 121℃에서 10분간 멸균한다.

[실험방법]

(1) 전 배양

(가) 우유배지를 왓셀만 시험관에 5 *ml*씩 넣고 멸균한다.

(나) 젖산균을 보존하고 있는 고층배지로부터 우유배지에 접종하고 30℃에서 배양한다.

(다) 20~24시간마다 새로운 배지에 접종하고 배양하는 것을 수차례 반복한다.

※ 보존배지에 있는 세균은 준비기간이 길어 전 배양배지에 접종한 직후에는 균체의 활성이 약하므로 3회 정도 접종 배양하여 활성화된 것을 본배양에 이용한다.

(2) 본배양

(가) 삼각플라스크(300 *ml*) 4개에 100 *ml*씩 우유배지를 넣고 멸균한다.

(나) 전 배양한 균액 1 *ml*를 살균한 증류수로 10배로 희석하고, 1 *ml*를 살균한 삼각플라스크에 있는 배지에 접종한다.

(다) 잘 섞은 다음, 멸균한 왓셀만 시험관에 무균적으로 5 *ml*씩 분주한다. 대조구(blank)는 균체를 접종하지 않은 우유배지만을 시험관에 5 *ml* 넣는다.

(라) 각 젖산균의 최적온도에서 정치배양한다. *Lactobcillus acidophilus*와 *Enterocccus faecalis*는 37℃에서, *Lactobacillus casei*는 30℃에서 배양한다.

(마) 매일 한 개씩 배양액을 취하여 젖산이 생성된 양을 측정한다.

(3) 산도 측정

(가) 배양액을 잘 섞은 다음 삼각플라스크(100 *ml*)에 mass pipette으로 3 *ml*를 취하고, 증류수로 피펫의 안에 붙어 있는 배양액을 씻어 내린다.

(나) 1% phenolphthalein 용액을 1~2방울 떨어트리고, 1/10 N-NaOH 용액으로 적정한다.

[산생산량의 계산]

(가) 0.1 N-NaOH 용액 1 ml에 상당한 젖산의 양

0.1 N-NaOH 1 ml = 0.1 N-CH₃CHOHCOOH 1 ml = 0.1 × 90 × 1/1000 = 0.009 g

(나) 젖산이 생성된 양

젖산(w/v%)
  = {(배양한 다음 배양액 3 ml의 적정값) - (배양하기 전의 배양액 3 ml의 적정
    값)} × 0.009 × 0.1 N-NaOH 용액의 F × 100/3
※ F : 0.1 N-NaOH 용액의 factor

[관   찰]

그래프용지에 가로에는 배양일수로, 세로는 젖산이 생성된 양으로 하여 배양곡선을
그려 본다.

2. 방선균을 이용한 실험

방선균(Actinomycetes)에는 공업적으로 많이 이용되는 것들이 있으며 특히
*Streptomyces*속에는 항생물질, 효소류, 비타민 등의 생산과 steroid의 전환 등에 이용
되는 균들이 있다.

방선균은 ray-fungi 또는 fungi-like-bacteria라고도 한다. 이것은 형태적으로 균사
모양을 하고 있고 기균사가 발달했으며 포자(conidium)가 착생하는 모양이 곰팡이와
유사한 까닭이다.

그러나 방선균은 세균과 같이 phage에 의하여 감염이 되고, 진핵세포의 구조를 하고
있고, 세포벽의 화학적 구성은 Gram 양성세균과 유사하여 세균류로 분류하고 있다.
Bergey's manual에 의하면 방선균은 분열균강(Schizomycetes)에 속하며, 목(order)
은 방선균목(Actinomycetales)이고 이목에는 4과(families)로 분류되어 있다.

2.1 항생물질을 생산하는 균주의 분리

항생물질은 생물체에 의하여 생산되고, 다른 미생물, 동식물의 발육과 기능을 저지하는 물질 또는 그의 유도체로 저지작용을 하는 물질을 말한다. 항생물질은 대부분이 미생물에 의하여 생산된다.

방선균은 자연계에 널리 분포되어 있고, 특히 유기부식물이 많은 토양(soil)이나 퇴비 중에 많이 서식하고 있다. 따라서 방선균을 분리하려면 부식물이 많은 밭과 산에 있는 흙이 좋고 그 외에 바닷물, 호수 밑에 있는 흙, 퇴비, 식품, 생물체 등에서도 분리된다.

[실험목적]

흙으로부터 방선균을 분리하고, 항생물질을 생성하는 균주를 선별하는 방법을 터득한다.

[실험재료]

흙

[실험기구와 기기]

삼각플라스크, 페트리접시, 시험관($15\,cm$) 7개, hole pipette($2\,ml$) 2개, 콘라지봉, 항온배양기

[시   약]

희석용 생리식염수	70% 에탄올
검정용피검균	

     Escherichia coli   *Bacillus subtilis*

     Staphylococcus aureus   *Pseudomonas aeruginosa*

     Sacharomyces cerevisiae   *Candida albicans*

    ※ 항생물질검사에 사용하는 피검균은 원래 균주가 정해져 있다.

[배   지]

(가) Glucose asparagine 한천배지(배지 1,000 ml당) : 방선균 분리용

Glucose 10.0 g, asparagine 0.5 g, K₂HPO₄ 0.5 g, 한천 15.0 g, pH 7.0

(나) YM한천배지(배지 1,000 ml당) : 검정용

Glucose 10 g, peptone 5 g, yeast extract 3 g, malt extract 5 g, 한천 20 g, pH 6.2

(다) 보통한천배지(배지 1,000 ml당)

Meat extract 5 g, peptone 10 g, NaCl 5 g, 한천 15 g, pH 7.2

[실험방법]

(1) 방선균의 분리

(가) 분리용 배지 20 ml를 페트리접시에 부어 분리용 한천평판배지를 만든다.

(나) 흙 1 g을 멸균한 생리식염수로 8단계 희석을 하고, 희석 단계의 4단계로부터 8단계까지를 0.1 ml씩 평판배지에 다단계희석 평판도주법으로 접종한다.

(다) 30℃의 항온배양기에서 배양한다.

(라) 방선균의 콜로니를 새로운 분리용 한천배지에 백금구로 칠하면서 접종하여 배양을 한다. 이렇게 하여 복수의 균주를 분리한다. 한 균주에 대하여 한천평판배지 2개 이상을 배양하여 앞으로 계속 실험을 하는 데 그리고 균주를 보존하는 데 사용한다. 한 개의 한천평판배지는 5개 정도의 균주의 분리 배양이 가능하다.

[주   의]

(가) 방선균의 대부분은 호기성세균이고, 방선균의 콜로니는 곰팡이의 콜로니와 비슷하나 크기가 매우 작고, 방성균의 이름과 같이 중심으로부터 균사가 방사모양으로 퍼져 콜로니가 형성된다. 콜로니를 분리하기 전에 미리 방선균의 균주로 콜로니의 특징을 확인하여 두면 방선균을 분리하는 데 도움이 된다.

(나) 방선균의 콜로니를 선택적으로 분리하려면 항생물질을 사용하는 것도 효과가 있다. 단 방선균은 세균의 한 종류이므로 항생물질에 따라서는 영향을 받는 경우도 있다.

(다) 항생물질을 생성하는 균주로 확인된 경우는 사면한천배지에 배양하고, 냉장보

존 또는 냉동보존을 하여 죽지 않도록 한다.

2.2 항생물질을 생산하는 균의 선택

(1) 교차획선배양법(cross streak method)

(가) 보통한천배지 또는 YM한천배지의 한천배지 $20\,ml$를 페트리접시에 부어 두 종류의 한천평판배지를 만든다.

(나) (가)에서 만든 두 종류의 한천평판배지에 각각 분리한 방선균을 페트리접시 한쪽에 직선으로 접종하고 30℃에서 1~2주간 배양한다. 한 장의 한천평판배지에 한 균주를 접종한다. 포자를 형성하는 균주일 경우는 포자가 형성할 때까지 배양한다.

(다) 검정용 피검균을 한천평판배지 또는 한천을 제거한 액체배지에서 전 배양하여 피검균을 활성화시킨다.

(라) (나)에서 방선균을 접종하여 배양한 배지에, 피검균을 직선으로 접종한 방선균과 수직되게 직선으로로 접종하고 피검균의 최적온도에서 배양한다. *Escherichia coli*와 *Bacilllus subtilis*, *Staphylococcus aureus*, *Pseudomonas aeruginosa*는 보통한천배지에, *Sacharomyces cerevisiae*, *Candida albicans*는 YM한천배지에 접종한다.

(마) 항생물질의 생산성 확인

방선균이 항생물질을 생산한다면 피검균이 생육하지 않은 부분이 형성되어 생육억제대(투명대)가 형성된다.

그림 7-1. 분리균과 피검균의 접종방법과 항생물질의 생산성의 확인

[보　　존]

방선균의 보존은 사면배지에서 계대배양하는 것이 좋다. 포자를 형성하는 균주는 포자를 형성시켜 냉장 또는 냉동하면 1년 이상 보존할 수 있다.

[주　　의]

(가) 흙으로부터 분리한 효모, 세균, 곰팡이에 대해서도 항생물질을 생성하는지를 확인해 본다.

(나) 항생물질의 생산량은 배지의 조성, 배양조건, 실험균주에 따라 크게 영향을 받는다.

(다) 병원균은 반드시 살균하여 버린다.

2.3 항생물질의 역가 검정법

항생물질의 역가측정법은 화학적인 방법과 생화학적인 방법(bioassay)으로 크게 나누나, 양쪽 모두가 표준제품과 비교하여 구한다. 역가는 원칙적으로 중량으로 나타내나, 화학적으로 순품을 얻을 수 있는 경우에는 생물학적인 단위(unit)로 나타낸다. 후자의 bioassay는 항생물질의 항균작용을 이용한 것이다. 이를 검정법, 희석법, 또는 비탁법으로 나눈다.

1) 확산법

확산법은 페트리접시의 한천평판배지의 특정한 부분에 넣은 약제가 한천배지 내에서 확산해 감으로써 약제의 농도의 구배가 형성되고, 검정균에 대한 발육저지농도 이상이 되면 균의 증식이 저지되어 투명한 저지원이 형성된다. 이 저지원의 크기와 약제농도의 대수치 간의 상관성으로부터 항생물질의 역가를 구한다. Penicillin은 *Staphylococcus aureus* 209P, Streptomycin은 *Bacillus subtilis* PC1219, tetracyclin은 *Sarcina lutea*를 검정균으로 사용한다.

확산법에는 약제를 넣는 방법에 따라 cup법, 여지법(paper disk법), 구멍법이 있다.

Cup법은 한천평판배지 위에 스테인리스의 원통(내경 $6\,mm$, 높이 $10\,m$)을 직각으로 세워서 놓고, 원통 안에 약제를 넣어 한천평판배지의 안에서 확산시키는 방법이다. 여지법은 스테인리스의 원통 대신에 약제를 흡수한 원형의 여지(paper disk)를 사용하는 방법이고, 구멍법은 한천평판배지에 수직으로 구멍을 뚫고 약제를 뚫은 구멍에 주입하여 확산하는 방법이다.

일반적으로 cup법과 여지법을 사용하고 있으며 여기서는 표준적인 방법인 cup법과 여지법에 관해 설명한다.

(1) Cup법

[검정균]

*Bacillus subtilis*의 포자

[항생물질]

Rifamycin(이하 RF)

[배   지]

보통한천배지 : meat extract 0.5%, poly peptone 1.0%, NaCl 0.5%, 한천 1.5%, pH 7.0

[실험기구와 기기]

삼각플라스크, mass cylinder, 페트리접시, 시험관, mass pipette, 스테인리스 원통, 핀셋, 노기스, 가제, 솜 마개, mass flask, autoclave, clean bench, 항온기

[실험방법]

(가) 한천평판배지의 만들기

건열멸균한 페트리접시에 보통한천배지 $15\,ml$를 넣어 평면을 굳게 한다. 별도로 포자현탁액을 가하여 $0.5 - 1.0 \times 10^{6}$ 포자/ml로 조절한 60℃ 정도의 한천배지를 준비하고, 미리 만들어 둔 한천평판배지 위에 $5\,ml$씩 부어 중층평판배지를 20개를 만들어 둔다. 바로 사용하지 않을 경우는 냉장고 안에 보존하여 포자의 발아와 증식을 방지하고, 실험에 필요할 때 꺼내어 사용한다.

(나) RF 농도의 조절

RF를 평량하여 적은 양의 에탄올에 용해한 다음, 무균수를 가하여 $100\,\mu g/ml$로 조절하여 RF 보존액으로 한다. 일반적으로 용매는 균의 증식에 영향을 주는 경우가 있으므로 영향이 없는 낮은 농도에서 사용해야 한다. 그 다음에 RF 보존액과 무균수를 사용하여 RF의 농도를 0.5, 1.0, 2.0, 4.0, $8.0\,\mu g/ml$의 농도, 또는 주어진 미지의 농도의 시료를 2배 및 4배의 희석용액을 조절하여 만든다. 표준곡선을 만들기 위하여 기준농도를 $1.0\,\mu g/ml$로 한다.

(다) 약제용액의 주입과 배양

페트리접시의 뚜껑에 붙어 있는 물기를 멸균한 가제로 닦아 내고, 멸균한 원통을 화염 살균한 핀셋으로 한 장의 한천평판배지 위에 4개씩 그림 7-2와 같이 설치한다.

RF 용액을 멸균한 피펫으로 원통에 주입한다.

주입이 끝난 다음 평면상에서 30℃의 항온기에 하룻밤 정치 배양한다.

※ 농도를 모르는 미지 시료의 농도검정은 표준곡선으로부터 검정하는 간이검정 제2법 또는 계산에 의하여 검정하는 두 가지의 방법이 있다. 방법에 따라 원통에 주입하는 시료의 용액의 종류가 다르다.

(라) 생육저지원의 직경 측정

배양이 끝난 다음, 노기스를 사용하여 페트리접시의 뒷면에 나타난 저지원의 직경을 측정한다. 한 개의 저지원의 직경을 측정한다.

(마) 실험결과의 정리

표준곡선은 간이검정법 제2검정법에 따라 저지원의 직경을 보정한 다음 편대수그래프용지를 사용하여 대수축에는 농도를 취하여 작성한다. 미지의 시료의 농도를 표준곡선으로부터 구할 경우는 저지원을 정한 다음 읽고, 계산에 의하여 구할 경우는 보정하지 않고 역가를 계산한다.

[주의 사항]

(가) 페트리접시를 놓는 대와 항온기 안은 수평이어야 한다.

(나) 한천평판배지 안에 거품이 없도록 만든다.

(다) 가열 용해한 한천을 빨리 퍼지게 하여 균일한 두께로 만든다.

(라) 원통은 하층의 한천배지까지 들어가지 않도록 놓아야 한다. 그리고 너무 낮아도 약제 용액이 세거나 넘어지는 경우가 있으므로 주의해야 한다. 한천평판면상에서 $2\,mm$의 높이로부터 떨어트리는 정도가 좋다.

(마) 원통을 페트리접시에 놓는 위치는 그림 7-2와 같다.

(바) 원통에 약제용액을 주입할 경우 피펫의 끝이 원통에 닿지 않게 해야 한다. 긴장해서 손이 떨려 원통을 움직이는 경우가 있다.

(사) 원통에는 그림 7-3과 같이 약제를 주입한다.

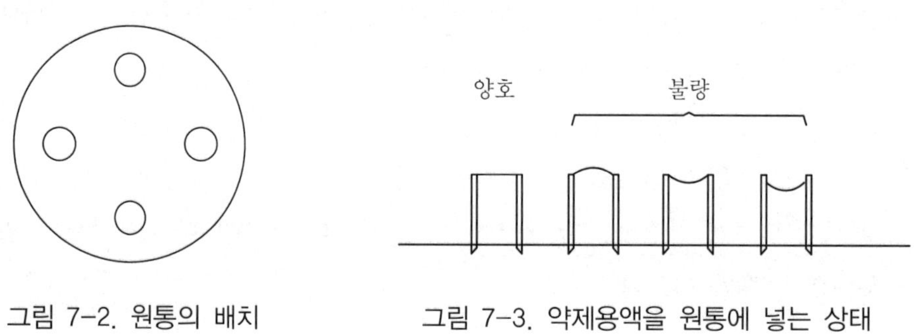

그림 7-2. 원통의 배치   그림 7-3. 약제용액을 원통에 넣는 상태

(1) 간이검정법

항생물질의 농도 C($\mu g/ml$ 또는 $unit/ml$)와 저지원의 직경 D(mm)와의 사이에는

$$D = b \log C + a$$

※ a, b는 상수의 관계가 성립한다고 가정하고 농도와 저지원의 직경에 관해 표준곡선을 작성하고, 미지의 시료의 농도를 표준곡선으로부터 구하는 방법이다.

(A) 제1법

[표준곡선의 작성]

페트리접시에 5개의 원통을 놓고, 농도를 알고 있는 기지의 물질을 여러 농도로 넣은 것을 10장, 별도로 그와 다른 농도의 용액에 대하여 10장, 합계 20장의 페트리접시를 사용하여 저지원을 형성한 다음, 각 농도의 저지원의 직경을 측정하여 표준곡선을 작성한다.

[미지시료의 농도의 검정]

페트리접시 2장을 사용하여 각각 5개의 원통을 세운다. 한 장의 페트리접시에 3개의 원통, 다른 페트리접시의 2개의 원통에 알고 있는 농도용액(C_s U/ml)을 넣고, 나머지의 원통에 알지 못하는 시료의 용액을 넣는다. 한 장의 페트리접시에 형성된 농도를 알고 있는 시료와 알지 못하는 시료(C_u)의 저지원의의 직경을 측정하고, 각각의 평균한 값을 $D_{s.av.}$와 $D_{u.av.}$라 한다. $D_{s.av.}$와 $D_{u.av.}$에 상당하는 농도를 표준곡선으로부터 읽어 각각 C_{sr}과 C_{ur}이라면, 알지 못하는 시료용액의 농도 C_u(U/ml)는 다음 식으로부터 구한다.

$$C_u \ = \ C_{ur} \times C_s/C_{sr}$$

다른 페트리접시에 대해서도 같은 방법으로 알지 못하는 시료용액의 농도를 구한다. 2장의 페트리접시에서 얻은 농도를 평균하여 알지 못하는 시료의 농도로 한다.

(B) 제2법

[표준곡선의 작성]

페트리접시 한 장에 4~6개의 원통을 세운다. 반의 원통에는 기준농도용액(다른 농도에서 얻은 저지원의 직경을 수정하는 데 기준이 되는 농도용액)을, 나머지의 원통에는 다른 농도의 용액을 넣는다. 각각의 농도에 대하여 페트리접시 3장을 사용한다. 모든 페트리접시에서 형성된 기준농도용액의 생육저지원의 직경을 평균하여 D_{st}, 어떤 농도의 저지원의 지경의 평균값을 D_d, 그의 각 페트리접시별의 기준농도용액의 생육저지원의 직경의 평균값을 D_{sn}라 하면, 다음 식에 의하여 그의 농도의 저지원의 직경 D_x를 구한다.

$$D_x \ = \ D_d \ + \ (D_{st} \ - \ D_{sn})$$

각각의 농도에 대한 생육저지원의 직경을 구하여 표준곡선을 만든다.

[알지 못하는 시료농도의 검정]

표준곡선을 작성하고 동시에 실험을 한다. 알지 못하는 시료의 저지원의 직경을 수정하는 것도 위에 있는 식에 의하여 하고, 표준곡선으로부터 농도를 구한다.

(C) 역가계산법

역가는 불순물을 함유한 항생물질의 용액이 표준품의 용액과 같은 크기의 생육저지원의 직경을 나타내는 데 필요한 농도와의 비로 나타낸다. 다시 설명하면 같은 생육저지원의 직경을 나타내는 농도가 표준품에 비교하여 시험품이 2배가 된다면, 시험품 중에 있는 항생물질의 양은 반이 되고 역가는 0.5가 된다.

그러나 실험에 따라 시험품과 표준품에 대하여 생육저지원의 직경의 크기를 같게 한다는 것은 어려우므로, 시험품과 표준품의 농도 및 형성한 생육저지원의 직경을 실제로 측정한 값을 사용하여 역가를 구하는 방법이 역가계산법이다.

항생물질의 농도를 폭넓게 측정해 보면 간이검정법에서 가정한 농도와 생육저지원의 직경의 관계는 성립되지 않으며 다음의 Verhulst 식에 일치한다는 것이 인정되고 있다 (그림 7-4). 생육저지원의 직경을 $D\,mm$, 농도의 대수치를 $C\,\mu g/ml$, 저지원의 극대치를 $D_{max}\,mm$, 변곡점의 농도의 대수치를 $C_x\,\mu g/ml$, 곡선의 구배를 r라 하면

$$D = \frac{D_{max}}{1+exp[-r(C-a_x)]}$$

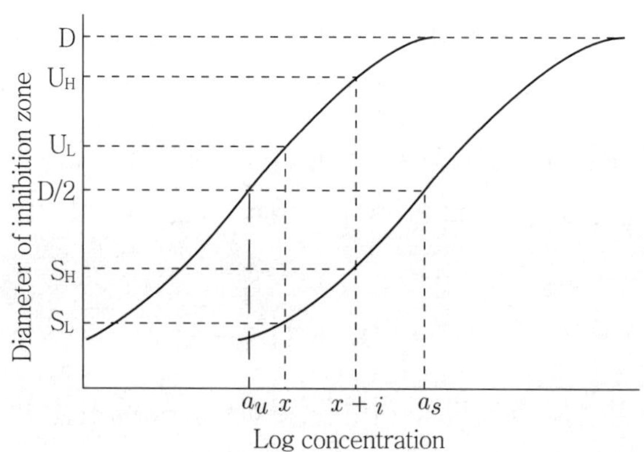

S_L, S_H, U_L, U_H, : 표준품(S)과 시험품(U)의 두 종류의 농도
(L : 저농도, H : 고농도에서의 저지원 직경)
a_u, a_s : 표준품과 시험품의 변곡점에서의 대수치
i : H와 L의 농도비의 대수치

그림 7-4. Verhulst의 곡선

2) Paper disk법에 의한 세균의 항생물질 감수성실험

Paper disk를 사용하여 항생물질실험법에 관해 이해하고 터득한다.

[실험재료]

(가) 피검균

    Escherichia coli   *Bacillus subtilis*

    Staphylococus aureus   *Saccharomyces cerevisiae*

(나) 증기 살균한 paper disk

[실험기구]

시험관, 페트리접시($9\,cm$), 콘라지봉, 핀셋, 항온배양기, autoclave

[시 약]

(가) 살균한 희석용 생리식염수

(나) 감수성 시험에 사용하는 약제를 paper disk에 흡착하여 건조한 감수성 paper disk

약제

    benzyl penicillin $10\,U$/paper disk,   kanamycin $50\,\mu g$/paper disk

    chloramphenicol $100\,\mu g$/paper disk,   streptomycin $200\,\mu g$/paper disk

    tetracyclin $200\,\mu g$/paper disk

[배 지]

(가) 보통한천배지

(나) YM한천배지

피검균인 *Escherichia coli*, *Bacillus subtilis*, *Staphylococcus aureus*는 보통한천배지를, *Saccharomyces cerevisiae*는 YM한천배지를 사용한다. 평판배지를 만든 다음, 한천배지의 표면을 잘 건조한다.

[실험방법]

(가) 피검균을 한천을 제거한 액체배지에서 전배양하여 활성화시킨 다음, 전배양균체를 종균액 0.1 ml당 균수가 $10^5 \sim 10^6$이 되도록 멸균한 생리식염수로 희석한다. 이 희석한 균액을 한천평판배지에 접종하고, 콘라지봉으로 한천배지의 전체에 고루 퍼지도록 접종한다.

※ 균수 측정법 참조할 것

(나) 핀셋의 끝을 불꽃살균하고, 약제를 흡착 건조한 감수성시험 paper disk를 한천평판 위에 적당한 간격으로 올려놓고, 가볍게 눌러 배지에 밀착시킨다.

(다) 피검균의 생육최적온도에서 24~48시간 배양하여 관찰한다.

(라) 생육저지원의 확인

저지원의 직경을 측정하고, 표준곡선으로부터 최소생육저지농도(minimum inhibitory concentration, MIC)를 읽는다. 표준곡선은 사용한 항생물질의 표준품을 여러 농도로 희석하고, cup 방법을 사용하여 저지원의 직경과 농도의 관계를 편대수그래프용지에 그려 둔다. 앞에 나타낸 paper disk에는 표준곡선이 붙어 있으므로 이용하면 편리하다.

[주   의]

피검균의 생육저지원의 크기는 paper disk를 놓은 다음부터 배양을 시작할 때까지의 시간과 접종한 균체의 양에 의하여 변한다.

[관   찰]

(가) 피검균의 각 항생물질에 대한 감수성의 유무를 확인한다.

(나) 각 항생물질의 피검균에 대한 생육최소저지농도(MIC)를 찾는다.

(다) 사용한 항생물질의 작용기작을 조사한다.

(라) 분리한 항생물질을 생산하는 균주를 사용하여 액체배양을 한 다음 균체를 여과하고, 여액을 사용하여 paper disk법으로 검정하여 본다.

2.4 희석법에 의한 최소생육저지농도의 척정

액체배지 또는 고체배지를 사용하여 항생물질의 희석한 계열을 만들고, 균을 접종하여 배양한 다음 생육의 여부를 확인하여 생육할 수 없는 한계의 최소농도인 최소생육저지농도를 구한다. 표준품의 MIC와 비교하여 역가를 예측하는 방법과, 액체배지에 희석한 계열을 만들고 검체균을 접종하여 배양한 다음 광전비색계로 측정하여, 표준품으로 미리 만들어 놓은 탁도와 농도의 표준곡선으로부터 시험품의 농도를 구하는 비탁법이 있다. 여기서는 MIC를 구하는 방법을 실험한다.

[재   료]

Bacillus subtilis, Escherichia coli

[항생물질]

Erythromycin(EM으로 약함)   rifampicin(RF로 약함)

[배   지]

Bouillon 배지 : meat extract 5.0 g, peptone 15.0 g, NaCl 5.0 g, K_2HPO_4 5.0 g, 증류수 1,000 ml, pH 7.0

[실험기구와 기기]

mass pipette, mass flask, 삼각플라스크, 시험관, mass cylinder, 솜 마개, 진탕배양기, 항온배양기, autoclave, 무균상자

[실험방법]

(가) Bouillon 배지 10 ml를 시험관에 넣고 멸균하고, 공시균을 한 백금이식 접종하고, 37℃에서 16~18시간 진탕 배양한다.

(나) 적은 양의 에탄올에 항생물질을 용해하고, 배지에 희석하여 EM은 1,000 $\mu g/ml$, RF는 10 $\mu g/ml$로 각각 만들어 원액으로 한다.

(다) 항생물질용액의 희석한 계열을 원액의 배지로 희석하여 만든다. 사용한 농도는 다음 표 7-1에 나타냈다.

표 7-1. 공시균에 대한 항생물질의 사용농도

항생물질	공시균	항생물질의 농도($\mu g/ml$)					
Erythromycin	*B. subtilis*	0.0	0.125	0.25	0.5	1.0	2.0
	E. coli	0.0	5.0	10.0	20.0	40.0	80.0
Rifampicin	*B. subtilis*	0.0	0.00625	0.0125	0.025	0.05	0.1
	E. coli	0.0	1.0	2.0	4.0	8.0	6.0

※ 공시균을 접종한 다음의 항생물질의 농도

(라) (가)에서 배양한 액을 1,000배 정도로 희석한다. 눈으로 보면 투명한 정도이고 $10^6\ cells/ml$ 정도의 농도이다. 이것을 (다)에서 준비한 희석계열의 액의 양과 같은 양의 균체를 (다)의 각각에 첨가한다. 이러한 조작에 의하여 각 시험관은 일정한 양의 균과 목적하는 농도의 항생물질을 함유하게 되어, 희석한 계열이 완성된다.

(마) 목적한 농도로 만든 (라)의 시험관을 37℃에서 24~48시간 정치배양한 다음 공시균의 생육여부를 배양액에 탁도가 있는지 또는 없는지를 확인하여 판정한다. 탁도의 관찰은 육안으로 하여 MIC를 결정한다.

제 **08** 장

| 성분의 실험법 |

1. 당질의 정량

1.1 Somogyi-Nelson 방법

동의 시약과 환원당에 의하여 생긴 Cu_2O에 황산의 산성하에서 산성 비소 몰리브덴산염 (molybdate)을 작용하면, 몰리브덴의 저급산화물의 교질용액을 생성하여 청색이 된다.

[시   료]

청주

[실험기구와 기기]

시험관, 피펫, water bath, 천평, 원형의 금속망, 비색계

[시   약]

(가) Glucose 표준액

(나) 동 시약

$Na_2HPO_4 \cdot 12H_2O$ 71 g, calcium tartarate 40 g을 700 ml 정도의 물에 녹인다. 1 N-NaOH 100 ml를 넣고 교반하면서 $CuSO_4 \cdot 5H_2O$ 8 g을 80 ml의 물에 녹인 용액을 넣어 가온하고, 최후로 무수 황산나트륨 180 g을 가하여 전체의 용량을 1,000 ml로 한다. 1~2일간 방치한 다음 여지로 여과하여 갈색병에 보존한다.

(다) Nelson 시약

$(NH_4)_6Mo_7O_{24} \cdot 4H_2O$ 50 g을 900 ml의 물에 녹이고, 여기에 진한 황산 42 g을 가하여 잘 섞고, 다시 6 g의 결정 비산1수소나트륨 $Na_2HAsO_4 \cdot 7H_2O$(또는 비소2수소칼륨 KH_2AsO_4 3.6 g)를 50 ml의 물에 녹여 가한다. 이 시약용액을 24~48시간 37℃의 항온기에 방치한 다음 갈색병 안에서 보존한다.

[정   량]

(가) 시료(glucose의 함량 5~100 $\mu g/ml$) 2 ml를 25 ml의 표시선이 있는 시험관에 넣고, 동 시약 2 ml를 넣는다. 끓는 water bath에서 10분간 가열한 다음 흐르는 물에서

3~5분간 냉각한다.

(나) 그 후에 Nelson 시약 $2\,ml$를 가하여 잘 교반하면, 당 농도에 따라 황녹색으로부터 담청색의 투명한 액이 된다.

(다) 여기에 증류수를 넣어 전체의 용량을 $25\,ml$로 하여 잘 섞는다.

(라) 잘 섞은 용액을 $520\,nm$ 또는 $660\,nm$에서 비색한다.

(마) 표준곡선의 작성

시료를 측정할 때 물을 blank로 하여 그 값을 뺀 것으로 표준곡선을 작성하고, 이 그림에서 정량하려는 시료의 값을 구한다(그림 8-1).

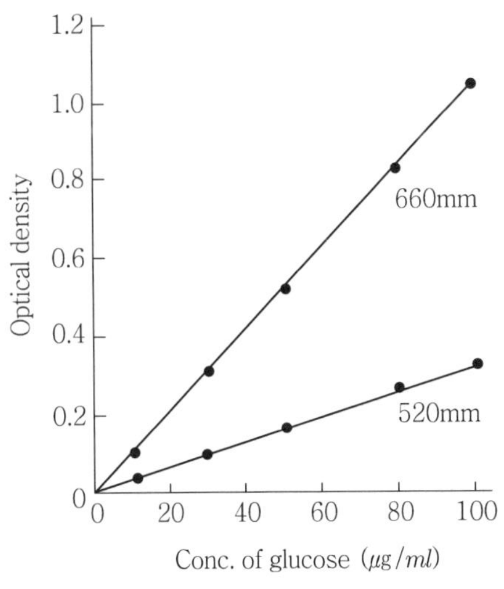

그림 8-1. 표준곡선

[주   의]

(가) 동의 시약은 Na_2SO_4의 농도가 높으므로 30℃ 정도의 항온기에 보존하여 결정의 석출을 방지한다.

(나) 단백질을 많이 함유한 시료는 단백질을 제거할 필요가 있다.

1.2 Bertrand법

이 방법은 Somogyi-Nelson법 등의 비색법을 사용하기 전에 환원당의 측정법으로 가장 많이 사용한 방법이었다. Fehling 시약을 공시하려는 당류의 일정량에 넣고 일정시간 끓이면 환원당에 의하여 Fehling 시약이 환원이 되어 적색의 Cu_2O가 침전한다. 이 침전물을 분리하여 황산제2철의 산성용액으로 처리하면, Cu_2O는 $CuSO_4$가 되고, 이것에 비례하여 황산 제1철을 생성한다. 이 황산제1철을 $KMnO_4$ 용액으로 적정한다.

$$Cu_2O + Fe_2(SO_4)_3 + H_2SO_4 \longrightarrow 2CuSO_4 + 2FeSO_4 + H_2O$$

$$10FeSO_4 + 2KMnO_4 + 2H_2SO_4 \longrightarrow 5Fe_2(SO_4)_3 + MnSO_4 + K_2SO_4 + 8H_2O$$

1.3 Phenol-황산법

환원당은 강산과 처리하면 탈수되어 furfural $C_5H_4O_2$ 또는 그의 유도체가 되고, 이것이 각종 시약과 반응하여 생긴 색을 비색하는 것이 산 처리를 기본으로 하는 당의 정량 원리이다. 다당류는 강산처리로 단당류로 가수분해되므로 실제로는 전체의 환원기, 즉 총당을 정량하게 된다. 아미노산은 황산처리로 furfural의 유도체가 되지 않는다. 이러한 원리를 응용한 방법으로 Phenol-황산법, anthrone법, carbazole-황산법, cysteine-황산법, cysteine-carbazole-황산법 등이 있다.

Pheno-황산법은 Dubois에 의하여 개발되었으나, 발색의 기구에 관해서는 분명하게 밝혀지지 않고 있다. 여기서는 Hodge 등의 방법을 사용한다.

[시   료]

청주

[실험기구와 기기]

시험관, 천평, water bath, 원형 금속망, 피펫, 비색계

[시   약]

Glucose 표준용액, 진한 황산(특급), 5% phenol액(w/w : 특급의 phenol을 사용하고, 황색이 비치면 안 된다.)

[실험방법]

(가) 시료(Glucose 함량 $10 \sim 70\,mg/ml$) $1\,ml$를 시험관에 넣고 5% phenol액 $1\,ml$를 넣어서 혼합한다.

(나) 시험관을 진탕하면서 진한 황산 $5\,ml$를 액면에 적하한다. 이 방법은 $10 \sim 20$초 동안에 신속하게 첨가한다.

(라) 10분간 방치한 다음 다시 진탕하여 $25 \sim 30\,℃$의 water bath에서 20분간 방치한다.

(마) 이때 나타난 황색을 hexose는 $490\,nm$, pentose는 $480\,nm$에서 각각의 흡광도를 측정한다.

(바) 대조구는 시료 대신에 물 $1\,ml$를 사용한다.

※ 생성된 색상은 수시간 동안 안정하다.

[주   의]

(가) Paper chromatoraphy 등에 의한 당 분리, 정량에 전개제로 사용하는 phenol계 용매의 영향을 받지 않는다.

(나) 반응계의 phenol 양과 흡광도 사이에는 서로 관계가 있으므로, 정량할 때 첨가하는 phenol의 양은 일정한 양을 첨가해야 한다.

(다) 위에서 설명한 실험하는 방법에서 xylose의 발색률은 glucose와 같은 정도이다. 한편 anthrone법에서는 glucose의 측정조건하에서 xylose의 발색률은 glucose의 수% 밖에 되지 않는다.

1.4 효소법

효소가 갖고 있는 당에 대한 기질의 선택성을 이용하여 당을 정량한다. glucose를 산화하는 glucose oxidase를 사용한다. 이 반응은 다음 식과 같다.

$$Glucose\ +\ O_2\ \rightarrow\ gluconic\ acid\ +\ H_2O_2$$

이 반응을 이용하여 glucose를 정량한다.

측정의 방법에는 (i) 산소의 흡수량을 측정하는 방법 (ii) gluconic acid의 양을 측정하는 방법 (iii) H_2O_2의 양을 측정하는 방법 등 세 종류의 측정방법이 있다. 일반적으로 사용하고 있는 방법은 (iii)의 방법 중에서 생성된 H_2O_2가 peroxidiase에 의하여 *O*-tolidine 또는 *O*-dianisidine의 색소(산소의 수용체)의 존재하에서 분해되어 없어져, 생성되는 산화색소를 비색하는 Papodoulas 등의 방법이다. Papodoulas 등의 방법과 원리적으로 같은 glucostat법은 사용하는 시약이 모두 glucostat라는 상품으로 시판되어 있어 편리하다.

1.5 광학적인 방법

선광계(당도계)를 사용하여 당액의 선광도를 측정하는 방법과 굴절계를 사용하여 당의 굴절률을 이용하는 두 종류의 방법이 있다.

1.6 비중법

당의 비중을 측정하여, 표에 의하여 하유한 당을 산출하는 방법이다. 보다 정확한 방법은 비중병을 사용하는 방법이나, 일반적으로 비중계를 사용한다. 설탕, 알코올 발효 또는 주류공업에 있어서 술덧과 주류의 당 농도(불순물이 많은 경우는 추출물의 농도)의 측정에 사용하고 있다.

[주   의]

당의 측정에 사용하는 비중계는 비중계, 중보매비중계, 경보매비중계, 설탕당도비중계가 있다.

1.7 전처리

1) 단백질의 제거

시료에 많은 양의 단백질이 있으면 가끔 당을 정량하는 데 방해가 되는 경우가 있으므로 정량하기 전에 미리 단백질을 제거할 필요가 있다. 단백질을 제거하는 방법에는 여러 방법이 있으나, 정량을 목적으로 하는 경우 좋은 방법은 단백질의 침전법이다. 침전법에는 탄그스텐산법, trichloroacetate법, 수산화아연법, 수은염법 및 수산화카드뮴법 등이 있다. 이 중에서 수산화아연법(Somogyi법)이 당을 정량하는 데 가장 많이 사용하고 있으므로 이 방법에 관해 설명한다.

[시   약]

수산화아연시약 : 25% 황산아연용액과 0.15 N-수산화바륨용액을 1 : 1로 섞는다.
※ 수산화아연의 현탁액이 되고, 약산성을 나타낸다.

[실험방법]

(가) 시료 1.0 ml에 수산화아연시약 1.0 ml을 넣어 섞고, 끓는 water bath에서 3분간 둔다.
(나) 생긴 단백질의 침전물을 원심 분리하여 제거하고, 상등액을 당 분석에 사용한다.

[주   의]

(가) 철시약에 의한 환원당의 정량에는 사용할 수 없다.
(다) 인산 또는 인산에스테르를 많이 함유한 시료는 사용하지 않는 것이 좋다.

2) 가수분해

다당류의 하량은 anthrone법 또는 Phenol-황산법으로 측정할 수 있으나 다당류를 산으로 가수분해한 다음 당량을 측정하는 방법도 전분, sucrose의 정량에 일반적으로 사용하고 있다. 이 가수분해는 구성하고 있는 당을 찾는 데 사용한다. 산은 염산과 황산을 사용한다.

(1) 염산에 의한 전분의 당화

[시   약]

2% 염산용액, 10% 수산화나트륨

[실험기구]

삼각플라스크(100 ml), 유리관(100 cm 정도)

[실험방법]

(가) 시료 0.5~1.0 g을 100 ml의 삼각플라스크에 넣고, 2% 염산 4 ml를 가한다.

(나) 길이 100 cm 정도의 유리관을 끼운 고무마개로 삼각플라스크를 막고, 끓는 water bath에서 25시간 가온하여 가수분해한다.

(다) 냉각을 한 다음 10% 수산화나트륨을 가하여 약산성으로 하여 여과하고, 세척한 액, 증류수와 합쳐서 전체의 용량을 100 ml로 한다.

(라) 이와 같이 가수분해하여 만든 용액을 환원당의 정량에 사용한다.

(2) 염산에 의한 sucrose의 가수분해

[시   약]

1% 염산용액, 10% 수산화나트륨용액

[실험기구]

삼각플라스크(100 ml), 유리관(100 cm 정도), 고무마개

[실험방법]

(가) Sucrose를 함유한 시료 0.5~1.0 g를 100 ml의 삼각플라스크에 넣고, 0.1% 염산 40 ml를 가한다.

(나) 길이 100 cm의 유리관을 끼운 고무마개로 삼각플라스크를 막고, 끓는 water bath에서 30분간 가열하여 가수분해한다.

(다) 삼각플라스크를 냉각한 다음, 수산화나트륨용액으로 약산성으로 조절하고 물을 가하여 총용량을 100 ml로 한다.

(라) 이와 같이 가수분해하여 만든 용액을 환원당의 정량에 사용한다.

2. 질소화합물의 정량

2.1 총질소의 정량

유기화합물 중에 있는 질소를 분석하는 방법에는 Dumas법과 Kjeldahl법이 있다. 전자는 정밀도가 가장 높은 방법으로 유기화합물의 원소를 분석할 때 질소의 정량에 사용한다. 후자의 Kjeldahl법은 조작이 간단하고 시료가 용액일 경우도 측정할 수 있는 장점이 있어 식품, 발효분야에 많이 사용하고 있다. 여기서는 후자에 관해 실험한다.

1) Kjeldahl법

이 방법은 유기질소를 황산으로 가열하여 분해해서 암모니아로 변화시키는 단계와 생성된 암모니아를 정량하는 단계로 되어 있다. 황산으로 가열 분해하는 단계에서는 사용하는 촉매의 종류, 조성 또는 양, 그리고 진한 황산의 사용량에 따라 분해에 필요한 시간이 변한다.

특히 N-N, N＝N, NO, NO_2, NO_3를 함유한 화합물을 분해하려면 분해하기 전에 특수한 처리가 필요하다. 암모니아의 정량은 분해용액을 알칼리성으로 하여 수증기증류하고, 증류되어 나오는 암모니아를 황산으로 채집하고, 남아 있는 산을 알칼리로 적정하는 적정법이 있고, 그 외에 ninhydrine법, Nessler 시약을 사용하는 방법 및 phenol을 사용하는 방법이 있다. 여기서는 적정법과 ninhydrine법에 관하여 설명한다.

(1) 적정법

이 방법은 시료 중에 있는 총질소의 함량이 많은 경우에 적합하다.

A. Semi micro kjeldahal법

[기   구]

분해플라스크(Kjeldhal digestion flask, $100\,ml$), 증류장치, 삼각플라스크($50\,ml$, 받는 용기)

[시　　약]

(가) 진한 H_2SO_4

(나) 30% NaOH

(다) 10% K_2S: K_2S 10 g을 30% NaOH에 용해한다.

(라) 접촉제: $HgSO_4$ 75 g, $CuSO_4 \cdot 5H_2O$ 10 g, K_2SO_4 100 g을 혼합하여 분쇄하여 만든다.

(마) 1/14 N과 1/10 N의 HCl 또는 H_2SO_4 용액

(바) 1/14 N과 1/10 N의 NaOH

(사) 지시약

A액 : methyl red를 93% 알코올에 포화시킨다.

B액 : methylene blue 0.1 g을 93% 알코올 80 ml에 녹인다.

A액과 B액을 1 : 1의 비율로 혼합한다[적자색(산성) → 무색 → 녹색(알칼리성)].

[실험방법]

(가) 분해

적당량의 시료(질소로서 3~5 mg)를 분해플라스크에 취하고, 접촉제 1~2 g과 진한 황산 5 ml을 가하여 draft 속에서 가열 분해한다.

※ 분해가 일어나면 탄소가 유리되어 검정색을 띠지만, 반응의 진행에 따라 탄소는 CO_2가 되어 날라 가고 액은 투명하게 되며 $CuSO_4$ 때문에 청색을 띤다. 가열시간은 청색으로 된 다음 1시간 정도 가열한다. 분해가 완전히 끝나면 가열을 멈추고 냉각한다. 이때 염류가 석출되지 않도록 증류수를 20 ml 정도 가한다.

(나) 증류

그림 8-2와 같이 분해병(a)를 연결하고 (b)로부터 증기를 서서히 발생시키면서 주입구(d)로 30% NaOH 30 ml, K_2S-NaOH 5 ml를 가하여 천천히 비등상태로 되게 하면 암모니아가 발생한다. 이때 삼각플라스크의 받는 용기(c)에 규정산액 10~15 ml를 정확하게 취하여 지시약 2~3방울을 가한 것에 증류하여 발생한 암모니아를 완전하게 흡수시킨다. 이때 냉각관의 끝은 산용액 속에 담가 둔다. 증류는 규정산액의 3배가 될 때

까지 한다. 증류가 끝나면 냉각관의 끝을 산액에서 떨어지게 하고 수분간 증류를 계속한 다음 냉각관 속의 끝에 붙어 있는 용액을 증류수로 씻는다.

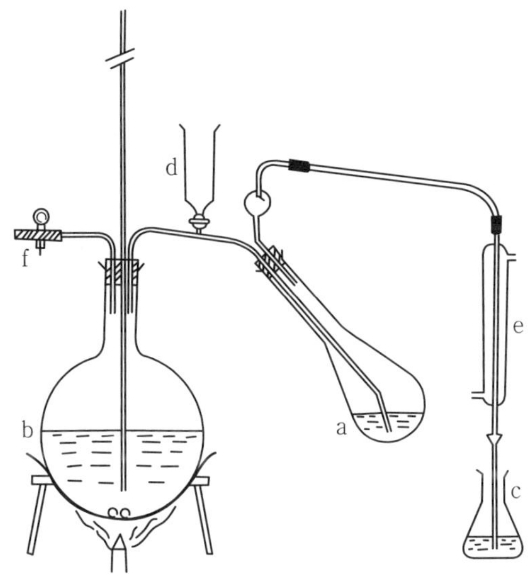

a : 분해병   b : 황산 산성의 물이 들어 있는 플라스크
c : 삼각플라스크(받는 용기)   d : 주입구   e : 냉각관
f : 증기방출구

그림 8-2. 질소증류장치

(다) 적정

암모니아로 중화시킨 다음 남아 있는 산의 양을 규정 NaOH 용액으로 적정한다. 이 때 중화하는 데 필요한 산의 양, 즉 암모니아의 양을 알 수 있다. 정량할 때는 반드시 blank test를 한다.

※ 1/10 N-HCL 또는 H_2SO_4 1 ml는 1.4 mg의 N에 상당한다.

※ 1/14 N-HCl 또는 H_2SO_4 1 ml는 1.0 mg의 N에 상당한다.

B. Micro-Kjeldhal법(A.O.A.C)

[시   약]

(가) 진한 H_2SO_4(비중 1.84)

(나) HgO

(다) K_2SO_4

(라) NaOH-$Na_2S_2O_3$액 : NaOH 60 g과 $Na_2S_2O_3 \cdot 5H_2O$ 5 g을 물에 녹여 100 ml로 한다.

(마) H_3BO_3 용액(포화용액)

(사) 지시약

• 지시약 1

┌A액 : methyl red를 알코올에 녹여 0.2%로 한다.
└B액 : methylene blue를 알코올에 녹여 0.2%로 한다.

 ※ A액과 B액을 2 : 1의 비율로 혼합한다.

• 지시약 2

┌A액 : methyl red를 알코올에 녹여 0.2%로 한다.
└B액 : bromocresol green을 알코올에 녹여 0.2%로 한다.

 ※ A액과 B액을 1 : 5의 비율로 혼합한다.

(아) 0.02 N-HCl

[실험방법]

(가) 적당한 양의 시료(0.02 N-HCl로 적정할 수 있는 적당한 양으로 하여 3~10 ml에 상당한 양)를 30 ml의 Kjeldhal 플라스크에 넣는다.

(나) K_2SO_4 2 g, HgO 50 mg, H_2SO_4 2 ml를 넣고 분해하여 분해용액이 무색투명하게 된 다음부터 한 시간 더 분해한다.

(다) 냉각한 다음 적은 양의 물을 가하여 석출한 고형물을 녹여 분해하는 병에 넣고, 2~3 방울의 지시약과 NaOH-$Na_2S_2O_3$액 8~10 ml를 가하고, 그림 8-3과 같은 질소증류장치에 분해하는 병을 연결한 다음 증류한다.

(라) 받는 용기에 5 ml의 포화 H_3BO_3 용액을 넣고 암모니아를 모은다.

(마) 0.02 N-HCl를 사용하여 적정한다.

[참   고]

(가) 받는 용기에서 암모니아가 H_3BO_3와 반응하여 $(NH_4)_3BO_3$를 생성한다.

(나) $(NH_4)_3BO_3$를 HCl로 적정할 때 NH_4Cl과 H_3BO_3로 반응하므로 급격한 pH의 변화가 일어나 지시약은 민감하게 적정의 종점을 나타낸다. 이 원리를 이용하여 적정에 필요한 HCl의 용량으로부터 질소의 양을 산출한다.

(다) Parnas-Wagner의 질소증류장치(그림 8-3)는 질소의 미량분석을 연속적으로 사용할 수 있는 간단한 증류 장치이다. 증류플라스크(C)는 2중벽으로 되어 있고, 벽 사이는 진공상태로 되어 있어 수증기 증류를 할 때 열전도도에 의한 내용물의 냉각을 막는다. 그리고 증류가 끝난 다음 받는 플라스크(E)를 장치에서 떼어 낸 다음 (A)의 가열을 중지하면 (C) 속에 있는 액은 압력관계로 전부가 (B)에 역류하게 되므로 연속적으로 많은 시료를 증류할 수 있다.

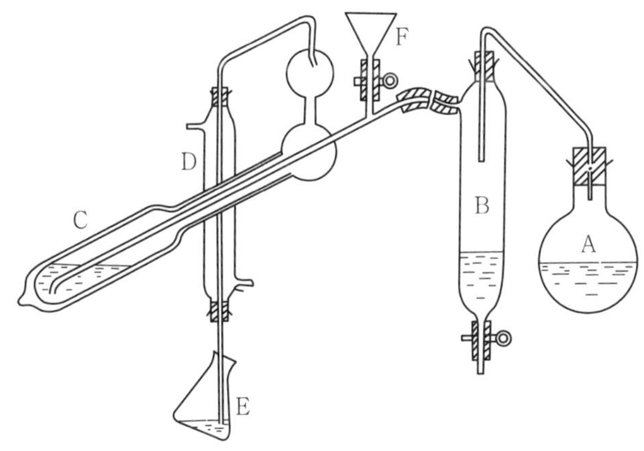

A : 황산 산성의 물이 들어 있는 플라스크   B : 폐액병
C : 증류 플라스크   D : 냉각관
E : 받는 플라스크   F : 주입구

그림 8-3. Parnas-Wagner 질소증류장치

(2) 조단백질

식품 중에 있는 단백질에는 질소화합물이 함유되어 있으므로, 조단백질의 함량을 계산할 경우 일반적으로 위에 설명한 분석법으로 분석하여 얻은 질소량에 6.25를 곱하여 조단백질(crude protein)의 함량을 계산하고 있다(단 단백질 중의 질소를 16%로 가정한 것). 그러나 단백질의 종류에 따라 질소의 함량은 15~19%로 서로 다르다. 또한 여러 종류의 단백질이 혼합되어 있는 경우가 많으므로 어떤 식품의 조단백질은 그 식품에

대한 정해진 질소계수를 택하여 계산한다.

(3) 단백질

(가) 순수단백질을 저양할 경우는 시료 2~3 g을 취하여 증류수 100 ml를 가하여 가열 추출한다.

(나) 추출이 끝난 다음 단백질의 침전제 10% trichloroacetic acid로 단백질을 침전시킨다.

(다) 침전한 액을 여과한다. 여액은 침전제를 가하여 단백질의 유무를 확인하고, 완전하게 분리된 침전물은 여과지와 함께 Kjeldhal 플라스크에 넣고, Kjeldahl법으로 질소를 검량하고, 여기에 6.25를 곱하여 단백질의 양으로 한다.

2.2 아미노태 질소의 정량

아미노태 질소의 측정법에는 (i) Forlmol 적정법, (ii) ninhydrine법, (iii) Van Slyke법 (iv) 형광법, (v) 알코올-수산화칼륨 적정법 또는 (vi) 아세톤-염산적정법 등이 있다. 일반적으로 (i)~(iv)의 방법을 주로 사용하고 있다.

1) Forlmol 적정법

아미노산은과 펩티드는 양성이온형태로 수용액 중에 존재하고 있으므로 지방산과 같이 직접 적정하여 정량할 수가 없다. 그러나 아래의 (1)식과 같이 평형을 이루고 있는 아미노산 용액에 formaldehyde를 가하고 pH 6.8로 조절하면 (2)식과 같이 그의 반응이 오른쪽으로 진행되면서 수소이온을 방출한다. 이 반응에서 생성된 수소이온을 phenolphthalein 등의 지시약 또는 pH meter를 이용하여 알칼리 용액으로 적정하는 원리를 이용한 아미노기를 정량하는 방법이다.

$$NH_3 + CH(R)COO^- + H^+ \leftrightarrows NH_2CH(R)COO^- + H^+ \tag{1}$$

$$H_2NCH(R)COO^- + HCHO \dashrightarrow HOCH_2NH(R)COO^- + HCHO$$

$$\rightleftharpoons (HOCH)_2NCH(R)COO^- \tag{2}$$

[시　　료]

청주

[실험기구]

삼각플라스크, 피펫, buret

[시　　약]

(가) Phenolphthalein 지시약

phenolphthalein 0.5 g을 95% ethanol 50 ml에 녹인다.

(나) 중성 formaldehyde 용액

Formaldehyde(특급) 50 ml에 phenolphthalein 지시약을 2~3방울 넣고, 0.1 N-수산화나트륨용액으로 중화하고, 여기에 중성 formaldehyde 용액 5 ml를 가하고, 여기에 유리된 산이 담홍색이 될 때까지 중화한 것에 물을 넣어 100 ml로 한다. 이 용액은 실험할 때마다 새로 만들어 사용한다.

(다) 0.1 N 수산화나트륨

[실험방법]

(가) 검체 10 ml를 취하고, phenolphthalein 지시약을 2~3방울 넣고, 0.1 N 수산화나트륨으로 중화한다.

(나) 여기에 중성 formaldehyde 용액 5 ml을 넣고, 잘 흔들면 반응이 진행되어 phenolphthalein의 홍색이 퇴색한다. 이 반응으로 유리된 산을 0.1 N 수산화나트륨용액으로 담홍색이 될 때 까지 적정한다. 이 적정한 양을 V ml라 하고, 다음 식으로부터 아미노산도를 구한다. F는 0.1 N 수산화나트륨의 facter이다. 0.1 N 수산화나트륨용액 1 ml는 아미노태 질소 1.4 mg에 상당한다.

아미노산도 = V × F (소수점 이하 두 자리를 사사오입을 한다)

Glycine으로서 산출하는 경우는 다음 식에 의하여

아미노산(g/100 ml) = 아미노산도 × 0.0075 × 10

[주   의]

중성 formaldehyde 용액은 phenolphthalein으로 담홍색으로 되어 있어야 한다.

2) Ninhydrin법

[시   약]

(가) Ninhydrin 시약

Ninhydrin 20 g 및 hydrindantin 3 g을 methyl cellsolve 740 ml에 용해한 다음 4 N-sodium acetate 완충액(pH 5.5) 250 ml를 가한다.

(나) 50% 에탄올 용액

[실험기구와 기기]

피펫, 시험관, 원형 금속망, 비색계, 금속제 뚜껑 또는 유리로 구형으로 만든 것

[실험방법]

(가) 시료 1 ml(아미노태 질소로서 0.05~0.60 $\mu mole$)를 시험관에 넣고, ninhydrin용액 1 ml을 가하고 2~3분간 진탕한다.

(나) 시험관의 상부에 금속제 뚜껑 또는 유리로 구형으로 만든 것으로 덮어 놓는다.

(다) Water bath 중에서 15분간 가열한 다음 냉각한다.

(라) 50% 에탄올 용액 5 ml를 넣고, 570 nm에서 흡광도를 측정한다.

3) Van slyke법

이 방법의 원리는 아미노산은 아질산에 의하여 다음 식과 같이 N_2 가스를 발생한다는 것이다. 한편 아질산이 산화되어 NO 가스를 발생하나, 이것을 과만강산칼륨용액에 흡수시켜 N_2 가스만을 측정하는 방법이다.

$$RCH(NH_2)COOH + HNO_2 \rightarrow RCH(OH)COOH + N_2 + H_2O$$

$$3HNO_2 \rightarrow HNO_3 + 2NO$$

Formol 적정법에서는 formaldehyde 용액을 넣어도 중성과 같이 행동하는 2염기성인 alginine, lysine은 이 적정법으로 분석할 수 없다. Tyrosine은 산성의 수산기를 갖고 있으므로 이 방법으로는 정확한 값을 구할 수 없다. 한편 Van Slyke법으로는 proline, oxyproline은 측정할 수 없고 가스분석이므로 여름철에는 측정하기가 어려우며, 측정할 때의 온도, 대기압이 측정치에 영향을 준다.

2.3 단백질의 정량

단백질의 정량은 중량측정이 가장 정확하나, 시료 중에 있는 불순물을 제거하려면 손실이 많고 분석하는 데 많은 시간을 필요로 하는 결점이 있다. 따라서 신속하게 고감도의 정량법이 필요하다. 이러한 정량법은 모든 단백질이 공통적인 구조 또는 성분을 갖고 있는 것으로 가정하고 정량하고 있다. 그러나 단백질의 종류에 의하여 아미노산의 조성비가 다르므로 정확한 값을 나타낼 수는 없고 평균치로 나타낼 수밖에 없다.

1) 자외선 흡수법

단백질에 함유하고 있는 tryptophan, tyrosine, phenylalanine은 $280\,nm$ 부근에 최대흡광도를 갖고 있어 $280\,nm$의 흡광도를 측정하여 정량하는 방법이다. 이 방법은 간단하고 신속하게 분석할 수 있으며 낮은 농도의 단백질도 정량할 수 있고, 시료까지 회수할 수 있는 장점이 있어 많이 사용하고 있는 방법이다.

그러나 단백질의 종류에 따라 상기의 아미노산의 함량이 크게 다르고, pH의 변화에 의하여 다른 흡광도를 나타내므로 주의할 필요가 있다. 단백질과 흡수파장이 비슷한 물질이 섞여 있을 경우, 특히 핵산($260\,nm$)이 같이 있는 시료는 핵산에서 오는 흡수의 영향을 무시할 수 없으므로 다른 정량법을 사용해야 한다.

단백질 함량을 정확하게 감도가 좋게($5\sim10\,\mu g/ml$) 측정하는 방법은 펩티드 결합에서 오는 $180\,nm$의 흡수를 측정하는 방법이다. 그러나 이러한 원자외선 외부에서 정확하게 측정하는 것은 고감도의 분광광도계를 필요로 하므로 일반적인 정량에는 적당하지 않다.

[시   료]

송아지 혈청알부민(BSA, $280\,nm$에서 $\varepsilon = 4.36 \times 10^4$, $E_{\text{1cm}}^{1\%} = 6.61$, M.W. 66.000)

[실험기구]

mass flask, 피펫, 시험관

[기   기]

화학천평, 분광광도계

[실험방법]

（가）BSA를 정확하게 달고, 탈이온수로 용해하여 mass flask에서 $500\,\mu g/ml$의 SBS 용액을 만든다.

（나）SBS 용액을 희석하여 분광광도계를 사용하여 자외선흡수 spectrum을 구한다. 측정범위는 $240\sim320\,nm$ 범위에서 $5\,nm$ 간격으로 흡광도를 측정한다.

（다）극대흡수파장을 결정하고, 각 파장의 비흡광계수를 계산한다.

（라）원액을 사용하여 여러 농도의 용액을 만들고 극대흡수파장에서 흡광도를 구하여 Beer의 법칙에 성립하는 것을 확인한다.

2) Lowry-Folin법

이 정량법은 buret법의 100배, 자외선흡수법의 $10\sim20$배의 높은 감도($10\,\mu g/m$로 측정 가능)를 가진 정량법으로, column chromatography를 사용한 단백질의 정량에 적합하다. 그리고 아래에 나타낸 물질이 혼합되어 있어도 정량한 값에는 영향을 주지 않는다.

괄호 안에 허용농도(%)를 표시하면 uronic acid(0.5), guanidine(0.5), sodium sulfate(1.0), 과염소산(0.5, 중화한 것), trichloroacetate(0.5, 중화한 것), 에탄올(5.0), 에테르(5.0), 아세톤(0.5), 수산화바륨(0.5), ammonium sulfate(0.15)이다.

이 방법은 알칼리성에서 동이온과 단백질이 뷰렛반응으로 발색하는 것과, phos-phomolybdic acid(phosphotungstic acid)가 단백질 중의 tryptophan과 tyrosine에 의하여 환원되어 phosphomolibdenum blue(phosphotungsten blue)의 청색을 나타내는 것을 기본으로 하고 있다. 뷰렛반응을 병용하고 있으므로 tryptophan 또는 tyrosine의 함량 차에 의한 발색에 관해 많이 개선되고 있다.

[시   료]

송아지 혈청알부민용액(BSA, $280\,nm$에서 $\varepsilon = 4.36 \times 10^{4}$)

[시   약]

(가) 0.1 N-NaOH에 Na_2CO_3를 용해하여, 2% 농도를 조절한다.

(나) 1% sodium tartarate에 $CuSO_4 \cdot 5H_2O$를 용해하여 0.5%농도로 만든다.

(다) 알칼리성 시약

시약(가) $50\,ml$와 시약(나) $1\,ml$를 사용하기 직전에 혼합한다.

(라) Folin 시약

시판하고 있는 phenophtharein을 지시약으로 하고, 알칼리에서 적정하여 규정농도를 구한다. 물에 희석하여 1 N으로 만든다. 규정종도가 기록되어 있을 경우는 적정할 필요가 없다.

※ Sodium tartarate를 사용하는 것보다 sodium citrate를 사용하는 것이 시약의 안정성이 좋다.

※ $Na_2WO_4 \cdot 2H_2O$ 100g과 $Na_2MoO_4 \cdot 2H_2O$ 25 g을 $700\,ml$의 물에 용해하고, 다시 진한 염산 $100\,ml$와 85% 인산 $50\,ml$를 가한다. 이것을 유리로 만든 환류장치로 10분간 환류한 다음의 $Li_2SO_4 \cdot H_2O$ 150 g, 물 $50\,ml$, Br_2를 2~3방울 첨가한다. 과량의 Br_2를 15분간 가열 증발시켜 제거한 다음 냉각하고, $1,000\,ml$로 희석한 다음 여과하여 사용한다.

[실험기구와 기기]

피펫, mass flask, 시험관, 비색계

(가) 단백질을 5~100 $\mu g/ml$를 함유한 시료용액 0.1 ml를 취하고 시약(다) 1 ml를 넣고 잘 혼합하고, 실온에 10분간 방치한다.

(나) Folin 시약(라) 0.1 ml를 가한 즉시 빨리 혼합한다.

(다) 혼합한 다음 30분간 이상 경과한 다음 120분 이내에 흡광도를 측정한다. 흡광도의 측정은 750 nm와 500 nm의 두 파장에서 측정한다. BSA 표준원료의 농도는 10~500 $\mu g/ml$로 한다.

(라) 두 파장에서 측정한 값으로 표준곡선을 작성하고, 저농도의 시료와 고농도의 시료의 경우 어느 파장에서 측정하는 것이 좋은지를 생각한다.

3. 핵산의 정량

핵산의 DNA, RNA은 염기부분, 당 부분, 인산부분으로 구성되어 있으므로 이들 중 어느 부분을 정량하여도 좋다. 염기는 자외선부분의 흡수로, 당은 발색반응으로, 인산은 무기인산을 만든 다음 정량할 수 있다.

3.1 자외선 흡수법에 의한 총핵산의 정량

핵산 DNA, RNA의 구성성분인 염기는 자외선부분에서 특색이 있는 UV 스펙트럼을 갖고 있다. 핵산분자의 흡수 스펙트럼은 그 조성에 따라 다소 영향을 받는다. 일반적으로 DNA과 RNA는 260 nm 부근에 흡수의 최대값이 있고 230~240 nm 범위에 극소값이 있으며, 310 nm 이상의 파장에서는 흡수가 거의 없다. 이러한 흡수는 핵산용액의 pH, 이온농도, 온도 등에 의하여 변화를 받고, 알칼리와 산 등의 가수분해에 의하여 흡광도가 증가한다.

핵산의 정량법은 간편하나, 다른 흡광물질이 혼합되어 있으면 사용할 수 없다. 정확한 양을 구할 경우는 formic acid 또는 과염소산으로 분해하여 핵산으로부터 염기를 유리시키고, 이들을 각 성분별로 분리한 다음, 분리한 부분에 대해서 흡광도를 측정하고,

흡광계수로부터 각성분의 합으로서 원래의 핵산의 양을 측정하는 것이 좋으나 시간적·기술적으로 어렵다. 일반적으로는 경험적으로 알려져 있는 관계, 즉 중성 pH의 핵산의 수용액을 1 cm 폭의 석영 셀에 넣어 측정한 260 nm에서 측정한 흡광도를 기초로 하여 시료 중에 있는 핵산의 양을 산출하는 경우가 있다.

그 기초는 다음과 같다.

DNA 1 $\mu g/ml$의 OD 260 nm = 0.020

RNA 1 $\mu g/ml$의 OD 260 nm = 0.022

[시 료]

시판하고 있는 효모 RNA

[기 구]

mass flask, 석영 셀, 분광광도계

[실험방법]

(가) 효모 RNA를 정확하게 평량하고, 탈이온화한 물에 용해하여 mass flask를 사용하여 100 $\mu g/ml$로 만들고, 시료 핵산의 원액으로 한다.

(나) 원액을 탈이온수로 희석하고, 분광광도계를 사용하여 흡수 스펙트럼을 구한다. 측정하는 파장의 범위는 240~320 nm에서, 5 nm 간격으로 흡광도를 측정한다. 대조의 셀은 시료의 용액에 사용한 용매(이 경우는 탈이온화한 물)를 사용한다. 파장에 따라 빛의 투광도가 다르므로 대조 셀의 투과도를 100%로 조절해야 한다.

(다) 극대흡수파장을 결정하고, 각 파장에의 흡광계수를 계산한다.

(라) 원액을 사용하여 여러 농도의 용액을 만들고, 극대흡수파장에서 흡광도를 구하고, Beer 법칙이 성립되는지를 확인한다.

[주 의]

(가) 천연물에 있어서는 정확한 분자량을 알지 못하는 것이 많으므로 일반적으로 농도를 g/ml로 나타내고, 이 경우 비흡광계수 ε_{spec}을 사용한다.

$$I = I_o \, 10^{-kl}$$

※ I_o, I는 입사광, 투과광의 강도, l는 흡수층의 폭, k는 흡광계수

Beer는 같은 관계가 농도와 투과율 사이에 성립되는 것을 확인하였다. 이 관계는 다음 식과 같다.

$$I = I_o \, 10^{-\varepsilon Cl}$$

※ C는 몰농도, ε는 몰흡광계수

따라서 $\varepsilon C = k$ 가 되고, ε는 $1\,M$ 용액이 흡수층의 폭 $1\,cm$의 흡광도가 된다.

$$E = \log(I_o/I)$$

비흡광계수 ε_{spec}은 $\varepsilon_{spec} \times C = K$의 관계로 나타낸다.

3.2 Indole 반응에 의한 DNA 정량

Indole은 purine 염기와 결합하고 있는 deoxypentose와 반응하여 발색하나, RNA와는 반응하지 않는다. 따라서 RNA의 공존하에서도 DNA를 정량하는 데 효과가 있고 다른 DNA의 비색정량법에 비교하여 감도가 좋다. 발색반응기구는 확실하지 않으나, purine 염기와 결합한 deoxyribose로부터 산분해에 의하여 생기는 분해생성물이 indole과 반응한다고 생각하고 있다. Arabinose를 제외하고 불순물에 의한 발색은 chloroform으로 검출방법의 단계에서 추출 제거된다.

[시 료]

시판하고 있는 DNA를 탈이온수 및 5% 과염소산(PCA)에 용해한 것

※ 용해하지 않을 경우는 15분간 끓는 water bath 속에서 가열분해한다.

[실험기구와 기기]

mass flask, 피펫, 유리마개시험관, water bath, 비색계, 화학천평, 원심분리기

[실험방법]

(가) 시료 DNA를 2.5~15.0 $\mu g/ml$의 농도로 두 시료용매로 희석하여 만든다.

(나) 유리마개시험관에 DNA용액 2 ml를 넣고, 진한 염산 1 ml와 0.04% indole 수
용액 1 ml를 넣고 잘 섞은 다음 끓는 water bath 속에서 10분간 가열한다.

(다) 냉각을 한 다음 4 ml의 chloroform을 가하여 섞고, 3,000 rpm에서 5분간 원심
분리한다.

(라) Chloroform층을 피펫으로 제거하고 다시 2회 반복하여 불순물에 의한 발색을
제거한다. 물의 층은 담황색이고, 이 색은 수시간 동안 안정하다.

(마) 물층을 490 nm에서 흡광도를 측정하여 DNA를 정량한다. 공시험은 시료의 용
매로 사용한 용매를 시료로 대신 사용한다.

3.3 Orcinol법에 의한 RNA의 측정

Pentose를 갖고 있는 화합물은 강산으로 가열함으로써 phenol을 생성하고, 이것이
여러 종류의 시약과 반응하여 여러 발색반응을 나타낸다. 이들 중 orcine-Fe^{3+}-염산에
의하여 발색반응(Bial 반응)에 의하여 정량하는 것을 orcinol 반응이라 한다.

Bial 반응은 당의 특이성이 낮고, 6-deoxypentose, uronic acid, methyl pentose,
hexose 등과도 반응하여 발색하나, pentose는 가장 감도가 높다. 그리고 ribose-5′-
phosphate는 유리상태의 ribose 및 ribose-3′-phosphate보다 발색속도가 크다. 따라서
RNA의 경우 시료 중에 다른 반응 물질이 혼존하지 않도록 할 필요가 있으나, 희석 또
는 반응시간을 단축함으로써 비교적 정확하게 정량할 수 있다. 이 반응은 RNA 중의
purine 염기와 결합한 ribose만이 반응하고, pyrimidine 염기와 결합한 ribose와는 반응
하지 않는다.

[시 료]

시판하고 있는 효모 RNA 10~50 μg을 탈이온수 및 5% 과염소산(PCA)에 용해한 것

[시 약]

철명반 0.675 g과 orcine 1 g을 탈이온수에 녹여 25 ml로 하고, 냉암소에 보존한다. 사용하기 전에 이 저장액 2.5 ml를 41.5 ml의 진한 염산을 넣고, 탈이온수를 사용하여 최종액량을 50 ml로 만들어 시약으로 한다.

[실험기구와 기기]

mass flask, 피펫, pipetter, 유리로 만든 구, water bath, 비색계, 화학천평

[정량방법]

(가) 시료 RNA 용액을 두 시료용매를 사용하여 10~100 $\mu g/ml$의 범위의 여러 농도로 만든다.

(나) 만든 시료 1 ml를 시약 3 ml가 들어 있는 시험관에 넣고 잘 섞어 유리로 만든 구슬로 덮고, 끓는 water bath에서 20분간 가열한 다음 즉시 냉각하여 660 nm에서 비색정량한다.

(다) 동시에 시료를 녹이는 데 사용한 용매를 시료로 하여 공실험을 한다.

(라) 측정한 흡광도로부터 Beer 법칙에 성립할 수 있는 농도범위를 결정하고, 표준곡선을 작성한다.

(마) 두 용매에서의 발색도를 비교한다.

[주 의]

용해하지 않을 경우는 끓는 water bath 중에서 15분간 가열분해한다.

3.4 Diphenylamine법에 의한 DNA의 정량

DNA를 가열분해하여 purine 염기와 결합하고 있는 deoxyribose를 유리시켜,

diphenylamine과 반응시켜 발색하여 정량한다. Diphenylamine은 다른 당과도 반응하여 발색하지만, 아주 높은 농도가 아니면 DNA의 정량에 영향을 미치지 않는다. 50~500 $\mu g/ml$의 DNA를 정량할 수 있다. 그리고 이 정량법은 Burton 개량법을 일반적으로 사용하고 있다.

4. 총산의 정량

총산의 정량은 유리상태에 있는 carboxyl기를 측정하는 방법이므로, 염의 상태로 있는 산은 측정할 수 없다. 총산을 산도라고도 한다. 간장과 콜라와 같이 착색되어 있는 액은 지시약의 색을 볼 수 없으므로 pH meter를 사용한다.

[시   료]

청주

[기   구]

피펫, buret, 삼각플라스크

[시   약]

Bromothymol blue, neutral red 혼합지시약 : Bromothymol blue 0.2 g과 neutral red 0.1 g을 95% 에탄올 300 ml에 녹인다.

[실   험]

(가) 시료 10 ml를 삼각플라스크에 넣고, 혼합지시약 2~3방울을 가한다.

(나) 0.1 N-수산화나트륨으로 담녹색이 될 때까지 적정한다.

(다) 적정에 사용된 용량(ml)이 V ml라면 다음 식으로 산도를 계산한다.

※ F는 0.1 N 수산화나트륨의 facter이다.

산도 = $V \times F$ (소수점 이하 두 자리를 반올림을 한다)

Succinic acid로 환산할 경우는 다음식과 같이 계산한다.

Succinic acid$(g/100\,ml)$ = 산도 $\times$ 0.059 $\times$ 10

[주   의]

(가) 청주를 적정할 경우는 pH 7.0~7.3까지 알칼리용액을 가함으로써 완전하게 유기산을 적정할 수 있다. 혼합지시약의 지시점은 pH 7.2이다. 아미노산도 측정치에 연향을 미친다고 생각한다.

(나) 간장의 경우는, 시료 $10\,ml$에 대해서 pH 7.0로 하는 데 필요한 0.1 N-수산화나트륨의 적정값을 산도 I, 다시 pH 8.3으로 하는 데 필요한 적정값을 산도 II라 하고, 양자의 합계를 적정산도로 하고 있다.

5. 총지방산의 정량

시료로부터 지질을 추출하고 가수분해하여 생긴 carboxyl기를 적정하여 총지방산을 정량한다.

[시   료]

*Escherichia coli*의 동결건조한 균체

[시   약]

chloroform	에탄올
무수에탄올	수산화나트륨
황산	*n*-heptane
메탄올	

0.1% methyl red 용액(pH 4.4에서 적색, pH 6.2에서 황색)

※ 에탄올에 녹여서 만들어 보존한다.

0.1% thymol blue(pH 1.2에서 적색, pH 2.8에서 황색, pH 8.0에서 황색, pH 9.6에서 청색)

※ 물에 녹여 만들고 사용하기 직전에 10배 용량의 에탄올을 넣고, 0.02 N-수산화나트륨으로 황-녹색(중성)으로 하여 사용한다. pH 1.2에서 적색, pH 2.8에서 황색, pH 8.0에서 황색이 된다.

0.002 N-phtharic acid 수소칼륨용액으로 적정한다.

[실험기구]

buret, 유리마개시험관, 피펫, mass flask

[실험방법]

(가) 지질의 추출

시료 10 mg에 5 ml의 추출용매(chloroform : mehanol = 2 : 1)를 가하여 30℃에서 하룻밤 방치하여 지방을 추출한다. 이러한 추출방법을 2회 반복한 다음 8,000 g, 10분간 원심분리하여 균체를 제거한다. 이 추출액에 0.74% KCl 수용액을 1/4의 양을 넣어 잘 섞고, 3,000 prm에서 20분간 원심분리한다. 상층(비지질 부분을 함유한 수용액층)을 완전히 제거하고, 하층을 지질부분으로 한다.

(나) 추출한 지질부분 5 ml를 유리마개시험관에 넣고 증발 건조한다.

(다) 건조한 지질에 무수에탄올 5 ml와 수산화나트륨 0.5 ml를 가하여 마개를 막고, 80℃에서 30분간 가열하고 건조한다.

(라) 건조한 곳에 증류수 4 ml, methyl red 용액 한 방울을 넣고, 4 N-황산으로 산성으로 하고, n-heptane 4 ml를 넣고 강하게 잘 섞어 5분간 방치한다.

(마) 방치한 액의 상층 3 ml를 시험관에 옮기고, thymol blue를 지시약으로 하여 0.02 N-수산화나트륨용액으로 적정하여 용액이 황색으로부터 청색이 되는 순간까지 적정한다. 적정은 2층에서 하게 되므로 주의를 할 필요가 있다.

6. 유리지방산의 정량

1) 중화법

지방산을 에탄올에 녹이고 bromothymol blue를 지시약으로 하여 0.02 N-수산화나트륨으로 적정하여, 중화할 때 필요한 알칼리의 양으로부터 지방산의 양을 산출한다. 탄소수가 16 또는 18의 지방산은 1 mg에 대하여 0.02 N-수산화나트륨용액 0.177 ml가 소비된다. 그러므로 알칼리의 적정값을 0.177로 나눈 값이 지방산의 mg이다.

2) 산화법

지방산을 에탄올에 녹이고 크롬산으로 산화하고, 소비된 크롬산을 양을 요오도법으로 적정하는 방법이다.

3) Gas chromatography법

이 방법은 유리지방산만 아니라 결합지방산까지도 측정할 수 있고, 지방산의 분리 정량까지 할 수 있다. 지방산을 산촉매법, diazomethane법으로 methyl ester화하여, gas chromatography를 한다.

7. 인지질의 정량

세균의 구성지질은 주로 복합지질인 인지질(phospolipid)로 되어 있다. Gram 음성균에서는 추출이 가능한 지질 중에 80~90%, Gram 양성균에서는 40~70%가 인지질이다. 인지질의 정량은 무기인산으로 정량하는 방법이 있고, 지질의 구성성분인 지방산의 정량은 methyl화시킨 다음 gas chromatography를 사용하는 방법이 있고 이 방법은 지방산의 종류까지 분리 정량할 수 있다. 그리고 가수분해하여 생긴 carboxyl기를 적정하는 방법이 있다.

7.1 Fiske-subbarow법

[시   료]

*Escherichia coli*의 동결건조 균체

[시   약]

5 N-황산	2 N-질산
2.5% ammonium molybdate 수용액	인산칼륨
염화칼륨	메탄올
aminonaphthol-sulfonic acid 시약	chloroform

※ 1,2,4-aminonaphthol-sulfonic acid 0.2 g에 NaHCO$_3$ 1.2 g과 Na$_2$SO$_4$ 1.2 g을 섞고 분말의 상태로 보존한다. 사용하기 전에 그의 0.25 g을 10 ml의 물에 녹인다. 수용액 상태로서의 유효기간은 일주일간이다.

[실험기구와 기기]

mass flask, 피펫, 원심관, mortar, 비색계, 원심분리기, 화학천평

[표준곡선의 작성]

특급 KH$_2$PO$_4$ 1.3613 g을 1,000 ml의 물에 녹이고, chloroform을 수방울 넣고 냉장 보존한다(1 ml가 10 $\mu mole$에 상당한다). 여러 종류의 농도(0.1∼1.0 $\mu mole$을 포함)의 용액을 만들어 정량법에 따라 정량하여 표준곡선을 작성한다.

[실험방법]

(가) 지질의 추출

총지방산의 정량하는 항에 있는 실험방법에서 지질의 추출방법으로 추출한다.

(나) 무기인산의 생성

추출한 지질에 5 N-황산 1 ml를 넣고 실험관을 가열하고, 액이 농축되어 착색이 되면 냉각한다. 2 N-질산을 한 방울 넣고, 시험관 안이 흰 연기가 나타낼 때까지 다시 가열한

다. 만일 액이 무색이 되지 않을 경우는 다시 질산을 넣고 가열한다. 이때 질산이 과량 들어가면 비색정량을 할 때 영향을 주게 되므로 주의할 필요가 있다. 냉각을 한 다음 물 1 ml를 넣고 끓는 water bath 안에서 5분간 가열한 다음 냉각시키고, 생성된 인산을 정량한다.

(다) 정량방법

생성된 인산을 함유한 용액에 5 N-황산 1 ml를 넣고, 2.5% ammonium molybdate용액을 넣는다. 교반을 한 다음 aminonaphthol sulfonic acid 시약을 0.1 ml를 넣고 물로 전체의 양을 10 ml로 만들어 섞고, 10분 후에 660 nm에서 흡광도를 측정하고, 그 값을 표준곡선과 비교하여 인산의 양을 구한다.

이 발색반응은 정확하게 같은 조건하에서 실험한다. 일반적으로 20~25℃에서 반응시키고, 흡광도의 측정은 시약을 혼합한 다음 10분 후에 신속하게 한다. 이 방법의 결점은 20분 후에는 발색도가 증가하는 것이다.

7.2 알칼리분해법에 의한 인지질의 동정과 정량

인지질의 알칼리 또는 산에 대한 저항성이 다른 점을 이용하여 부분적인 가수분해를 하여 인을 함유한 수용성 부분을 동정, 정량하여 인지질을 동정, 정량하는 방법이 있다. 이 방법은 그림 8-4와 같다.

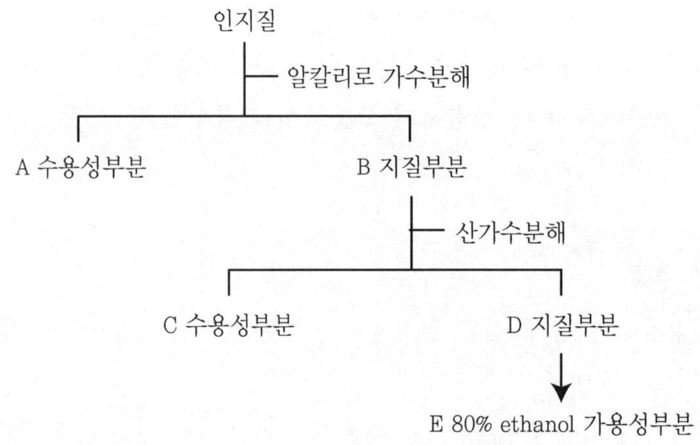

그림 8-4. 인지질의 가수분해법

[실험방법]

(가) 12 *mg* 이하의 인지질을 0.8 *ml*의 CCl₄에 용해하고, 에탄올 7.5 *ml*, 증류수 0.65 *ml*, 1 N-NaOH 0.25 *ml*를 넣고, 37℃에서 20분간 반응시키고, methyl formate를 넣고 5분간 37℃를 유지한 다음 감압 건조한다.

(나) 건조한 것에 chloroform, isobutanol, H₂O를 4 : 2 : 3 비율로 혼합한 액의 상층 1 *ml* 및 하층 2 *ml*를 넣고 수분간 진탕한 다음 원심분리하여 2층으로 분리시킨다.

(다) 수용성 인산화합물을 하유하고 있는 층(A)을 paper 또는 thin layer chromatography(TLC)에 의하여 분리 정량한다.

※ TLC상에 나타나는 spot은 glyceryl phosphatidyl chlorine, ethanolamine, serine, glycerylphophatidyl inositol, phosphatidyl inositol, glycerophosphoric acid, polyglycerophosphoric acid 등이다.

(라) 하층 (B)의 1.6 *ml*를 10 *ml*의 마개달린 시험관에 넣고 0.8 *ml*의 10%(w/v) trichloroacetic acid를 넣고 37℃에서 30분간 격렬하게 진탕한다.

(마) 여기에 석유에테르 2 *ml*를 넣고 37℃에서 격렬하게 진탕한 다음 원심분리하여 하층액 5 *ml*를 chloroform, 에테르(1 : 4)로 세척하고, 물층을 암모니아로 중성 또는 약알칼리성이 되게 한다. 여기서 생긴 수용성 부분(C)으로부터 plasmalogen을 확인할 수 있다.

(바) 상층(D)은 감압 농축하여 1.25 *ml*의 1.7 N-HCl, 메탄올 용액을 넣고 sealing하여 100~102℃로 4시간 산분해시키고 냉각하여 개봉한 다음 건조시켜 메탄올성 HCl을 완전히 제거한다.

(사) 건조한 것에 85% 에탄올 0.45 *ml*를 넣어 녹인다. 이 에탄올 중에 녹아 있는 부분으로부터 sphingomyelin을 확인할 수 있다.·

8. 세포성분을 분리하는 방법

생체시료 중의 지방산, 단백질, 핵산 등을 정량할 경우, 생체 내에는 여러 종류의 물질이 혼재되어 있으므로 목적물질을 정량하는 데 사용하는 반응이 방해되는 경우가 많다. 따라서 목적하는 물질을 방해하는 물질을 분리한 다음 적당한 측정법에 의하여 정량할 필요가 있다.

여기에서는 일반적으로 많이 사용하고 있는 생체물질을 계통적으로 분리하는 방법인 Schmidt-Thannhauser-Schneider법을 사용하여 세균으로부터 단백질, DNA, RNA를 분리하는 방법을 설명한다.

[시　료]

Escherichia coli K12의 정상기 세포

[시　약]

과염소산(PCA), 에탄올, 에틸에테르, NaOH

Bouillion 배지: meat extract 0.3%, poly peptone 1.0%, 식염 0.5% pH 7.0

[실험기구와 기기]

삼각플라스크, 피펫, pipetter, 원심분리기, 얼음상자, 시험관, mass cylinder, water bath, 비색계, 냉각고속원심분리기

[배　양]

(가) 사면배양한 *E. coli* K12를 한백금이를 묻혀서, Bouillon 배지 10 ml에 접종한다.

(나) 37℃에서 16~18시간 진탕배양을 한다.

[분리 방법]

(가) 그림 8-5에 나타낸 방법 중 상등액과 침전물의 분리는 모두 원심분리기를 사용하여 11,000 g, 10분간 원심분리하고, 공정 I, II, III, IV, V는 4℃에서 원심분리한다. 에탄올과 에테르의 혼합액을 첨가할 때는 pipetter를 사용한다.

상등액 (4)는 RNA, (5)는 DNA, (6)은 단백질로 분리된 것이다. 그림 속에 '2회'는 2번 되풀이하라는 뜻이다.

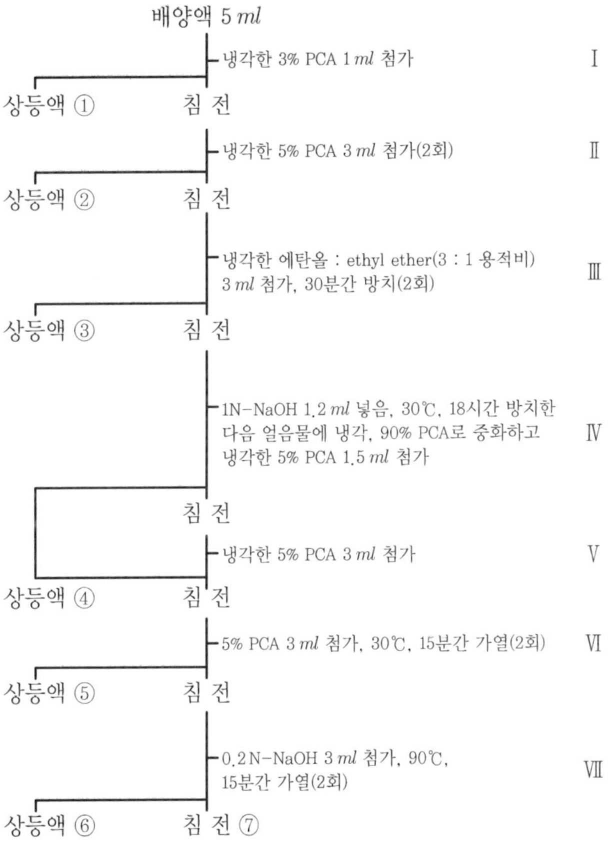

그림 8-5. Schmidt-Thannhauser-Schneider법에 의한 생체성분의 분리법

[정   량]

RNA, DNA, 단백질의 함량은 각각의 정량법으로 정량한다.

[결과의 정리]

(가) 단백질, DNA, RNA의 농도를 구한다.

(나) 분리한 시료의 액량으로부터 총단백질, DNA, RNA의 양을 산출한다.

제 **09** 장

효소의 실험

효소반응의 측정은 미생물을 포함한 생물의 화학반응의 가장 기초가 되는 측정의 하나이다. 효소의 성질을 연구하려면 그 효소를 순수하게 정제를 해야 한다. 정제가 불완전할 경우는 혼합되어 있는 물질의 영향을 받게 되므로 이러한 것을 고려해야 한다.

효소의 반응속도는 일반적으로 일정한 반응시간에서 기질의 감소량 또는 생산물의 증가량으로 측정한다. 이때 이들의 양이 첨가한 효소의 양과 비례관계가 있는 조건의 범위에서 측정하고, 비례관계의 측정한계를 초과한 쪽에서 생산물량을 측정하면 측정오차가 많아지므로 피해야 한다. 이와 반대로 효소의 양이 너무 적으면 생산물의 양이 적어 측정오차가 높아 피해야 한다.

측정한 효소활성은 자신의 실험실 안에서 비교하는 수치일 뿐만 아니라, 다른 사람 또는 문헌의 수치와 비교할 수 있는 것이 필요하다. 이를 위해 국제단위를 사용하면 편리하다. 정해진 반응조건에서 1분간에 $1\,\mu mole$의 기질을 소비하는 활성이 1단위(unit)라고 정해져 있다. 여기에서 말하는 단위는 효소의 양의 의미이고, 대개는 효소 $1\,mg$ 또는 $1\,\mu mole$로 결정할 수 없으므로 이를 대신하는 것이다. 이 경우에도 단위라는 것은 반응온도, pH, 기질의 농도 등의 조건을 같이 비교할 필요가 있다.

효소반응의 측정에는 공실험(blank test) 또는 대조실험(control experiment)이 필요하다. 반응액 중에서 효소 또는 기질의 성분 하나를 결핍시킨 것, 또는 0시간 시료 등이다. 이것은 효소-기질반응 이외의 반응을 고려하기 위해 한 것이고, 대조실험치가 적을수록 좋은 측정계이다.

그 외에 주의할 점은 다음과 같다.

(가) 실험결과는 즉시 검토할 것. 해석하기 어려운 점이 있으면 바로 측정을 다시 한다.

(나) 실험재료(특히 효소 분획 등)는 필요하지 않은 것을 확인한 다음 버린다. 버리는 것은 언제든지 할 수 있으므로 결론을 얻은 다음 버려도 늦지 않다.

(다) 유리 기구는 깨끗이 씻을 것. 효소를 빨아들인 피펫으로 기질을 빨아들이면 기질을 전부 못 쓰게 되므로 다시 사용할 수 없다.

1. 효소활성의 측정법

1.1 산성 phosphatase

기질은 p-nitrophenol의 인산에스테르를 사용하고, 효소반응에 의한 가수분해로 유리되는 p-nitrophenol을 분광광도계로 정량한다.

$$O_2N \longrightarrow \! O\ PO_3H_2 + H_2O \longrightarrow O_2N \longrightarrow \! OH + H_3PO_4$$

[시   약]

0.1 M초산완충액, pH 4.8

1.0 Mnitrophenyl phosphoric acid

0.13 M탄산나트륨

0.1 mg/ml 산성 phosphatase

[실험기구와 기기]

시험관, 플라스크, 분광광도계, 피펫

[실험방법]

(가) 시험관에 기질용액 1 ml와 완충액 1 ml를 넣고 섞고, 40℃의 항온조 중에서 가온한다.

(나) 미리 40℃에 두었던 효소액 1 ml를 넣어 잘 혼합하고 40℃에서 반응시킨다.

(다) 효소용액을 넣은 다음 1분 또는 11분 후에 반응용액 1 ml를 취하고, Na_2CO_3용액 3 ml가 들어 있는 2개의 시험관에 각각 넣고 섞는다.

(라) 405 nm에서의 흡광도를 분광광도계로 측정하고, 효소반응에 의한 흡광도가 증가한 값(A)을 구한다.

[효소의 단위]

1분간의 $1\,\mu mole$의 p-nitrophenol을 유리시키는 데 필요한 효소의 양을 1단위($unit$)
라 한다. 단 알칼리용액 중에서 p-nitrophenol의 $405\,nm$에서의 분광흡광계수는 18,500이
다. 표준곡선을 만들어 측정하여도 좋다. 이로부터 효소용액의 활성($unit/ml$)을 구한다.

[참   고]

흡광도의 값이 0.6 이상인 경우는 효소용액을 희석하여 다시 측정한다.

1.2 Protease

Casein 등의 단백질용액에 효소를 작용시킨 다음 trichloroacetic acid(TCA)로 단백
질을 침전시키고, 침전하지 않는 분해물의 생산량을 280의 흡광도를 측정하거나, 또는
Folin의 phenol 시약으로 발색하여 $660\,nm$의 흡광도로 측정한다.

[시   약]

0.1 N-NaOH
0.1 N-Na$_2$CO$_3$
0.2 M-Tris(hydroxymethyl) aminomethane
2% casein 용액 : Hammerstein casein $2\,g$에 NaOH 용액 $20\,ml$를 넣고 가온하면서
녹인 다음, 실온까지 냉각하고 Tris액 $10\,ml$를 넣고 HCl 용액으로 목적하는 pH로 조절
한다. 조절한 액에 물을 넣어 최종용량을 $100\,ml$로 한다.
0.4 MTCA
0.4 MNa$_2$CO$_3$
0.2 mg/ml tyrosine 용액
Folin 시약

[실험기구와 기기]

플라스크, 시험관, 피펫, 항온조, 분광광도계

[실험방법]

(가) 실험관에 2% casein용액 1 ml를 넣고, 40℃의 항온조에서 가온한다.

(나) 미리 40℃로 유지시킨 효소용액 1 ml를 넣고 잘 섞고, 40℃에서 반응시킨다.

(다) 효소용액을 넣은 다음부터 10분 후에 TCA 용액을 2 ml를 넣고 잘 섞고, 잠시 동안 방치한다.

(라) 반응용액을 자연 여과하여, 침전된 단백질을 제거한다.

(마) 여과한 액 0.5 ml를 시험관에 취하고, Na_2CO_3 용액 2.5 ml를 넣고 잘 섞는다.

(바) Folin 시약 0.5 ml를 넣고 잘 섞고, 40℃에서 10분간 가온한다.

(사) 660 nm에서의 흡광도를 분광광도계로 측정한다.

(아) Blank test로서, 시험관에 기질 1 ml, TCA 2 ml, 효소액 1 ml를 이 순서로 넣고 잘 섞어, (라)~(사)의 조작을 한다.

(자) (사)에서 얻은 흡광도의 값으로부터, (아)의 blank test의 흡광도의 값을 뺀 것을 측정치로 한다.

(차) 흡광도의 값을 tyrosine 농도로 환산하기 위하여 tyrosine의 농도를 변화시켜 (마)~(사)의 조작을 하여, 미리 표준곡선을 작성하여 둔다.

[효소의 단위]

1분간에 tyrosine 1 μg에 상당하는 양의 생성물을 생성하는 효소의 양을 1단위라고 한다.

[참　　고]

Casein의 등전점이 pH 4.8이므로, 산성 쪽에서 측정할 경우는 hemoglobin을 기질로 사용한다.

1.3 α-Amylase

기질은 amylose 또는 가용성전분을 사용하고, 효소반응에 의한 I_2의 반응의 감소, 환원당의 생성, 점도의 저하 등을 측정한다. 여기에서는 Wohlgenmuth법을 개량한 I_2반응에 의한 측정법에 관해 설명한다.

[실험기구와 기기]

시험관, 플라스크, 피펫, water bath, 분광광도계, 갈색시약병

[시   약]

1 N-NaOH

10% acetic acid

Amylose 용액 : amylose 1 g에 NaOH 용액 25 ml를 넣고, 냉장고에 하룻밤 방치하여 용해시키고, 물 100 ml를 넣고, acetic acid 용액으로 목적하는 pH로 조절하고, 물을 넣어 전체의 용량을 240 ml로 한다.

40% KI

0.5 mM I_2 용액 : I_2 1.3 g을 40% KI 5 ml에 녹이고, 물로 100 ml로 한다. 이 용액은 마개로 잘 닫고 어두운 곳에서 보존하고, 사용할 때마다 물로 200배로 희석한다.

[실험방법]

(가) I_2액 5 ml가 들어 있는 시험관을 15개 정도를 준비한다.

(나) 별도의 시험관에 기질용액 3 ml를 취하고, 40℃에서 가온한다.

(다) 미리 40℃에 둔 효소액 1 ml를 넣고 잘 섞어, 40℃에서 반응시킨다.

(라) 효소용액을 넣고 2분 후부터 30초 간격으로 반응용액을 0.2 ml를 취하고, 차래로 5 ml의 I_2액 중에 넣는다.

(마) I_2 반응의 색이 청색으로부터 적색으로 변화될 때까지 반응을 계속한다.

(바) 660 nm에서 흡광도를 5 mm 셀로 측정하고, 흡광도의 값이 0.4가 될 때의 반응시간 t를 그래프로부터 구한다.

(사) t의 값이 3분으로부터 10분 사이에 있지 않을 경우는 효소용의 농도를 변화시켜 다시 측정해야 한다.

[효소의 단위]

Amylose $10\,mg$을 가수분해하여, 30분 후에 앞에서 설명한 I_2 반응의 흡광도를 0.4까지 저하시키는 효소의 양을 1단위라 한다.

[참   고]

Amylose는 특히 저온과 낮은 pH에서 노화하기 쉽고, I_2는 빛에 분해하기 쉬우므로 주의해야 한다.

1.4 Alcohol dehydrogenase

기질인 알코올이 산화되어 알데히드로 될 때, 조효소의 NAD^+가 동시에 환원되어 NADH로 되므로 NHDH를 나타내는 $340\,nm$에 있는 흡광도의 증가속도를 측정하여 활성을 구한다.

$$CH_3CH_2OH + NAD^+ \rightleftharpoons CH_3CHO + NADH + H^+$$

[시   약]

0.1% 소 혈청알부민을 함유한 $50\,mM$ Tris 완충액, pH 8.5
0.3 M 에탄올
$0.1\,mM$ NAD^+
alcohol dehydrogenase(위에 있는 Tris 완충액에 녹인 것)

[실험기구와 기기]

시험관, 플라스크, 피펫, water bath, 분광광도계, mass flask

[실험방법]

(가) 시험관에 기질인 0.3 M 에탄올 $1\,ml$, NAD^+ $1\,ml$, 완충액 $0.8\,ml$를 넣고, 잘 섞어 30℃에서 가온한다.

(나) 효소용액 0.2 *ml*를 넣고 잘 섞고, 신속하게 셀에 옮겨 340 *nm*의 흡광도의 경시적인 변화를 기록계로 추적한다.

(다) 반응 초기의 직선부분으로부터 흡광도의 증가속도를 구한다.

[효소 단위]

1분간에 1 *μmole*의 NAD^+를 환원하는 효소의 양을 1단위로 한다. 단 NADH의 340 *nm*에서의 분자흡광계수는 6,220이다.

[참   고]

(가) Alcohol dehydrogenase는 불안정하므로, 특히 희석할 경우 신속하게 변성되어 활성이 없어진다. 그러므로 반응하기 직전에 희석할 필요가 있다. 그리고 반응은 항온 셀 안에서 하는 것이 좋다.

(나) 역반응의 속도는 340 *nm*의 흡광도의 감소로 측정한다.

(다) NAD^+, NADH를 조효소로 사용하는 효소반응은 같은 방법으로 측정한다.

2. 효소의 정제

효소는 일반적으로 열에 대하여 불안정하여 활성이 없어지기 쉽고, 산 또는 알칼리에 의하여서도 변성되기가 쉬우므로 정제할 경우 저온과 중성부근에서 하는 것이 바람직하다. 효소 단백질은 양성전하물질로 분자량이 크고 기질특이성 있다. 이들의 성질은 효소의 종류에 따라 특성을 갖고 있다. 이러한 효소의 특성과 불순물과의 차를 이용하여 목적하는 효소를 정제한다. 특히 효소는 정제할 때 불안정하게 하는 요소가 많으므로 많은 주의가 필요하다.

효소를 정제하는 방법에는 알코올 또는 유안 등을 사용하는 침전법, 그리고, column chromatography를 이용하는 이온교환 chromatography, gel filtration chromatography, affinity chromatography, 그 외에 전기영동법, 한외여과법 등이 있다.

2.1 침전법

효소를 침전할 경우 효소용액에 알코올 등의 유기용매와 유안{$(NH_4)_2SO_4$}을 가하여 침전시키는 방법이 있다. 여기에서는 많은 양의 유안을 용해시켜 단백질을 침전시키는 염석법(salting out)에 관해 설명한다. 단백질의 종류는 유안의 농도에 따라 용해도에 차가 있음으로, 유안의 농도를 변화시켜 단백질을 분리할 수 있다. 그러나 이 방법의 특징은 단백질을 분리하는 것보다 농축할 수 있다는 점이다. 단백질에는 염석을 한 다음 용해가 잘되지 않는 것과 실활하는 것이 있다. 그리고 cellulase를 함유한 용액은 투석할 때 사용하는 셀로판튜브를 사용할 수 없다.

[시   약]

완충액 : $10\,mM$ acetic acid-sodium acetate 완충액에 염화칼슘을 녹여 $1\,mM$ 염화칼슘용액을 만든다(pH 5.6).

[실험방법]

(가) α-Amylase를 함유한 조효소액(P_0) $50\,ml$에 유안을 50% 포화가 되도록 용해한다. 이 액을 저온실에 수시간 또는 하룻밤 방치한다.

(나) 위의 침전한 효소용액을 원심분리기를 사용하여 $10,000\,rpm$에서 10분간 원심분리하여 상등액을 제거한다.

(다) 침전물을 완충액 $10\,ml$에 녹인다(P_1).

(라) (나)의 상등액의 액량을 측정하고, 다시 유안을 더 넣어 75% 포화의 유안농도가 되도록 녹인다.

(마) (라)의 용액을 원심분리기로 $10,000\,rpm$에서 10분간 원심분리하여 상등액(P_2)과 침전물을 분리한다.

(바) (마)의 침전물을 완충액 $10\,ml$에 녹인다(P_3).

(사) 분리한 P_1, P_2, P_3 용액을 셀로판튜브에 넣고, 용액의 100배 정도가 되는 완충액으로 저온실에서 하룻밤 투석한다. 완충액은 2~3회 교환하는 것이 좋다.

(사) 투석이 끝난 튜브의 둘레에 있는 물기를 종이로 잘 닦고 비이커에 따른다. 각

투석한 액 P_1, P_2, P_3의 양, 단백질농도, 효소활성을 측정한다. 단백질의 농도는 $280\,nm$의 흡광도로 측정하고, 흡광도 1은 $0.5\,mg/ml$로 가정한다.

(아) 위에서 측정한 값을 다음 표와 같이 정리한다.

분리	액량 ml	단백질 mg/ml	활성 units/ml	총단백질 mg	총활성 units	단백질회수율 %	활성회수율 %	비활성 units/mg
P_0								
P_1								
P_2								
P_3								
합 계								

2.2 이온교환크로마토그래피(ion exchange chromatography)

효소는 양성전해질이므로 등전점보다 높은 pH에서는 (−)의 전하를, 낮은 pH에서는 (+)의 전하를 띠고 있다. 여러 종류의 단백질의 혼합액을 어떤 pH로 하면 각 효소는 (+) 또는 (−)의 여러 종류의 전하를 갖게 된다. 이것을 어떤 이온교환수지에 접촉시키면 어떠한 것은 전혀 결합하지 않으나, 어떠한 것은 결합하고 그 결합의 강도도 전하에 차이가 있다. 이러한 차를 이용하여 효소를 이온교환체로부터 pH를 변화시키거나 염의 농도를 증가시켜 분리하는 것이 이온교환크로마토그래피이다.

이온교환체를 갖고 있는 담체에는 수지(resine, Amberlite, Dowex), dextran gel(sephadex), 셀룰로오스(cellulose)가 있다. 양이온교환체에는 Amberlite IRC 50, Dowex SK1, carboxyl methyl(CM) celllulose, carboxylmethyl sephadex 등이 있고, 음이온교환체에는 Amberlite IRA400, Dowex 1, diethylaminoethyl(DEAE) celulose, DEAE Sephadex 등의 대표적인 담체가 있다. 컬럼으로 정제할 경우 초기단계에서는 담체의 입자가 큰 것을 사용한 뒤 정제과정에 갈수록 단계적으로 적은 입자를 사용하여 정제를 하면 효과적이다.

여기에서는 α-amylase를 정제하는 데 DEAE Sephadex를 사용하는 크로마토그래피에 관해 설명한다.

[시   료]

α-Amylase

[시   약]

완충액 : 1 mM CaCl$_2$를 함유한 0.02 M Tris-HCl, pH 7.5

0.1 N-NaOH

0.1 N-HCl

0.8 M NaCl(완충액에 녹임)

DEAE Sephadex

[실험기구와 기기]

비이커, 시험관, 유리봉, 컬럼, fraction collecter, 농도구배 장치, magnetic stirrer

[실험방법]

1) DEAE Sephadex의 활성화 및 재생

(1) 새로운 담체를 사용할 경우

(가) 담체 DEAE Sephadex 7 g을 비이커에 취하고 증류수로 현탁한다. 가끔 교반하면서 90℃에서 한 시간 가열한다.

(나) 방치하여 냉각한 다음 물층을 decandation법으로 버린다.

(다) (가)와 (나)의 방법을 다시 한 번 되풀이한다.

(라) 담체를 Buchner 여과기를 사용하여 여과하고, 완충액 2 l로 세척한다. 용출용액의 pH가 7.5가 되면 담체를 비이커에 옮기고, 완충액을 넣고, 하룻밤 방치한 다음 물층을 버리고, 다시 담체의 양과 같은 양의 완충액을 넣고 교반하여 컬럼(column)에 충전한다.

(2) 사용하였던 담체를 사용할 경우

(가) 사용하였던 담체를 Buchner 여과기로 옮기고, 1 M 식염용액 1 l로 씻고, 담체

가 충분하게 팽창할 때까지 증류수로 흡인하면서 씻는다.

※ 담체가 깨끗한 경우는 위에서 처리한 것과 같이 완충화한다. 담체에 색소 등이 붙어 있어 깨끗하지 않은 경우는 알코올 또는 아세톤으로 천천히 탈수하면서 탈색한다. 그 다음부터는 새로운 담체를 처리하는 방법으로 처리한다. 그 외에 담체를 식염세척을 한 다음 0.1 N-NaOH액 1 l를 3분 동안에 천천히 흐르게 하고, 증류수로 pH가 9 이하로 될 때까지 씻고 완충액을 충전한다. 알칼리 처리로도 담체가 균일하게 되지 않을 경우는 0.1 N-HCl 2 l로 씻고, 다시 증류수로 pH 5 이상이 될 때까지 씻는다. 그 다음은 위에 방법에 따라 완충화시킨다. 재생수지일 경우는 90℃에서 30~60분간 가열한다.

Carboxylmethyl Sephadex를 재생할 경우는 산과 알칼리의 처리하는 순서를 반대로 하는 것이 좋다. 단 담체로 cellulose를 사용할 경우는 cellulose는 Sephadex와 같이 팽윤하지 않으므로 담체는 많은 양이 필요하다.

일반적으로 사용하는 완충액은, DEAE형에서는 Tris-HCl(pH 2~9), carboxylmethyl형에는 pH 6~10 범위의 acetic acid, glycine, 인산 등이다.

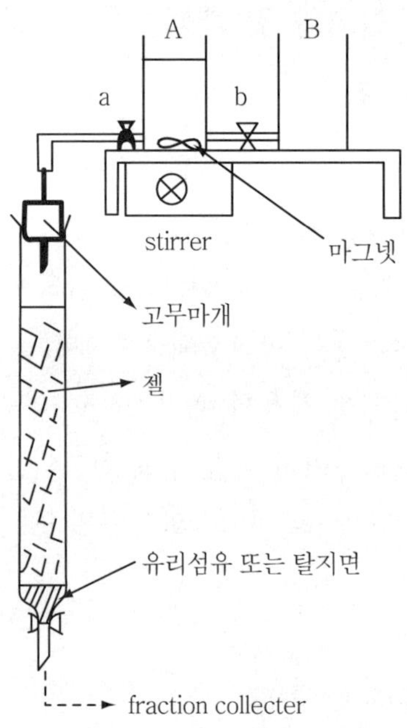

그림 9-1. 이온교환담체의 컬럼을 이용한 gradient chromatoraphy의 장치

2) 컬럼의 충전

(가) 컬럼(2×80 cm)의 3분의 1 정도까지 완충액을 넣고, 완충액으로 세척한 유리섬유 또는 탈지면을 컬럼 밑으로 유리봉으로 눌러 기포를 제거하면서 채운다.

(나) 아래의 콕크를 열고, 10 cm 정도 액면을 낮게 한다.

(다) 담체 현탁액을 교반하면서 천천히 가하여 담체를 침전시킨다. 담체가 밖으로 넘치지 않게 하기 위하여 가끔 콕크를 열어 물을 빼고 다시 충전한다. 이와 같은 조작을 되풀이하여 침전한 담체가 40~60 cm 될 때까지 충전한다. 단 기포가 들어가지 않도록 주의해야 한다(그림 9-1).

3) DEAE Sephadex column chromatography

(가) 컬럼을 통과한 액을 10 ml씩 받을 수 있도록 조절한 fraction collecter에 연결한다.

(나) 탈염한 α-amylase를 함유한 효소용액을 조용하게 젤의 위에 충전한 다음 컬럼의 콕크 C를 연다. 떨어지는 속도를 100 ml/h 이하로 조절한다(한 방울이 2.5~3.0초).

(다) 액면이 담체의 윗부분까지 떨어지면 콕크(cock)를 닫고 완충액 10 ml로 컬럼의 벽을 씻으면서 넣는다.

(라) 콕크를 열고 액면이 윗부분까지 떨어지면 콕크를 닫고, 다시 완충액 10 ml를 넣는다.

(마) 농도구배 장치(gradienter, A의 교반용기에 완충액 800 ml를 넣고, B의 용기에 식염농도 0.8 M을 함유한 완충액 800 ml를 넣는다.)에 접촉한다.

(바) 콕크 a를 열어 컬럼의 상하의 적하속도가 평형이 될 때까지 기다린다.

(사) 그 후 콕크 b를 열고 B로부터 식염용액이 A에 들어오는 것을 확인한다.

(아) 콕크 c를 열어 유속을 조절하여 fraction collecter에 받는다.

4) 측정과 정리

(가) 단백질의 농도(OD_{280}), α-amylase의 활성, 식염농도(전도도계로)를 fraction

별로 측정한다. 이들의 측정치를 fraction 순서로 그래프용지에 정리한다.

(나) 활성의 최고치의 1/5~1/3 이상의 fraction을 모아 유안 염석하여 투석한다. 이 효소용의 단백질과 활성의 회수율을 계산한다. 최초의 sample, 모인 효소용액, 최고의 활성을 가진 fraction의 비활성을 계산한다.

(다) 앞의 표와 같이 정리해 본다.

2.3 젤여과크로마토그래피

젤여과크로마토그래피(gel filtration chromatography)는 단백질을 분자량의 크기에 따라 분리하는 방법이다. 담체는 dextran(Sephadex), agarose(Sepharose, Biogel A), polyacrylamide(Biogel P)를 3차원으로 가교하여 망목구조를 한 것이다.

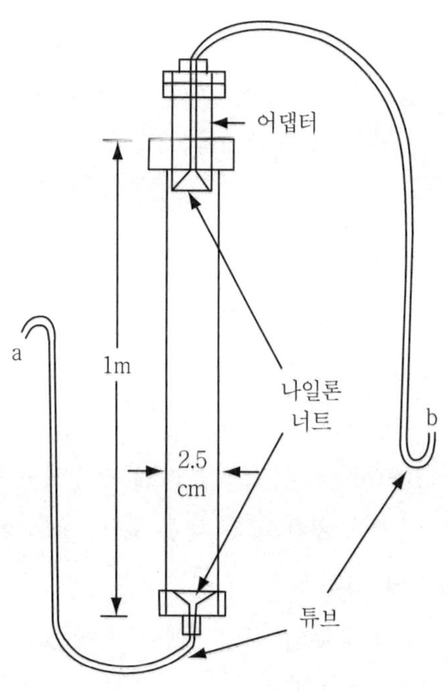

그림 9-2 젤 여과 컬럼

단백질이 큰 분자는 젤의 망목구조 안으로 들어갈 수가 없고, 적은 분자는 젤 안으로 확산하여 들어간다. 그러므로 단백질의 분자가 클수록 젤 안으로 들어갈 수 없는 장소가 많아 젤의 밖을 흐르게 되므로 빨리 이동하고, 적은 단백질일수록 젤의 내부로 분배되는 빈도가 증가함으로 용출하는 데 시간이 걸려 늦게 용출된다. 이러한 차이를 이용하여 단백질의 분자량에 따라 분리한다. 분리하는 분자량에 따라 여러 종류의 젤이 시판되고 있다.

Sephadex G 계통에서 G-50 이상은 압력에 약하여 수압을 가할 수가 없다. Biogel P 계통은 염기성 단백질을 흡착하므로 용출되는 위치가 분자량의 순서대로 용리된다고 할 수 없다. 여기에서는 Sephadex G200의 gel filtration chromatography에 관해 설명한다(그림 9-2).

[실험방법]

1) Sepahdex G200의 팽창

(가) 비이커에 Sephadex G200 17 g을 취하고, 증류수 3 l에 현탁시킨다. 가끔 천천히 교반하면서 90℃에서 3시간 가열한다.

(나) 상등액을 버린 후 다시 물을 넣고 천천히 교반하고 방치한 다음 상층액을 버린다.

(다) 위와 같은 방법으로 세척을 2~3회 되풀이한다.

(라) 세척한 담체를 Buchner 여과기를 사용하여 20 mM 인산완충액(pH 6.8)으로 여러 번 세척하고 다시 완충액 2 l에 현탁시켜 하룻밤 방치한다. 상등액을 제거하고 완충액을 넣고, 전체의 용량을 1 l정도로 한다.

2) 컬럼의 충진

(가) 컬럼(column, 2.5 × 100 cm)에 완충액을 40 cm 정도까지 넣고 아래쪽의 튜브를 컬럼의 위쪽부터 10 cm 이하로 고정한다.

(나) 마이크로튜브펌프를 사용하여 유속을 6~8 ml/hr로 조절한다.

(다) 완충액에 현탁한 담체를 컬럼에 넣는다. 담체가 침강하여 물층이 생기면 피펫으로 물을 제거하고 다시 현탁한 담체를 천천히 넣는다. 이러한 방법을 반복하여 담체를 컬럼에 채운다.

(라) 담체를 넣는 것이 끝나면 위쪽에 있는 어댑터를 기포가 남지 않도록 주의하여 꼽

고, 튜브를 완충액이 있는 용기에 연결하여 약간 들어서 액이 흐르는 것을 확인한 다음 b
의 액면을 튜브 a보다 15 cm를 높게 하여 1~2일간 흘리면 컬럼이 안정된다. 어댑터와 담
체면에 물층이 생기지만, 어댑터를 내려 담체의 면에 밀착시킨다.

3) 효소액의 충진과 용출

(가) 튜브 b를 fraction collecter의 받는 곳에 설치한다.

(나) 튜브 a로부터 효소용액을 흡착시킨다. 이때 효소용액의 액면은 b보다 15 cm
이상 높이지 않도록 한다.

(다) 다음에 튜브 a를 완충액 용기에 담그고 수압 15 cm로 용출한다.

※ 일반적으로 void volume을 측정하기 위하여 blue dextran(분자량 수백만)을 사
용하여 이것을 효소와 같이 충전하면 편리하다. Void volume의 5배 양의 완충액을 통
과시킨 다음에 다음의 효소용액을 충전하여도 좋다.

4) 분자량의 측정

Blue dexran에 대한 분자량과 이미 알고 있는 단백질의 용출액량의 비(상대용출액
량)와 분자량의 대수를 그래프용지에 그리면 상관관계가 있으므로, 모르는 시료의 상
대용출액량을 측정하면 분자량이 측정된다. 그 외에 Sephadex G25는 단백질은 쉽게
빠지게 되므로 탈염 컬럼으로 사용할 수 있다. 이 경우 void volume의 80% 정도의
효소용액이 탈염된다.

5) 측정과 정리

(가) 각 fraction의 단백질의 농도(OD_{280})와 효소의 활성을 측정하고, 그 값을 그래
프에 작성한다.

(나) 최고 활성을 갖고 있는 fraction의 1/5~1/3 이상의 활성을 가진 fraction을 모
은다. 모은 효소용액의 단백질의 양과 효소의 활성을 측정하고 회수율을 계산한다.

(다) 시료, 모은 효소용액, 최고의 활성을 가진 fraction의 비활성을 조사한다.

(라) 상대액량에 관한 그래프를 이용하여 효소의 분자량을 추적한다.

3. Polyacrylamide 젤 전기영동

단백질을 어떤 pH에 두면 전하를 갖는다. 이 전하(charge)의 차를 이용하여 단백질을 전기적으로 이동시켜 분리하는 방법을 전기영동법(electrophoresis)이라 한다. 이 방법은 일반적으로 단백질의 분석용으로 이용되고 있다. 전기영동용의 지지대로서는 일반적으로 polyacrylamide 젤을 사용하고 있다. 이 젤은 망목의 크기를 조절할 수 있으므로 분자체의 효과를 나타낼 수 있다.

분자체의 효과를 적극적으로 응용하는 것으로서 acrylamide의 농도를 변화시킨 구배 젤이 있다. 이 젤은 단백질의 이동이 거의 정지될 때까지 영동하므로 단백질의 밴드는 매우 선명하게 나타난다. 그러나 이 방법에서는 단백질의 전하의 양·음의 어느 단백질에만 적용할 수 있다. SDS(sodium dodecyl sulfate)를 함유한 전기영동에서는 구배 젤을 사용하지 않을지라도 어떠한 단백질이라도 영동할 수 있고, 분자량에 의존하는 이동을 할 수 있다. pH의 경사를 만들어 단백질의 영동이 등전점에 도달하였을 때 정지하는 초점전기영동법이 있다. 지지대로서 agarose를 사용하는 경우가 있으나, 이것은 주로 분자량이 큰 핵산, 특히 DNA에 응용된다.

3.1 Polyacrylamide gel disk 전기영동법

이 전기영동은 분리용 젤, 농축용 젤, sample 젤의 3개 층으로 되어 있다. 농축용과 시료용의 조성은 같고 젤의 망목은 크다. 분리용 젤은 망목이 적고 pH도 앞의 두 젤과 다르다. 시료용 젤은 반드시 젤화할 필요는 없다. 일반적으로 알칼리성에서 영동할 경우는 이동도가 큰 leading 이온으로서 Cl⁻를, 이동도가 적은 trailing 이온으로서 완충액 중에 glycine을 사용한다.

영동하는 동안 sample 젤 또는 농축 젤에서는 Cl⁻가 leading 이온으로 먼저 이동하고, 다음에 단백질, 그리고 trailing 이온이 이동한다. Leading 이온은 처음에는 빨리 이동하지만 내부전위차가 저하되면서 늦어진다. 이와 반대로 trailing 이온은 초기에 천천히 이동하지만 전위차가 증가하면서 빨라지고, 농축용 젤에서는 대부분 Cl⁻와 같은 정도가 되나 단백질이 추월할 수 없으므로, 단백질은 2개의 이온 사이에서 농축되어, 10미크론 정도의 두께가 된다. 분리용 젤에 들어가면 pH가 다르므로 leading 이온과 trailing 이온은 먼저 이동하고, 단백질은 그의 전하에 의하여 이동한다. 이동도는 단백질의 전화와 분자량에 따라 다르다.

이 전기영동에서는 pH 9, pH 8에서는 양으로, pH 6.6, pH 4.3, pH 2.3에서는 음으로 이동하는 방법이다. acrylamide의 농도는 4~15%를 사용한다. 목적하는 단백질에 의하여 이들을 적당히 선택할 필요가 있다. 여기에서는 pH 9, acrylamide는 7.5%를 사용한 전기영동에 관해 설명한다.

[시   약]

(가) 완충액

1 N-HCl 48 ml, Tris 26.3g, TEMED(N,N,N',N'-tetramethylethylenediamine) 0.4 ml를 물에 녹여 100 ml로 한다.

(나) Acrylamide 용액

Acrylamide 28 g과 Bis(N,N'-methlenebisacrylamide) 0.735 g을 물에 녹여 100 ml로 한다.

(다) 0.11% $K_2S_2O_8$ 용액

[실험기구와 기기]

플라스크, 피펫, 유리관, 천평, mass cyline, 전기영동장치, 주사기

[실험방법]

(1) 분리용 젤을 만드는 방법

(가) 씻은 유리관 8~10개를 베이스에 꼽고 수직으로 세운다.

(나) 사용하는 모든 용액은 탈기하여 둔다.

(다) 비이커(50 ml)에 완충액 2 ml, acrylamide 용액 4 ml, 0.11% $K_2S_2O_8$ 용액 10 ml를 넣고 거품이 나지 않도록 섞는다.

(라) 유리관에 피펫으로 1~2 cm의 높이에서 흘려 내려 밑 부분의 거품을 제거하면서 b의 높이까지 넣는다. 그 위에 물을 주사기로 조용하게 넣어 2~3 cm의 층을 만든

다. 잠시 후에 계면은 없어지고, 20~30분 후에는 다시 계면이 나타나 중합된 것을 알
수 있다. 상층에 있는 여분의 물을 종이로 흡수하여 제거한다(그림 9-3).

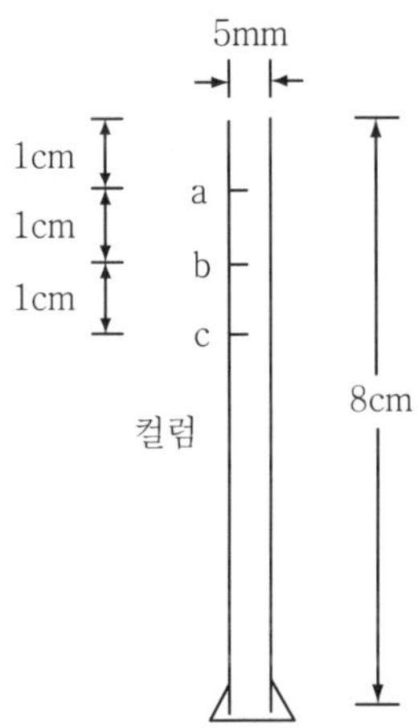

그림 9-3. 전기영동용 유리관

(2) 농축용 젤을 만드는 방법

※ 이 방법은 어두운 곳에 하는 것이 좋다.

[시   약]

(가) 완충액 : 1 N-HCl 48 ml, Tris 5.98 g , TEMED 0.46 ml을 물에 녹여 pH 6.6,
100 ml로 한다.

(나) acrylamide 용액: acrylamide 10 g과 Bis 2.5 g을 물에 녹여 100 ml로 한다.

(다) riboflavine 용액: 40 mg/1,000 ml

(라) 40% sucrose 용액

[실험방법]

(가) 시험관에 완충액 1 ml, acrylamide 용액 2 ml, riboflavin용액 1 ml, 40%
sucrose 4 ml를 넣어 섞고, 컬럼에 1~2방울을 넣어 젤의 표면을 세척한다.

(나) 농축용 젤을 0.2 ml를 넣고 주사기로 물을 2~3 mm 되게 조용하게 넣고 굳게 한다. 이때 태양광선 또는 형광등 밑에서는 굳지 않으며, 어두운 곳에 두면 굳어진다. 젤은 처음은 황색이나 굳어지면 유백색이 된다.

(다) 종이로 물을 흡수시켜 제거한 다음 다시 농축용 젤 2~3방울을 가하여 젤의 표면을 세척한다.

(3) 시료의 충진

시료의 양은, 한 개의 단백질의 양으로서 25~50 μg이 적당하고, 전체의 양이 200 μg 이하가 좋다. 시료의 농도다 1% 이상일 경우는 위에서 설명한 농축용 젤 용액 0.2 ml와 혼합하여 충전한다. 시료의 농도가 0.2% 정도일 경우는 농축용 젤의 acrylamide 용액 과 sucrose 농도의 2배 농도의 액을 만들고, 이들의 액을 사용한 혼합액 0.15 ml와 시료 0.05 ml를 혼합하여 충전한다. 보다 더 희석된 시료인 경우는(0.05%)는 농축용 젤의 완충액과 glycerine의 1 : 1의 혼합액 0.05 ml와 시료 0.15 ml를 혼합하여 충전하고, 젤 화하지 않고 전기영동을 한다. 그리고 분리용 젤을 c 높이까지 약간 짧게 만들면 0.02% 정도의 시료일지라도 전기영동을 할 수 있다.

(4) 전기영동

[시   약]

영동용 완충액 : Tris 3.0 g, glycine 14.4 g를 물에 녹여 1,000 ml로 한다(pH 8.5). 전기영동 중에 pH가 0.5 상승한다.

0.05% bromophenol blue

[실험방법]

(가) 유리관을 위의 용기의 고무에 꽂고, 위의 용기를 설치한다.

(나) 주사기로 전기영동용 완충액을 조용하게 고무의 위까지 채운다.

(다) 위의 용기와 아래 용기에 완충액을 넣고 위의 용기에는 0.05% bromophenol blue를 몇 방울 넣어서 섞는다.

(라) 위의 용기에 (-), 아래 용기에 (+) 전극을 연결하고, 일정한 전류로 유리관당 $4\,mA$로 영동한다.

색소가 유리관의 밑쪽에 도달할 때까지 40~50분간 전기영동한다(그림 9-4).

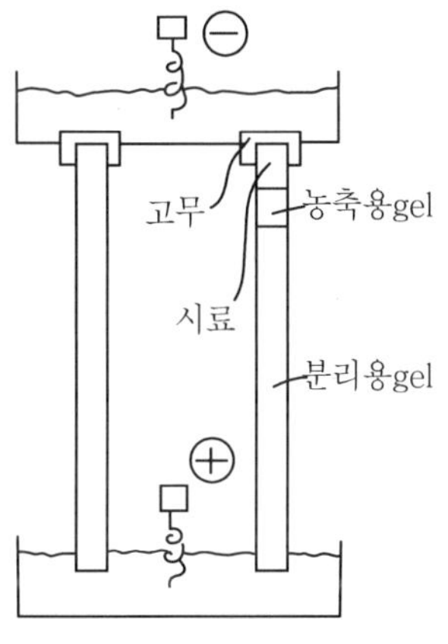

그림 9-4. 전기영동장치

(5) 염색과 탈색

[시   약]

7% acetic acid

염색액: 아미도블랙 0.5 g을 7% acetic acid에 녹여 100 ml로 한다.

[실험방법]

(가) 컬럼을 전기영동 용기로부터 풀고, 컬럼 내벽에 주사기로 물을 적게 넣어 가면서 젤을 컬럼에서 빼낸다.

(나) 색소가 있는 곳에서 젤을 절단한다.

(다) 젤을 작은 시험관에 넣어 염색액을 넣고 1시간 방치한다.

(라) 젤을 꺼내서 물로 잘 수세한 다음 7% acetic acid에 담그고 가끔 7% acetic acid를 교환하면서 탈색한다. 일반적으로 2~3일 걸린다.

※ 탈색을 전기영동으로 할 수 있다. 젤을 탈색 유리관에 넣고 7% acetic acid를 넣고, 위의 용기를 (-) 전극에, 아래 용기를 (+) 전극에 연결하여, $10\,mA$/유리관의 정전류로

탈색한다. 도중 위의 용기에 있는 초산을 교환하는 것이 좋다. 보통 2~3시간으로 탈색할 수 있다. 탈색한 젤을 크로마토스캐너로 측정하여 순도를 조사한다.

※ Amylase의 활성염색을 할 경우는 2% 가용성 전분용액에 빼낸 젤을 담그고, 10~15분간, 40℃에서 반응시킨다. 젤을 꺼내 $2\,mM$ I_2 용액으로 옮긴다. 잠시 후에 amylase가 있는 zone의 부근이 희게 나타난다.

3.2 SDS-polyacrylamide 젤 전기영동

SDS는 단백질과 중량비로 1 : 1.4의 비로 결합하여, 하부셸을 만들어 단백질의 전하를 없게 한다. 이 때문에 SDS-polyacrylamide 젤 전기연동에서는 SDS의 전하만으로 영동하고 단백질의 이동도는 분자량에 비례하므로 분자량을 추정할 수 있다. 일반적으로 상대 이동도(색소의 이동도에 대한 단백질의 이동도의 비)와 단백질의 분자량의 대수치는 상관관계를 갖고 있다. 분리한 단백질의 분자량에 의하여 acrylamide의 농도를 5%로부터 15%까지의 범위에서 농도를 달리하여 사용하고 있다. 적은 분자량의 peptide의 분리에는 urea를 함유한 20~30%의 acrylamide 젤을 사용한다. 단백질이 다량체일 경우는 분리를 완전하게 하기 위하여 SH(β-mercaptoethanol)를 첨가하여 하룻밤 투석하고 monomer로 전기영동한다. 여기에서 10% acrylamide 젤에 관해서 설명한다. 이 방법에서는 15,000~150,000의 단백질의 분자량을 추적한다.

[시   약]

완충액 : SDS 2 g을 0.2 M sodium phosphate 완충액(pH 7.2) $1,000\,ml$에 녹인다.
acrylamide 용액 : acrylamide 22.2 g, Bis 0.6 g을 물에 녹여 $100\,ml$로 한다.
1% $K_2S_2O_8$
TEMED
sample액 : 0.05% bromophenol blue $50\,\mu l$, glycerine $0.5\,ml$, β-mercaptoethanol $0.1\,ml$, 분리용 젤 완충액 $0.5\,ml$를 섞는다.
염색액 : commassie brilliant blue 2.5 g에 에탄올 $250\,ml$, acetic acid $50\,ml$를 넣고 물로 $500\,ml$로 한다.

[실험기구와 기기]

플라스크, 피펫, 시험관, 컬럼, 전기영동장치

[실험방법]

(1) 젤을 만드는 방법

(가) Disk 전기영동법과 같은 컬럼을 사용한다.

(나) 완충액 $10\,ml$, acrylamide 용액 $9\,ml$, 1% $K_2S_2O_8$ $1\,ml$, TEMED $45\,\mu l$를 냉수에서 혼합하고, 컬럼 a 높이까지 넣고, 물을 조용하게 $2\sim3\,mm$의 높이까지 채운다.

(다) 1시간 정도로 굳어지므로, 굳어진 다음 위에 있는 물을 종이로 흡수하여 제거한다.

※ 이 전기영동에서는 농축용 젤을 사용하지 않는다.

(2) 시료의 충전

(가) 시료는 sample액 1에 대하여 효소용액 3의 비로 혼합하고, 하룻밤 냉장고에 보관하는 것이 좋다.

※ 시료는 1개의 밴드당 $1\sim3\,\mu g$이 적당하고 전체의 양이 $20\,\mu g$ 이하가 적당하다.

(나) 컬럼을 sample액으로 씻은 다음 효소용액을 충전한다.

※ 충전하는 효소용액의 양을 $0.2\,ml$ 이하로 한다. 충전하는 효소용액의 양이 적을수록 좋다.

(3) 전기영동

(가) 컬럼을 disk 전기영동법과 같이 설치하고, 영동용 완충액은 완충액을 2배로 희석하여 사용한다.

(나) 위 용기에 (-) 전극, 아래의 용기에는 (+) 전극을 연결하고 $8\,mA/$컬럼의 정전류로 영동한다.

(다) 4~6시간 전기영동하면 색소가 밑에 도달한다.

(4) 염색과 탈색

(가) Disk 전기영동법과 같이 젤을 컬럼으로부터 꺼내고, 염색액에 1시간 담근다.

(나) 탈색은 5% 메탄올을 함유한 7% acetic acid를 사용하여 disk 젤의 경우와 같이 한다.

(5) 기 타

(가) 단백질의 순도를 크로마토스캐너를 사용하여 결정한다.

(나) 단백질의 상대이동도를 계산하고 상대이동도의 그래프를 사용하여, 그 단백질의 분자량을 추정한다.

4. 효소반응의 특징

4.1 반응의 경시적 변화

효소반응의 속도는 기질의 농도 등 외부의 환경의 변화에 의하여 변화하므로, 반응시간과 같이 변화된다. 정확한 효소활성의 측정을 하려면 반응의 경시적 변화를 보고 일정한 초속도를 구해야 한다.

[시 약]

산성 phosphatase 측정용의 시약(산성 phosphatase 활성 측정 항 참조)

[실험기구와 기기]

시험관, 플라스크, 피펫, 분광광도계, water bath, pH meter

[실험방법]

(가) 삼각플라스크($100\,ml$)에 기질용액 $10\,ml$와 완충액 $10\,ml$를 넣고 잘 섞고, 40℃에서 가온한다.

(나) 미리 40℃로 보온한 효소용액 10 ml를 넣어 잘 섞고, 40℃에서 반응시킨다.

(다) 효소용액을 넣은 다음부터 일정한 시간마다 반응용액 1 ml를 취하고, 즉시 0.13 M Na_2CO_3 용액 3 ml가 들어 있는 시험관에 순서대로 넣는다. 시간은 2, 4, 6, 8, 10, 12, 14, 16, 20, 25, 30, 35, 40, 45, 50, 60, 70, 90, 100분이다.

(라) 405 nm의 흡광도를 측정한다.

※ 흡광도의 값이 0.6 이상이면 0.13 M Na_2CO_3로 3~5배로 희석하여 다시 측정한다.

[정 리]

(가) 반응용액 중의 *p*-nitrophenol 농도의 경시적인 변화를 그래프에 나타낸다.

(나) 반응속도로부터 사용한 효소의 활성을 구한다.

[참 고]

효소반응의 경시적 변화의 모양은 효소 또는 기질의 종류에 의해서도 다르므로, 다른 효소로 같은 방법으로 실험하여 비교하면 좋다.

4.2 효소농도의 영향

효소활성을 측정할 경우 적당한 효소농도를 사용해야 한다. 효소의 농도가 너무 적으면 측정정밀도가 나쁘고, 너무 진하면 농도에 대한 반응속도의 비례성이 나빠진다.

[시 약]

산성 phosphatase의 활성을 측정할 때 사용한 시약들

[실험방법]

(가) 실험관 16개의 각 실험관에 기질용액 1 ml와 완충액 1 ml를 넣고 잘 섞어 40℃로 가온한다.

(나) 효소의 원액을 희석하여 일정한 농도로 희석하여 만들고, 40℃에서 가온한 다음 (가)에서 준비한 시험관에 희석한 효소용액을 각각 1 ml씩 넣고 혼합하여 40℃에서 반

응시킨다. 효소의 농도는 0, 10, 20, 30, 40, 50, 60,70, 80, 90, 100, 120, 140, 160, 180, 200 $\mu g/ml$로 한다.

(다) 효소용액을 넣은 다음부터 1분 또는 31분 후에 반응용액을 피펫으로 $1\,ml$씩 취하여, 0.13 M Na_2CO_3 용액 $3\,ml$가 들어 있는 시험관에 넣어 섞는다.

(라) $405\,nm$의 흡광도를 측정한다.

※ 흡광도의 값이 0.6 이상이면 0.13 M Na_2CO_3 용액으로 3~5배로 희석하여 다시 측정한다.

[정   리]

(가) 효소의 각 농도에 대한 반응속도를 구하고 그래프에 나타낸다.

(나) 그래프의 직선부분으로부터 효소의 비활성($units/\mu$g)을 구한다.

[참   고]

실험오차를 적게 하려면 효소의 희석을 정확하게 해야 한다. 피펫의 사용법과 희석 용액을 섞는 방법에 주의해야 한다.

4.3 Michaelis 정수의 측정

기질의 농도를 변화시켜 효소반응의 초속도를 측정하면, Michaelis 정수(K_m)와 최 대반응속도(V_m)를 구할 수 있다.

[시   약]

산성 phosphatase 측정용 시약을 사용한다.

[실험방법]

(가) 기질의 원액(1/100 M)을 물로 희석하여 일정한 농도의 기질용액을 만든다. 기 질의 농도는 1/200, 1/600, 1/800, 1/1,000, 1/1,200, 1/1,500, 1/2,000M이다.

(나) 각 시험관에 위에 기록한 각 농도의 기질용액 $2\,ml$와 완충액 $3\,ml$를 넣고 잘

섞고, 40℃에서 가온한다.

(다) 미리 40℃로 유지한 효소용액 $1\,ml$를 넣고 섞어, 40℃에서 반응시킨다.

(라) 효소용액을 넣고 1분 후 또는 그 다음부터 3분마다 총 5회 반응용액을 $1\,ml$씩 취하여, Na_2CO_3 용액 $3\,ml$가 들어 있는 시험관에 넣고 잘 섞는다.

(마) $405\,nm$의 흡광도를 측정한다.

[정   리]

(가) 각 기질농도에 대한 반응속도를 구하고, Lineweaver-Burk의 plot을 하고, K_m 와 V_m의 값을 구한다.

(나) Eadie의 plot을 하고, K_m과 V_m의 값을 구하고, 양자를 비교한다.

(다) V_m의 값을 비활성($units/mg$-enzyme)과 turnover number($mol/mol\cdot sec$) 로 고친다. 단 효소의 분자량은 23,000으로 한다.

[비   고]

K_m의 값을 정확하게 구하려면 사용하는 기질의 농도의 범위 중에서 K_m값이 들어 갈 수 있도록 또는 기질의 최고농도가 최저농도의 10배 정도가 되도록 실험을 짜는 것 이 좋다.

4.4 길항저해제의 저해정수(K_i)의 측정

산성 phosphatase에 의한 p-nitrophenyl phosphoric acid의 가수분해반응에 대한 phenyl phosphoric acid는 길항저해를 나타내므로 저해정수를 구하는 데 실험의 보기 로 사용한다.

[시   약]

p-nitrophenyl phosphoric acid 용액 : 1/800, 1/500, 1/300, 1/200, 1/100, 1/50 M 의 농도

phenyl phosphoric acid : 0, 3, 6, 9 12 mM의 농도

산성 phosphatase 측정용 시약

[실험기구와 기기]

플라스크, 피펫, 실험관, water bath, 분광광도계

[실험방법]

(가) 시험관에 기질용액 $1\,ml$, 저해제용액 $1\,ml$, 완충액 $3\,ml$를 넣고, 잘 섞어 40℃로 가온한다.

(나) 미리 40℃를 유지한 효소용액 $1\,ml$를 넣고 잘 섞어 40℃에서 반응시킨다.

(다) 효소용액을 넣고 1분 후 또는 그 후에 5~10분마다 총 5회 반응용액을 $1\,ml$씩 취하여, Na_2CO_3 용액 $3\,ml$가 들어 있는 시험관에 순차적으로 넣고 잘 혼합한다.

(라) $405\,nm$의 흡광도를 측정한다.

[정   리]

(가) 각 기질 또는 저해제의 농도에 대한 반응초속도를 구하고, Lineweaver-burk형의 역수 plot을 하고, 길항저해인 것을 확인한다. 그리고 K_m과 V_m의 값을 구한다.

(나) (가)에서 만든 plot을 저해농도에 대하여 다시 plot하여 K_i의 값을 구한다.

(다) Dixon plot을 하고, K_i와 V_m의 값을 구한다.

[참   고]

결론을 얻기 위한 plot이 복잡할수록 실험의 정밀도를 요구하게 되므로 주의해야 한다.

4.5 pH의 영향

효소의 반응속도는 반응용액의 pH의 값에 의하여 크게 변화하고, 일반적으로 최대속도를 나타내는 pH, 즉 반응의 최적 pH가 있다. 효소반응은 이 최적 pH 부근에서 실험하는 것이 바람직하다.

[시   약]

(가) α-Amylase 활성을 측정하는 데 사용하는 시약

(나) Amylose 용액을 만들 경우에 Tris 완충액을 사용할 때는 0.2 M Tris 24 ml를 넣고 0.2 N-HCl로, 인산완충액을 사용할 때는 2% phosphoric acid로, acetic acid 완충액을 사용할 때는 5% acetic acid로, pH를 3.5~8.0까지 pH 0.5 간격으로 12종류의 기질을 준비한다.

[실험기구와 기기]

플라스크, 시험관, 피펫, pH meter, 분광광도계, water bath

[실험방법]

각 pH의 기질을 사용하여 α-amylase 활성의 측정법에 따라 차례로 α-amylase의 활성을 측정한다.

[정   리]

(가) 각 pH에 대한 효소의 활성을 구하고, 그래프에 나타낸다.

(나) 효소활성의 최적 pH값을 구한다

[참   고]

효소의 반응에서 pH가 변화될 가능성이 있으면 반응하기 전과 후에 pH를 확인해야 한다. 그리고 효소를 가함으로써 pH의 변화에 관해 미리 검토하여 두면 좋다.

같은 pH에 있어서도 완충액의 종류 또는 이온강도로 인하여 반응속도가 변하는 경우가 있으므로 pH의 영역 내에서 완충액을 바꿀 경우는 경계점에서 양쪽의 완충액의 pH에서 활성을 측정하여야 한다.

효소의 안정성도 pH에 의하여 강하게 영향을 받으므로, 안정한 pH 범위를 미리 확인하여 두어야 한다. 그리고 효소가 불안정한 pH에서의 활성의 값은 반응시간에 영향을 받으므로 주의하여야 한다.

4.6 온도의 영향

효소의 반응속도는 반응온도에 의해서도 영향을 받는다. 반응의 활성화 에너지와도 그 효소반응의 특징을 나타낸다.

[시 약]

Amylase 측정에 사용한 시약. 단 기질의 pH는 5.5로 조절한다.

[실험기구와 기기]

플라스크, 시험관, 피펫, water bath, pH meter, 분광광도계

[실험방법]

(가) 다음과 같은 온도의 항온조를 준비한다. : 15, 20, 25, 30, 35, 40, 45, 50, 55, 60, 65, 70, 75, 80℃

(나) 시험관에 기질용액 $1\,ml$를 넣고, 각 온도에 둔다.

(다) 효소용액은 45℃ 이하의 경우는 각 온도에 두고, 50℃ 이상의 온도의 경우는 45°에서 가온한 것을 사용한다.

(라) Amylase 측정법에 따라 효소활성을 측정한다.

[정 리]

(가) 각 온도에서의 효소활성을 구하고, 그래프에 나타낸다.

(나) 반응최적온도를 구한다.

(다) Arrhenius plot을 만들고, 반응의 활성화 에너지를 구한다.

[참 고]

효소의 안정성도 온도의 영향을 크게 받으므로 안정한 온도 범위를 미리 조사하여 두어야 한다. 최대 활성을 나타내는 온도에서는 효소가 불안정한 경우가 많으므로 일반의 효소반응은 최적온도보다 낮은 온도에서 행한다. 그리고 반응의 최적온도는 반응

시간에 따라 다른 경우가 많다.

4.7 효소의 안정성

효소는 일반적으로 불안정하고, 온도, pH 등의 환경조건이 한정된 범위에서 안정하므로 미리 안정한 조건을 알아 두어야 한다.

1) 효소의 열안정성

효소의 안정성을 온도를 바꿔 조사함으로써 그 효소의 안정한 온도범위를 알 수 있다.

[시   약]

α-Amylase 활성측정에 사용한 시약. 단 기질의 pH는 5.5로 조절한 것.

[실험방법]

(가) 실험관에 효소용액 $3\,ml$를 넣고, 40, 50, 55, 60, 65, 70, 75, 80℃의 항온조에서 각각 가열한다.

(나) 가열을 시작한 때부터 30분 후에 각 시험관을 꺼내어 얼음물에서 냉각한다.

(다) α-Amylase의 활성을 측정한다. 그리고 가열하지 않은 효소용액의 활성도 측정한다.

[정   리]

(가) 각각의 온도에서 처리한 다음의 효소의 잔존활성을, 원래의 효소활성에 대한 상대치로서 그래프에 나타낸다.

(나) 효소의 안정한 온도범위를 구한다.

2) 효소의 열에 의한 실활의 경시적인 변화

효소의 열에 의한 활성이 없어지는 것(실활)은 일반적으로 1차속도식에 따르므로, 그의 경시적인 변화를 취하면 실활의 속도정수를 구할 수 있다.

[시   약]

α-Amylase의 측정에 사용한 시약. 단 기질의 pH는 5.5로 조절한다.

[실험방법]

(가) 시험관에 효소용액 12 ml를 취하여 70℃의 항온조에서 가열한다.

(나) 가열하기 시작한 1분 후부터 1분마다 또는 10분마다 효소용액 1 ml를 취하고

(다) 시험관에 물 3 ml를 넣어 얼음물에서 냉각한 시험관에 (나)에서 취한 효소용액을 넣고 빨리 냉각한다.

(라) α-Amylase의 활성을 측정한다.

[정   리]

(가) 각 시간에 있어서 효소활성을 편대수그래프에 나타낸다.

(나) 열에 의한 효소활성의 실활에 관한 속도정수를 구한다.

[참   고]

효소의 열에 의한 실활은 일반적으로 비가역반응이지만, 경우에 따라서 가역적인 효소가 있으므로 그 점을 주의해야 한다.

4.8 α-Amylase에 의한 amylose의 분해형식

α-Amylase와 glucoamylase의 분해형식을 요오드값과 환원당의 유리로 비교한다.

[시   약]

Amylose용액 : amylose 1 g/acetic acid 완충액 150 ml, pH 5.5

0.5 mM 요오드용액

Nelson 시약과 동시약 : 당질의 정량 항에 있는 Somogi-Nelson법에 사용하는

Nelson 시약과 동시약을 사용한다.

　효소액 : α-amylase(*Bacillus*), glucoamylase(*Rhizopus*)

　Glucose용액 : glucose $0.1\,mg$/물 $1\,ml$

　초산은시약 : 포화초산은 수용액 $1\,ml$에 아세톤 $200\,ml$를 넣어 만든다.

[실험기구와 기기]

플라스크, 시험관, 피펫, water bath, pH meter, 분광광도계

[실험방법]

（가） 실험관에 기질용액 $10\,ml$를 취하고, 40℃에서 가온한다.

（나） 미리 40℃로 유지한 효소용액 $1\,ml$를 넣고 잘 섞어 반응시킨다.

（다） 효소용액을 넣은 다음부터 1분마다 10분까지 반응용액 $1\,ml$를 취하고, 끓는 물 중에 있는 물 $4\,ml$가 들어 있는 시험관에 넣고 3분간 가열하고 반응을 정지시킨다. 남아 있는 반응용액(약 $1\,ml$)은 다시 40℃에서 계속 반응시킨다.

（라） 반응정지액 $0.2\,ml$를 취하고, 요오드용액 $5\,ml$에 넣고, $600\,nm$에서 흡광도를 측정한다(블루값).

（마） 반응정지액 $0.5\,ml$를 시험관에 넣고, $0.5\,ml$의 동시약을 넣고, 잘 섞어 끓는 수용액 중에서 10분간 가열한 다음, 흐르는 물에서 3~5분간 냉각한다.

（바） Nelson 시약 $0.5\,ml$를 넣고, 잘 섞는다. 2~3분 뒤에 물 $5\,ml$ 넣고, 다시 잘 섞은 다음 $660\,nm$에서 흡광도를 측정한다.

（사） 반응 0시간째의 값으로는 효소용액 대신에 물을 넣어, 블루값과 환원당의 농도를 측정하여 둔다.

（아） 최후의 분해율을 알기 위하여, 별도로 효소의 원액을 사용하여 1시간 정도 반응시켜, 그 반응용액을 적절하게 희석하여 (마), (바)와 같은 방법으로 실험하여 환원당을 측정한다.

（자） Glucose의 표준곡선을 그린다.

（차） 분해산물을 해석하기 위하여, (아)의 반응용액 $3\,\mu l$를 여지에 spot하고,

1-butanol : acetic acid : 물(3:1:1), 또는 2-butanol : pyridine : 물 : actic acid (8 : 8 : 4 : 1)로 전개한 다음 바람으로 건조한다. 이 크로마토그램을 초산은 시약에 빨리 담근 다음 건조한다. 0.5 M 알코올성 수산화나트륨으로 분무하면 실온에서 선명한 spot이 나타난다. 여분의 시약은 5% $Na_2S_2O_3$에 담그고 씻는다.

[정   리]

(가) 블루값, 환원당의 경시적 변화를 plot한다.

(나) 환원당에 대한 블루값을 plot한다.

(다) 한 시간 반응시킨 다음, amylose의 몇 %가 환원당으로 변화하였는가를 계산한다.

(라) 결과를 고찰한다.

제 10 장

유전자조작

1. 대장균 plasmid DNA의 분리
2. 제한효소에 의한 DNA의 절단
3. 전기영동에 의한 DNA 단편의 분리
4. Agarose 젤 또는 polyacrylamide 젤로부터 DNA 단편의 분리
5. DNA ligase를 이용한 재조합체 DNA를 만드는 방법
6. 형질전환
7. 콜로니 hybridization
8. Southern 블로팅
9. Autoradiography

　재조합 DNA의 실험을 할 경우 안전을 확보하기 위하여 필요한 기본적인 요건인 '재조합DNA의 실험지침'에 관한 국가적인 규정이 있다. 실험하는 사람은 누구나 기본적인 병원미생물의 취급과 재조합 DNA의 실험지침에 기재된 각 항목을 자주적으로 존중하고, 실험의 안전확보에 최선의 노력을 할 책임이 있다.

실험을 할 경우의 주의할 점

　실험은 모든 병원미생물학 또는 생화학에서 사용하고 있는 표준적인 실험방법에 따르지만, 그 외에 미량의 DNA를 취급하기 위하여 다음과 같은 주의가 필요하다.

　(가) DNA는 그 인산과 유리(glass) 사이에 엷은 막을 형성하므로, 유리기구를 사용하여 실험할 경우 그 수율을 감소시키는 경우가 있다. 그러므로 DNA를 취급할 경우는 가능한 플라스틱으로 만든 기구를 택한다. 그리고 유리로 만든 기구를 사용할 경우는 실리콘으로 코팅하여 DNA의 손실을 방지한다. 코팅하는 방법은 기구를 비이커 등의 용기에 넣고 드라프트 안에서 dimethyldichlorosilane 중에 2시간 정도 방치한 다음 물로 씻는다.

　(나) DNA와 RNA에 작용하는 핵산분해효소는 여러 곳에 널리 퍼져 있어, 주의하지 않고 기구를 사용하면 중요한 시료에 혼입되어 핵산을 분해할 염려가 있다. DNase는 대부분 불안정하지만, RNase는 매우 안정하므로 유리 또는 플라스틱에 흡착되어 활성을 가지고 있는 경우가 있으므로 주의해야 한다. 그러므로 실험에 사용하는 기구는 이러한 위험성을 피하기 위하여 모든 것을 autoclave를 사용하여 고압증기살균하거나 건열살균하여 둔다. 완충액도 같은 처리를 하고, 투석튜브도 반드시 끓여서 사용하야 한다. 그뿐만 아니라 핵산에 손이 직접 또는 간접적으로 닿지 않도록 주의할 필요가 있다.

　(다) Ethidium bromide는 재조합 DNA 실험에서 DNA를 검출할 때 자주 사용하는 시약이지만, 발암성이 알려져 있으므로 다음과 같은 점을 주의하여야 한다.

　※냉장고 등에 저온에서 차광하고 보존하여 자외선으로부터 쉽게 분해되는 것을 방지한다.

　※이 시약을 취급할 경우 비닐장갑을 사용하여 피부에 닿지 않도록 한다. 피펫 등도 입으로 빨지 않도록 한다.

　※Plasmid DNA를 추출한 다음 액 등과 같은 고농도의 폐액을 탱크에 모으고 각 시

설에서 정기적으로 처리한다. 젤 염색액, 염색 후의 젤 또는 피펫 등의 저농도의 경우는 시판하고 있는 표백제를 50배 정도로 희석한 액 중에서 하룻밤 방치한 다음 폐기하거나 씻는다. 이러한 처리에 의하여 ethidium bromide는 탈색되고 발암성도 없어진다.

1. 대장균 plasmid DNA의 분리

Plasmid DNA는 세균의 염색체와는 별도로 세포 안에서 자기증식을 하고 기생성을 갖고 있어, 재조합 DNA실험에서 vector로 사용하고 있다. Plasmid DNA를 분리하려면 plasmid를 가지고 있는 대장균의 단일 콜로니로부터 시작하여, 대장균의 요구성에 따라 배지에서 증식하고, 균을 모아 DNA를 추출하여 정제하는 방법으로 분리한다. 여기에서는 계면활성제를 사용하여 용균하는 방법으로 plasmid DNA를 분리하는 방법과 알칼리로 처리하여 plasmid DNA를 분리하는 방법에 관해 설명한다.

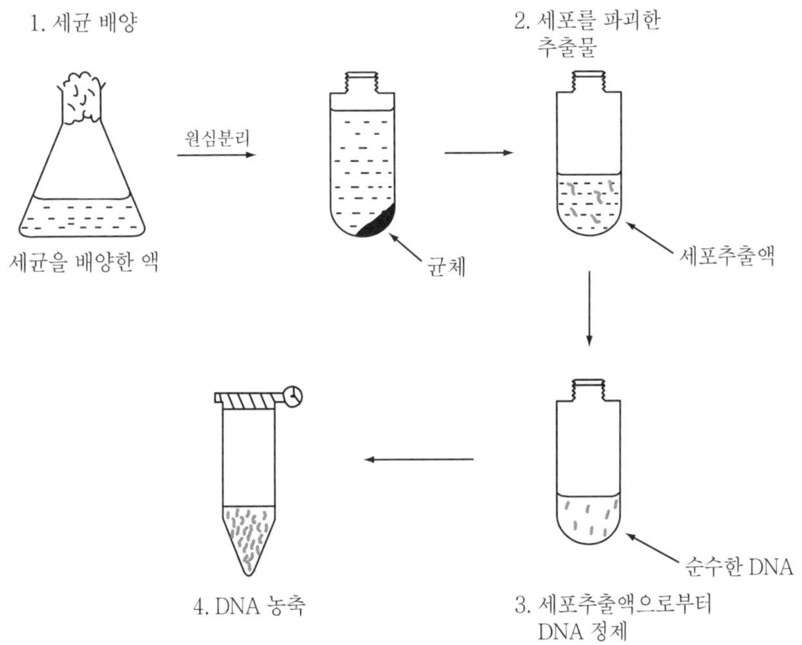

그림 10-1. 세균을 배양한 액으로부터 세포 DNA의 전체를 분리하는 기본과정

1.1 계면활성제를 사용한 용균에 의한 plasmid DNA의 분리

1) 다량의 *E. coli* 로부터 plasmid DNA의 분리

대장균을 배양하여 배양액으로부터 세포 DNA의 전체를 분리하는 과정은 그림 10-1과 같이 대장균의 배양과정, 세포를 파괴하여 세포추출액을 만들기 과정, DNA의 원심분리과정, DNA 농축과정의 네 과정으로 크게 나눌 수 있다.

[배양액]

Plasmid를 가지고 있는 *E. coli*를 LB 배지(표 10-1)에 접종하여 37℃에서 하룻밤 배양한다.

표 10-1. M9 배지와 LB 배지의 조성

조 성	g/l	조 성	g/l

M9 배지
  Na_2HPO_4
  KH_2PO_4
  NaCl
  NH_4Cl
  $MgSO_4$
  glucose
  $CaCl_2$
	6.0
	3.0
	0.5
	1.0
	0.5
	2.0
	0.01
		LB(Luria-Bertani) 배지
		  tryptone
		  yeast extract
		  NaCl
			10
			5
			10

[시 약]

chloramphenicol : colicin계 plasmid의 경우에 사용한다.

25% sucrose-50 mM Tris-HCl 완충용액(pH 8.0)

250 mM EDTA 용액(pH 8.0)

lysozyme 용액 : 5 mg/ml 되게 증류수로 용해하며, 가능한 신선한 것을 사용한다.

2% Brij 58~62, 5 mM EDTA(pH 8.0)-50 mM Tris-HCl 완충용액(pH 8.0)의 용액

포화 phenol : TE 용액과 융해한 phenol을 1 : 4의 비율로 혼합한다.

TE 용액-0.4% Sarkosyl-용액

RNase A(20 mg/ml) 용액 : 0.05 M acetic acid 완충액(pH 5.0) 중에서 100℃, 5분

간 가열하여 둔다.

cesium chloride

ethidium bromide(EtBr)

유동성 파라핀

포화 isopropanol : 5 M NaCl-10 mM Tris-HCl 완충용액(pH 8.5)-1 mM EDTA-
용액에 적당한 양의 isopropanol을 넣고, 상층의 포화액을 사용한다.

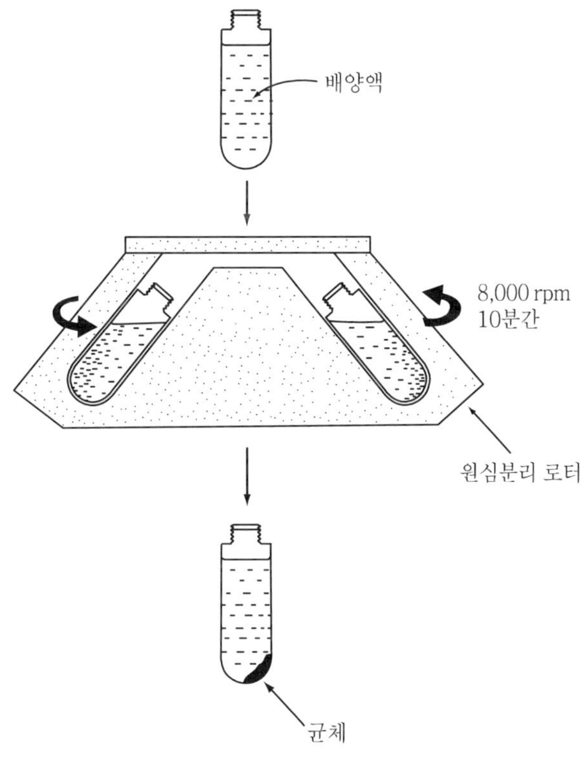

그림 10-2. 원심분리에 의한 균체의 분리

[실험방법]

(가) 목적하는 plasmid를 *E. coli*의 단일 콜로니를 100 ml의 LB 배지에 접종하고 하
룻밤 배양한다. 다음날 100 ml의 배양한 액을 1,000 ml의 새로운 배지에 접종하고 배양
을 계속한다. 일반적으로 대수증식기의 후반기에 Klett unit으로 200 정도, $OD_{600}=1$이 되
었을 때 균을 원심분리하여 분리한다. Colicin계의 chloramphenicol에 의한 증폭이 가

능한 것은 Klett unit으로 100 정도 되었을 때 분말의 chloramphenicol을 $100{\sim}200\,\mu g/ml$가 되도록 넣고, 다시 16시간 정도 배양을 계속한다.

(나) 배양한 액을 원심분리기를 사용하여 4℃, $8,000\,rpm$에서 10분간 원심분리하여 균체를 분리한다(그림 10-2).

(다) 분리한 균체를 0.5% NaCl-0.5% KCl-용액 $100\,ml$로 현탁시킨 다음, 다시 4℃, $8,000\,rpm$에서 10분간 원심분리하여 균체를 모은다.

(라) 균체를 25% sucrose-50 mM Tris-HCl 완충용액(pH 8.0)-용액 $10\,ml$에 현탁시킨다.

(마) 현탁한 균체를 $30\,ml$의 원심관에 옮기고 $250\,mM$ EDTA(pH 8.0)용액 $4\,ml$를 넣는다.

(바) (마)에서 처리한 균체액을 얼음물 중에서 lysozyme($5\,mg/ml$) 용액 $2\,ml$, 2% Brij58-62, $5\,mM$ EDTA(pH 8.0)-50 mM Tris-HCl 완충용액(pH 8.0)-용액 $16\,ml$를 넣고, 37℃에서 5~10분간 반응시켜 용균시킨다.

(사) 용균한 액을 원심분리기를 사용하여 4℃에서 30,000 rpm, 20분간 원심분리한다(그림 10-3).

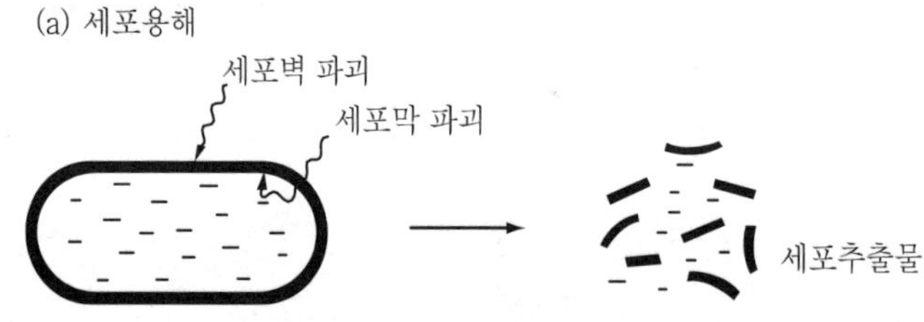

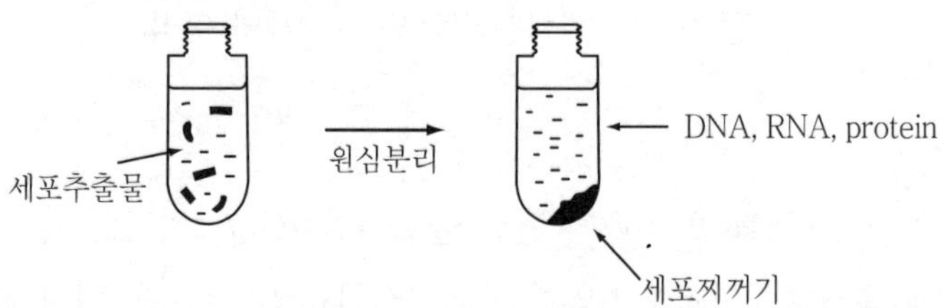

그림 10-3. 균체를 용해한 추출액을 원심분리로 처리하여
DNA, RNA, 단백질을 분리하는 방법

(아) Decandation에 의하여 상등액을 바로 원심관에 취하고, 같은 용량의 포화 phenol을 넣고 10분간 상하로 흔든다.

(자) 10~20℃, 10,000 *rpm*에서 10분간 원심분리하여 물층을 취하고, 여기에 2배의 용량의 isopropanol을 넣고, -20℃에서 2시간 이상 방치한다(그림 10-4).

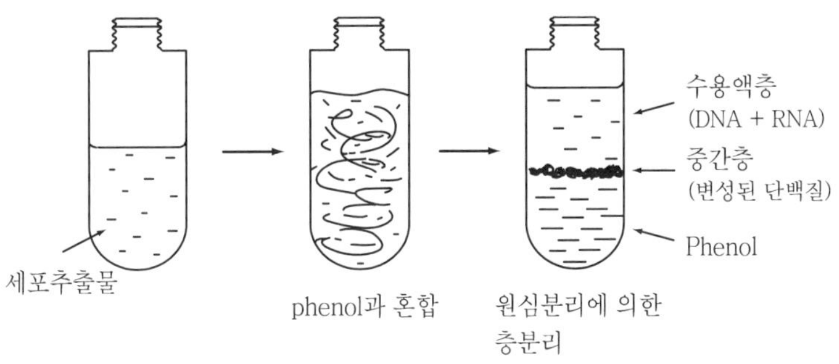

그림 10-4. Phenol 처리에 의한 단백질의 제거와 DNA분리

(차) 원심분리기를 사용하여 4℃에서 10,000 *rpm*, 10분간 원심분리하면 점질이 높은 침전물을 얻게 된다. 이것을 1 *ml* 정도의 TE 용액-0.4% Sarkosyl-용액에 녹이고 같은 용액으로 하룻밤 투석한다.

(카) 투석이 끝난 다음, RNase A(20 *mg/ml*) 용액을 100 *μg/ml* 되도록 넣고, 37℃에서 1시간 반응한다.

(타) 같은 용량의 포화 phenol을 넣고, 10분간 상하로 진탕한 다음 10~20℃에서 10,000 *rpm*, 10분간 원심분리하여 물층을 취한다.

(파) 2배의 용량의 isopropanol 또는 에탄올을 넣고 -20℃에서 2시간 이상 방치한 다음, 4℃에서 10,000 *rpm*, 10분간 원심분리하여 DNA를 침전시킨다. 이 단계에서는 원심관을 종이타월 위에 뉘어서 isopropanol 또는 에탄올을 제거한다(그림 10-5, 그림 10-6).

(하) Beckman 초원심분리기의 #65 로터를 사용할 경우 침전물을 TE 용액-0.4% Sarkosyl-용액 7.54 *ml*에 용해하고, 이것을 미리 cesium chloride 7.5 g을 넣은 원심관에 옮기고, ethidium bromide(5 *mg/ml*)용액 0.35 *ml*를 다시 넣고, 파라필름으로 봉한 다음, 2~3회 상하로 뒤집어 cesium chloride를 용해시킨다. 그 한 방울을 사용하여 굴절률을 측정하고, 1.3890±0.0002(25℃)인 것을 확인한다(그림 10-7).

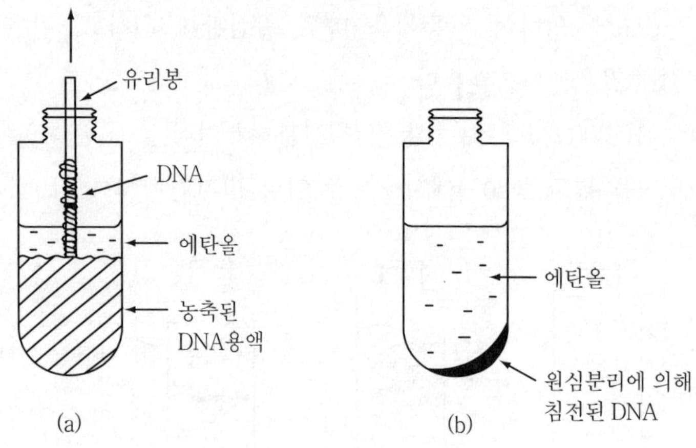

(a) 농축된 DNA 용액으로부터 유리봉으로 DNA 섬유를 말아 분리하는 방법

(b) 원심분리법으로 DNA를 침전분리하는 방법

그림 10-5. 에탄올침전으로 DNA 분리

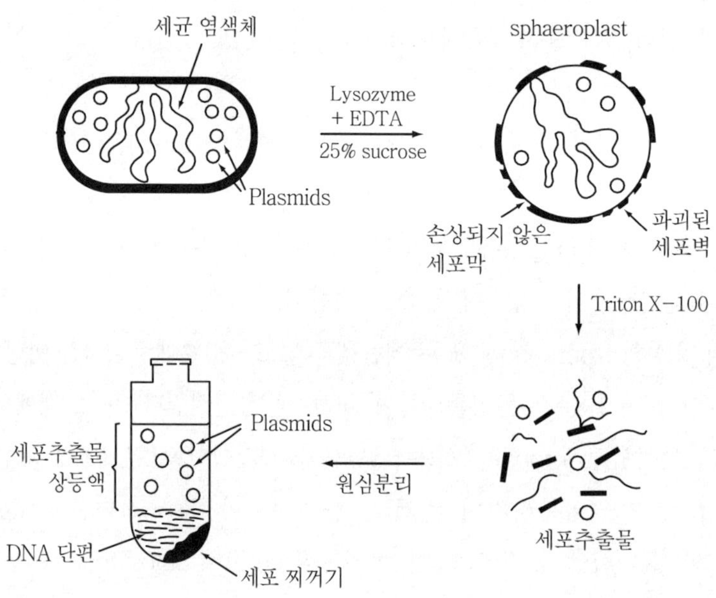

그림 10-6. 균체를 용해시킨 다음 균체용해액을 원심분리하여
plasmid DNA와 DNA 고분자를 분리

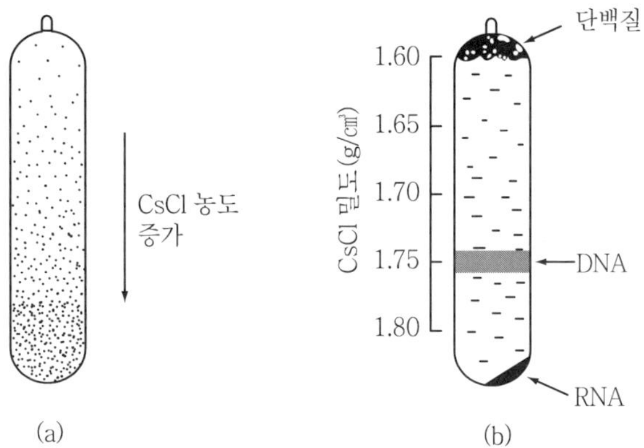

(a) 고속원심분리에 의한 CsCl 밀도구배 형성 (b) 밀도구배로 단백질, DNA, RNA의 분리

그림 10-7. CsCl 밀도구배원심분리(CsCl density gradient centrifugation)에 의한 단백질, DNA, RNA의 분리

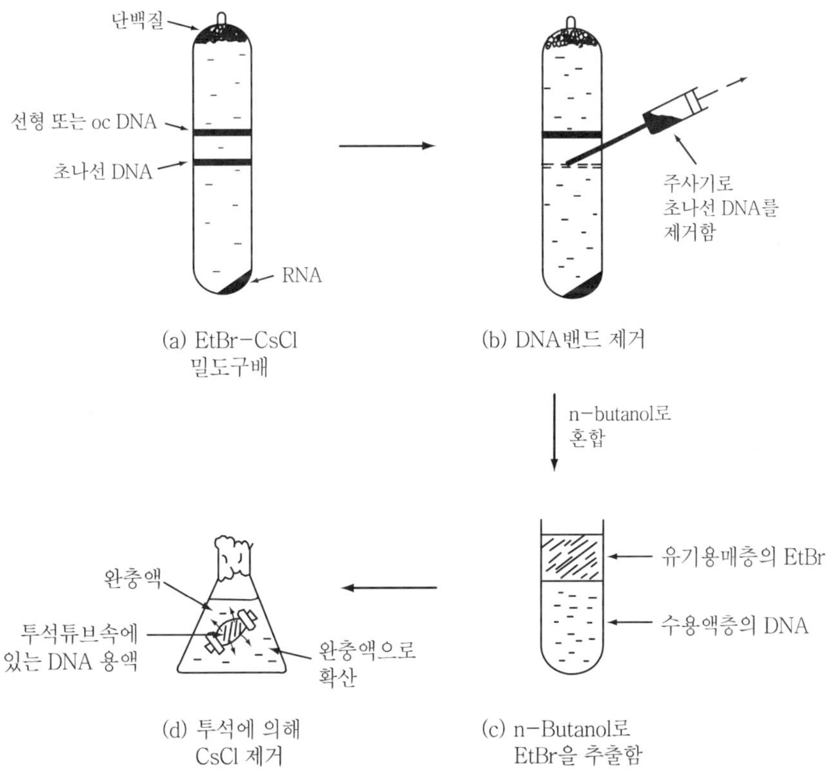

그림 10-8. EtBr-CsCl 밀도구배 원심분리법에 의한 plasmid DNA의 분리

(가′) 초원심분리기의 원심관의 뚜껑을 닫고, 주사기로 유동성파라핀을 스탬의 구멍으로 넣어 가득 채우고, blance를 맞추고 스탬을 닫고, 4℃에서 36,000 rpm, 36~48시간 원심분리한다. 만일 수직로터(보기를 들면 DuPont-Sorvall 원심분리기의 TV865 B.의 로터)를 사용할 경우는 20시간 원심분리하면 된다.

(나′) 장파장의 자외선으로 밴드를 관찰한다. 아래의 밴드가 plasmid DNA이다. 스탬을 열고, 21 gauge 정도의 주사침으로 튜브의 밑에 구멍을 뚫고, 적하시키면서 plasmid DNA의 밴드만을 모은다. 또는 튜브의 옆을 찔러 plasmid의 밴드를 회수한다(그림 10-8).

(다′) Ethidium bromide를 함유한 DNA 용액에 대하여 cesium 포화 isopropanol 1용량을 넣어 섞고 가만히 두면 상하로 두 층으로 분리된다. Ethidium bromide는 상층의 isopropanol로 추출된다.

(라′) 상층을 제거하고, 다시 포화 isopropanol 1용량을 넣고, DNA 용액이 무색이 될 때까지 추출을 되풀이한다. 다시 1회 추출한다.

(마′) 멸균수 2용량을 넣는다.

(바′) 에탄올을 원래의 양에 대하여 6용량을 넣고, -20℃에서 2시간 이상 또는 -70℃에서 30분간 이상 방치한다.

(사′) 원심분리기를 사용하여 4℃에서 10,000 rpm, 10분간 원심분리하여 DNA를 침전시킨다.

(아′) 침전물을 70% 에탄올로 현탁시키고, 다시 4℃에서 10,000 rpm, 10분간 원심분리한다.

(자′) 침전물을 감압건조하고, 적당한 양의 TE 용액에 용해한다.

[주의할 점]

(가) 이 방법을 축소하여 적은 양의 균을 처리할 수도 있다.

(나) 보존하고 있는 *E. coli*로부터 plasmid를 분리할 경우는 먼저 목적하는 plasmid를 가지고 있는지를 확인할 필요가 있고, 단리한 콜로니로부터 분리를 시작한다.

(다) Brij 용액를 넣은 다음의 용균액은 가끔 가볍게 손으로 돌리는 정도가 좋다. 점도의 증가하면서 투명도도 증가하는 것을 관찰할 수 있으므로, 녹기 시작하면 즉시 다

음의 초원심분리과정으로 간다. 만일 강하게 흔들거나 반응을 장시간시키면 다시 고분자의 세포질성분도 추출이 된다.

(라) 추출단계의 원심분리에 의하여 생기는 침전물은 젤라틴 형태로 상층은 황색을 띠고 있다. 무색투명한 상층과 불투명한 침전물이 얻어질 경우는 균체가 파괴되지 않았으므로 침전물을 다시 한 번 현탁하여 용균시키고 원심분리한다.

(마) 포화 phenol을 취급할 경우는 반드시 비닐장갑을 사용한다.

(바) Cesium chloride 평형밀도구배 원심분리를 할 경우, 알코올이 혼합된 양이 많으면 측정된 굴절률은 신뢰할 수 있는 밀도를 나타내지 않으므로 주의할 필요가 있다.

(사) Ethidium bromide를 제거할 경우, 두 상간에서의 ethidium bromide의 분리는 신속하게 해야 하므로 강하게 섞을 필요가 없다.

(아) 실험 순위 (마′) 단계에서 물을 넣는 것은 에탄올로 침전할 경우 cesium chloride가 침전되는 것을 방지하기 위해서이다. 만일 cesium chloride가 침전될 경우는 다시 물에 녹여 에탄올로 침전시킨다.

2) 신속한 plasmid DNA의 분리

여기에서는 앞의 실험에서 사용한 Brij 용액 대신에 Triton 용액을 사용하는 방법에 관해 설명한다.

[시 약]

0.2% Triton 100-62.5 mM EDTA-50 mM Tris-HCl 완충액(pH 8.0)-용액(Triton은 다른 용액을 멸균한 다음 넣는다.)

[실험방법]

(가) *E. coli*를 5 ml의 LB 배지에 하룻밤 배양하여 원심분리기로 균체를 분리한다.

(나) 균체를 25% sucrose-50 mM Tris-HCl 완충액(pH 8.0)-용액 0.4 ml에 현탁한다.

(다) 실온에서 lysozyme(5 mg/ml)용액 0.1 ml를 넣고 5분간 두고, 250 mM EDTA(pH 8.0) 용액 0.2 ml를 넣고 다시 5분간 둔다. 각 용액을 넣은 다음 가볍게 흔든다.

(라) Triton 용액 0.3 ml를 넣고, 가끔 가볍게 혼합하면서 10분간 둔다.

(마) 용균액을 원심관에 옮기고, 4℃에서 19,000 rpm, 20분간 원심분리한다.

(사) 상등액을 취하고, 500 μl를 미량원심관(보기를 들면 Eppendorf 원심분리기의 플라스틱 튜브)에 옮긴다.

(아) 1/2 용량의 포화 phenol과 1/2 용량의 chloroform을 넣고, 손으로 수분간 진탕한다.

(자) 2분간 원심분리하고, 상등액을 새로운 미량원심관에 옮긴다.

(차) 같은 용량의 chloroform을 넣고, 다시 2분간 원심분리하여 상등액을 취한다.

(카) 2배 용량의 isopropanol을 넣고 -20℃에서 2시간 이상, 또는 -70℃에서 30분 이상 방치한 다음 2분간 원심분리하여 DNA를 침전시킨다.

(타) 침전한 DNA를 냉각한 70% 냉에탄올로 씻고, 다시 2분간 원심분리한다.

(파) 에탄올을 제거하여 감압건조하고, 침전물을 50 μl의 TE 용액에 녹인다.

(하) 5~10 μl를 사용하면 제한효소에 의한 간단한 mapping도 가능하다.

[참　고]

(가) 여기에서 설명한 plasmid DNA의 분리법은 어느 것이든 lysozyme으로 처리한 다음, 계면활성제로 온화하게 용균시켜 세포질 DNA를 선택적으로 추출한다. DNA 용액을 ethidium bromide(EtBr) 용액으로 염색할 경우, EtBr이 DNA 사슬의 염기짝을 이루고 있는 공간 사이에 들어가 결합하여 DNA의 비중이 높아진다. 일반적으로 DNA에 결합한 EtBr의 양을 비교하면, 환상 DNA(covalently closed circular DNA, cccDNA)는 같은 분자량인 개환상 DNA(open circular DNA, ocDNA) 또는 염색체의 단편의 직선상 DNA보다 색소결합량이 적다. 이러한 차이를 이용하여 cesium chloride 밀도구배 원심분리법으로 환상 DNA와 직선상의 DNA를 분리한다(그림 10-9, 그림 10-10).

(나) 이러한 본래의 조작은 plasmid DNA의 분리를 목적으로 하고, cccDNA의 분리도 의미하고 있다. cccDNA 분자는 전단력에 대해서는 개환상 또는 직선상 DNA보다도 저항성이 있어, phenol과 함께 상하로 진탕하여도 문제가 없다. 그러나 cccDNA의 분자는 1개 장소에서도 사슬이 절단되면 개환상으로 되므로, 이것을 방지하기 위해서는 DNase의 혼입 방지 등의 세심한 주의가 필요하다.

※ pBR322를 위에서 설명한 두 종류의 방법으로 실험의 결과의 한 보기를 들면, 실험 1)에서는 plasmid DNA 600~800 μg, 실험 2)에서는 plasmid DNA 10~15 μg을 분리할 수 있다.

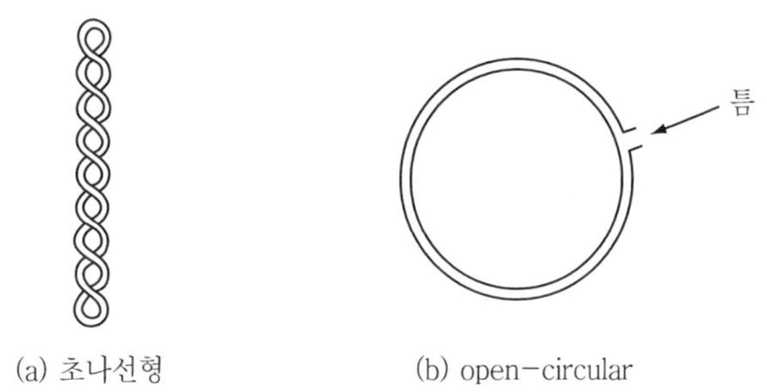

그림 10-9. 환상 이중사슬 DNA의 종류

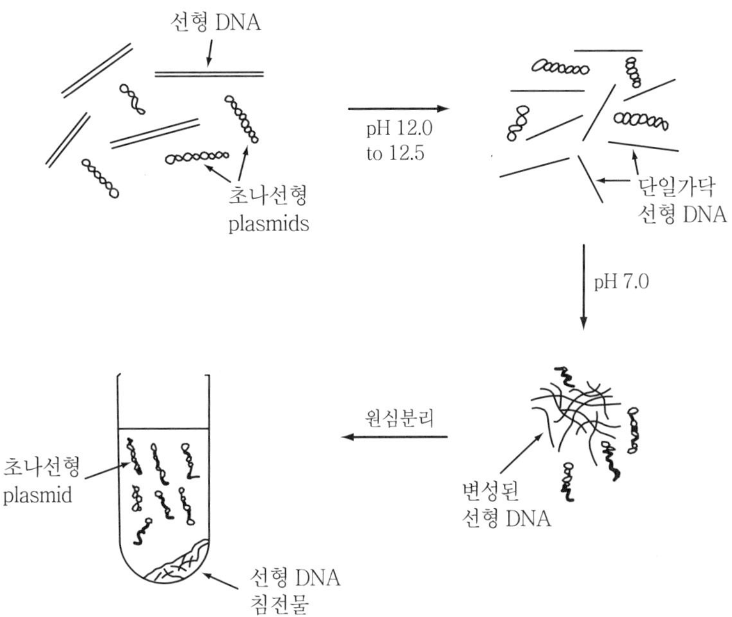

그림 10-10. Ethidium bromide(EtBr)의 처리에 의한
DNA 이중사슬의 염기짝 사이의 EtBr 결합

1.2 알칼리에 의한 plasmid DNA의 분리

위에서 설명한 방법을 비롯하여 plasmid DNA의 정제법으로서 현재까지 보고되어 있는 것은 대부분 cesium chloride 평형밀도구배 원심분리법(density gradient centrifugation)을 필요로 하고 있다. 그러나 실제로 실험을 하면 이 원심법은 시간이 걸리고 실험에 필요한 비용이 문제가 된다. 따라서 최근에 이러한 방법을 사용하지 않는 방법이 고안되어 몇 가지 방법이 보고되어 있다. 그중에서 알칼리법은 가장 간단하고, 많은 시료를 추출로부터 분석하는 데까지 5~6시간의 짧은 시간으로 끝날 수 있고, 많은 양의 plasmid DNA를 만들 수 있다. Birnboim 등과 McMaster 등에 의한 방법이 보고되어 있으나 간단한 전자의 방법은 다음과 같다(그림 10-11).

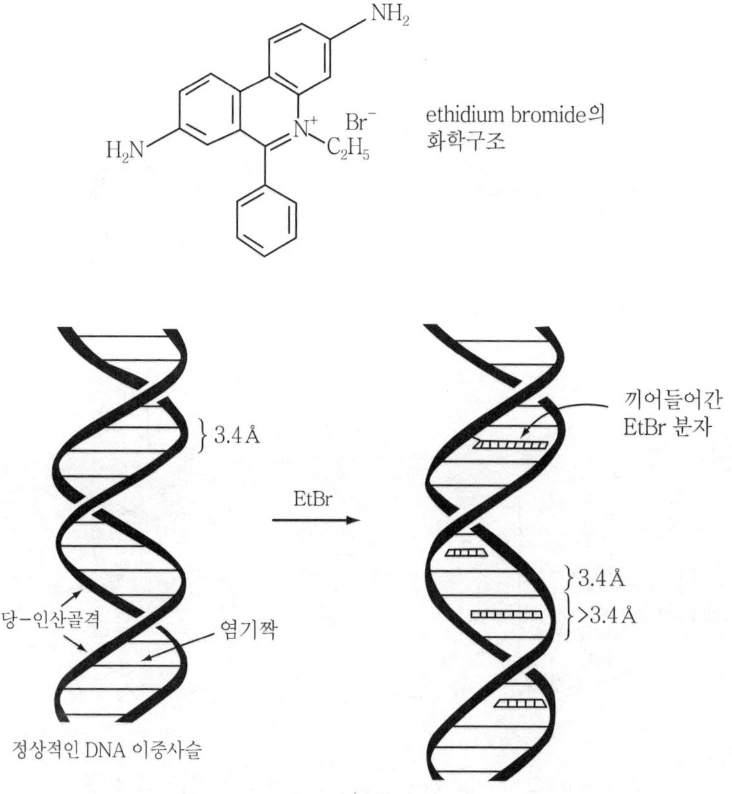

그림 10-11. 알칼리변성법에 의한 plasmid DNA 분리

[시   약]

(가) Lysozyme 용액 : Lysozyme$(2\,mg/ml)$-$50\,mM$ glucose-$10\,mM$ EDTA-$25\,mM$ Tris-HCl(pH 8.0)-용액. 보존액으로서 lysozyme을 제거한 것을 만들고, 0℃에 보존하여 두고, 사용하기 직전에 lysozyme을 넣는다.

(나) 알칼리 SDS 용액 : $0.2\,N$-NaOH-1% sodiumlauryl sulfate(SDS)-용액

(다) 고염용액 : $3\,M$ sodium acetate (pH 4.8). $5\,M$ 정도의 sodium acetate 용액을 만들고, 빙초산을 넣어 pH 4.8로 조절한 다음 $3\,M$이 되도록 희석한다.

(라) $0.1\,M$ sodium acetate-$0.05\,M$ Tris-HCl 완충액(pH 8.0)-용액

(마) -20℃에서 냉각한 에탄올

[실험방법]

(가) Plasmid DNA를 가지고 있는 *E. coli*의 배양액 $0.5\,ml$를 $6,000\,rpm$에서 10분간 원심분리하여 균체를 분리한다.

(나) 분리한 균체에 lysozyme을 제거한 lysozyme 용액 $0.5\,ml$을 넣어 현탁시키고, 다시 원심분리하여 균체를 모은다.

(라) 세척한 균체에 lysozyme 용액 $0.1\,ml$를 넣고 교반하여 0℃에서 30분간 방치한다.

(마) 알칼리 SDS 용액 $0.2\,ml$를 넣고, 살살 섞은 다음 0℃에서 5분간 방치한다.

(사) 고염용액 $0.15\,ml$를 넣고, 살살 섞고, 0℃에서 60분간 방치한다.

(아) 반응용액을 $10,000\,rpm$에서 10분간 원심분리하고, 염색체 DNA, 단백질과 SDS의 복합체, 고분자 RNA를 침전시켜 제거한다.

(자) 상등액(약간 부유물이 있어도 관계가 없음)에 냉각한 에탄올 $1\,ml$를 넣고, -70℃에서 30분간 방치한 다음, 원심분리하여 침전물을 얻는다.

(차) 분리한 침전물을 $0.1\,M$ sodium acetate-$0.05\,M$ Tris-HCl 완충용액(pH 8.0)-용액 $0.1\,ml$를 넣어 녹인다.

(카) 원심분리기를 사용하여 불순물을 $10,000\,rpm$에서 10분간 원심분리하여 제거한다.

(타) 상등액에 냉각한 에탄올 $0.4\,ml$를 넣고 -70℃에서 30분간 방치한 다음, 원심분리하여 plasmid DNA를 모은다.

(가) 이 방법은 pH 12.0~12.5의 범위에서 염색체의 직선상 DNA가 비가역적으로 변성하므로, plasmid의 cccDNA는 변성하여도 원래상태로 복구되는 성질이 있다. 즉 알칼리로 변성한 염색체 DNA를 중성으로 하여도 응집을 일으켜 침전한다. 이때 즉시 염의 농도를 높여 방치하면 단백질-SDS의 복합체와 고분자 RNA도 침전되어 제거할 수 있다.

(나) 원본에서는 분리한 plasmid DNA를 제한효소로 분해하기 위하여 다시 RNase A의 처리를 하고 있지만 상기한 방법으로 얻어진 것을 그대로 사용하여도 문제가 없다. 그리고 형질전환에도 사용할 수 있다.

(다) 이 방법의 중요한 점은 알칼리 용액을 넣을 때의 pH이다. 균체의 양에 대하여 알칼리의 양은 충분하고, 배양액의 양의 1/10비로 알칼리 SDS 용액을 넣어도 문제가 없다.

원본에는 적은 규모로 하고 있으나, litter 단위로 대량 배양한 균체에 대해서 모든 시약의 양을 1/10에서 처리하여도 배양액 1 l당 mg 단위의 plasmid DNA를 분리할 수 있다.

(라) 본 방법은 plasmid DNA의 분자량에 대한 영향이 적으므로 고분자량의 plasmid DNA를 분리하는 데도 적합하다.

2. 제한효소에 의한 DNA의 절단

특정한 유전자를 분리하는 데 필요한 것은 염색체를 일정 부위로 절단하는 기술이고, 이러한 목적에 사용하는 것이 제한효소이다. 이 효소는 DNA의 특별하게 한정된 염기배열을 인식하고 그 부분 또는 근접해 있는 이중사슬을 절단할 수 있고, 그와 같은 인식배열이 다른 많은 제한효소가 발견되어 있다. 여기에서는 그들의 제한효소에 의한 DNA 절단의 일반적인 방법에 관해 설명한다.

[시료 및 시약]

DNA(1 μg/μl 정도의 것)

제한효소

반응용 완충액 : $100\,mM$ Tris-HCl 완충액(pH 7.6)-$70\,mM$ 염화마그네슘-$70\,mM$ 2-mercaptoethanol-용액

4 M 염화나트륨용액

[실험방법]

(가) 많은 제한효소에는 다음의 표 10-2의 보기에 나타낸 것과 같이 반응용 완충액을 사용하나, 염의 농도를 비롯하여 최적 반응조건은 효소에 따라 다르므로, 문헌 또는 시판되고 있는 제한효소와 동봉해 오는 설명서를 참고하여 정한다. 특히 *TaqI* 등의 호열성세균에 의하여 생성된 것은 반응의 최적온도가 높아 65℃ 정도이다. *PstI*은 실활되기 쉬우므로 30℃에서 반응하고, DNA를 완전하게 절단하기 위해서는 반응을 개시한 다음 1시간마다 2회 정도 효소를 다시 넣어 반응시킨다.

표 10-2. 반응의 한 보기

DNA 용액(1μg/μl)	$1\,\mu l$
반응용 완충액	$5\,\mu l$
4M 염화나트륨	( ) μl
증류수	( ) μl
소 혈청알부민, 핵산분해효소가 없는 것	( ) μl
제한효소	( ) *unit*

(나) 반응 후, 반응용액 그 자체 또는 에탄올로 침전한 DNA 단편을 모아 멸균한 물에 녹인 다음, 1/10 용량의 색소용액을 넣고 전기영동하는 젤에 충전하여 전기영동한다.

[참   고]

(가) 효소의 양을 나타내려면 일반적으로 λ phage DNA 또는 pBR322 DNA를 일정한 조건하에서 일정한 시간(15~60분간) 내에 절단하는 효소의 활성을 사용하지만, 구체적인 단위의 정의는 종종 다르므로 주의할 필요가 있다.

(나) 반응에는 기질 DNA의 양에 따라 계산한 효소의 양 또는 반응시간을 사용한다.
일부를 제외한 대부분의 제한효소에 의한 반응은 직선상으로 진행된다. 만일 그러한 조
건에서도 목적하는 데로 절단되지 않을 경우는, 반응을 저해하는 인자가 함유될 가능성
이 있으므로 기질의 DNA를 다시 한 번 정제한다.

3. 전기영동에 의한 DNA 단편의 분리

전기영동법은 다른 핵산의 분리법과 비교할 경우 광범위하게 분자량의 차에 의존하
는 분리능력이 매우 높다. 따라서 재조합 DNA 실험에서는 제한효소로 염색체 DNA를
절단한 다음 목적하는 DNA의 단편을 분리하는 데 매우 중요한 방법이다. 이 방법에는
두 종류가 있고, 분자량의 크기에 따라 800~1,000 염기짝을 최소 한계로 하고, 수만 염
기짝을 비롯하여 비교적 큰 것은 agarose 젤을, 2,000 염기짝 정도보다 적은 것은
polyacrylamide 젤을 사용하지만, 젤의 구멍의 크기는 주로 젤의 농도에 관계가 있으므
로 핵산분자의 크기에 따라 젤의 농도를 달리하여 사용한다.

3.1 Agarose 젤을 이용한 전기영동

1) Slab식 수평 젤 전기영동

[시료와 시약]

(가) Agarose 젤 : 전기영동용 agarose를 $0.5\,\mu g/ml$의 ethidium bromide를 함유한
전기영동완충액에 목적하는 최종농도가 되도록 넣고 전자오븐에서 녹인다. 전자오븐
대신에 autoclave를 사용하여도 좋다. Agarose 젤의 강도는 사용하는 agarose의 품질
에 따라 현저하게 다르므로 주의해야 한다.

(나) 아크릴제 빗 : 시료의 수와 양에 따라 적당한 것을 선택한다(그림 10-4).

(다) 전기영동용 완충액(E 완충액) : $40\,mM$ Tris-HCl 완충액(pH 7.7)-$5\,mM$
sodium acetate-1 mM EDTA-용액

(라) 색소혼합액 : 50% glycerol-0.25% xylene cyanol, 0.25% bromephenol blue-

용액

(마) 사진기 : 디지털카메라가 편리하다.

(바) 장파장 자외선 램프 : 보기를 들면 UVproduct C-62 등

[장　　치]

젤 형틀, 전기영동 장치 : 그림 10-12와 같은 아크릴로 만든 것을 사용한다. 크기는
임의로 한다.

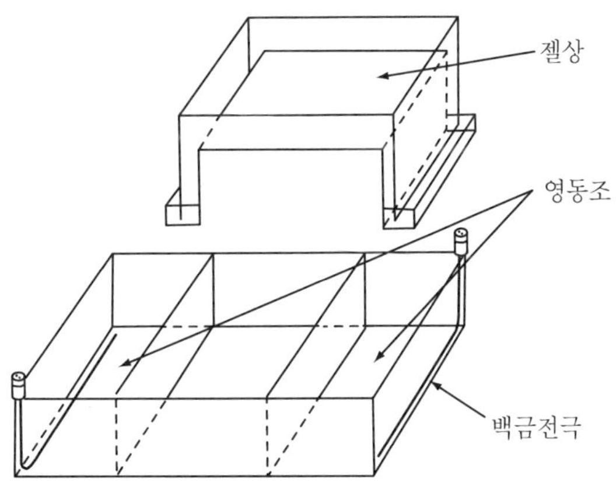

그림 10-12. 전기영동 젤 형틀과 전기영동장치

[실험방법]

(가) 젤 형틀은 옆으로 보면 그림 10-13(a)와 같다. 먼저 젤을 형틀의 기둥의 밑쪽의
사선을 그린 부분에 부어 밑을 굳게 한다(그림 10-13).

(나) 밑쪽이 굳어지면, 젤 형틀의 위에 $5\,mm$의 두께의 젤이 되도록 천천히 젤을 따
른 다음, 그림 10-14와 같이 적당한 장소에 빗을 놓고 시료를 넣을 수 있는 홈을 만든
다. 동시에 양쪽의 밑까지 젤을 채운다.

(다) 젤이 굳으면 빗을 빼고, 젤 형틀을 전기영동장치에 그림 10-13(b)와 같이 설치
하고, 양쪽의 칸에 E 완충액을 넣는다.

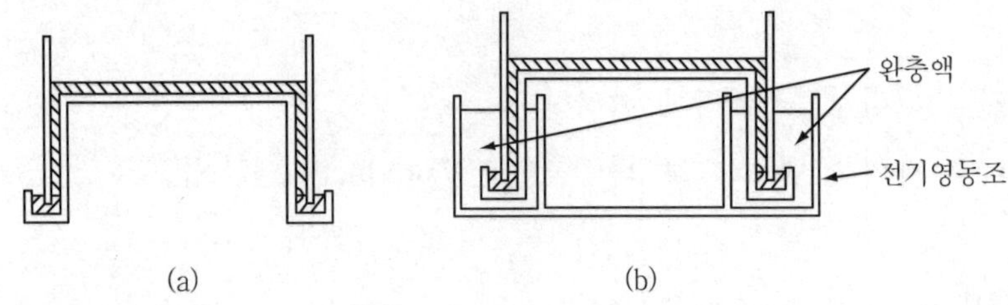

그림 10-13. 젤 형틀의 단면도(a)와 젤을 만든 형틀을 정기영동장치에 넣는 방법(b)

(라) 시료를 넣는 홈에 E 완충액을 채우고, 5~50 μl의 시료에 1/10 용량의 색소혼합액을 넣은 것을 micropipetter로 E 완충액의 밑으로 살살 넣는다.

(마) 전기가 통하게 되면 DNA는 사용하는 pH에서 (-)의 전하를 지니게 되므로 (+) 전극으로 영동한다. 시료를 젤 중에 넣으면 일단 전류를 끊고 시료를 다시 완충액으로 채우고 젤의 표면 전체를 사란랩으로 덮는다. 이것은 전기영동하는 동안 젤이 건조되는 것을 방지하기 위해서이다.

(바) 정전압(0.5~5.0 V/cm, 정전류라도 좋다)으로 전기영동한다. 분리되는 상태는 암실에서 장파장 자외선을 위로부터 쪼이면 알 수 있다.

(사) 영동이 끝나면 젤을 젤 형틀로부터 분리하여 장파장 자외선 램프의 위에 올려놓고, 사진기의 렌즈에 적색필터 또는 자외선 전용필터를 장착하여 젤의 사진을 촬영한다. 사진의 조건은 사용한 agarose, DNA 농도에 따라 다르다.

2) Disk식 젤 전기영동

[시료와 시약]

(가) Agarose, 전기영동용 완충액, 색소혼합액은 앞의 실험과 같다.

(나) 파라필름, 천 조각(스타킹을 3~4 cm의 사방으로 자른 것이 좋다), 고무링.

[실험기구와 장치]

(가) 유리관(내경 7 mm, 길이 16 cm 정도의 것)

(나) 전기영동장치 : 단백질 분석용과 같은 모양인 것

[실험방법]

(가) 유리관의 한쪽을 파라필름으로 꼭 막고, 이 끝을 밑으로 하여 얼음 속에 필요로 하는 수의 유리관을 세운다.

(나) 녹인 젤을 각 유리관에 넣고, 유리관의 위쪽으로부터 $2 \sim 3\,cm$까지 채운다.

(다) 젤이 굳으면 위쪽에 천 조각을 덮고 고무링으로 꼭 묶는다.

(라) 천 조각을 고정한 쪽을 아래로 하고 위쪽에 댄 파라필름을 벗기면 젤이 밑으로 미끄러져 $2 \sim 3\,cm$의 공간이 생긴다. 파라필름을 유리관에 봉할 때 붙여 두면 매끈한 평면이 된다. 또는 면도날을 사용하여 절단해도 좋다.

※ 젤을 한꺼번에 많이 만들어 냉장고에 보관하여 두면 실험하는 데 편리하다.

(마) 젤을 상·하의 영동용기에 설치하고, E 완충액을 채운다.

(바) 시료에 1/10 양의 색소혼합액을 넣어 섞고, micropipetter로 젤의 상면에 조심하여 넣고 전기영동을 시작한다. 1%의 젤을 사용할 경우는 일반적으로 175 V로 전기영동한다. 적당한 곳까지 영동이 되면 정지한다.

3) Mini 젤에 의한 전기영동

[시료와 시약]

Agarose, 영동에 사용하는 완충액, 색소혼합액, 필름 등은 앞의 두 실험과 같은 것을 사용한다.

[실험기구 및 장치]

(가) 젤 형틀 : $5 \times 7.5\,cm$(두께 $0.1\,cm$) 정도의 유리판

(나) 아크릴로 만든 빗 : 단면이 $4 \times 1.5\,mm$의 시료를 넣을 수 있도록 홈을 만들 수 있는 것을 사용한다(그림 10-14).

(다) 전기영동장치는 그림 10-15에 나타낸 것과 같은 아크릴로 만든 것을 준비한다.

(라) 사진기, 장파장 자외선 등은 slab식 수평 젤 전기영동과 같다.

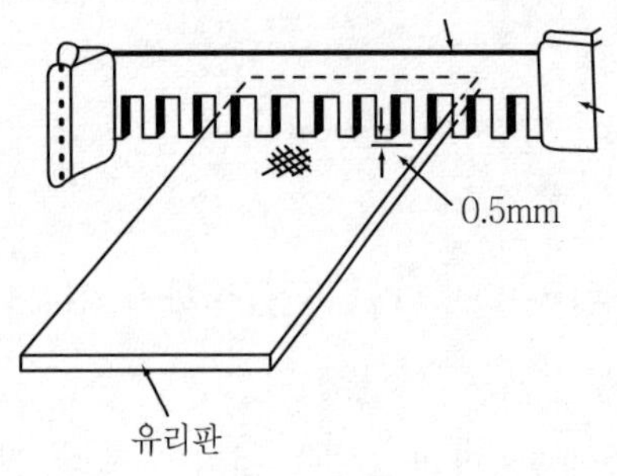
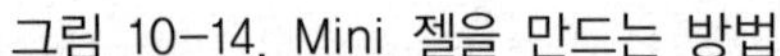

그림 10-14. Mini 젤을 만드는 방법

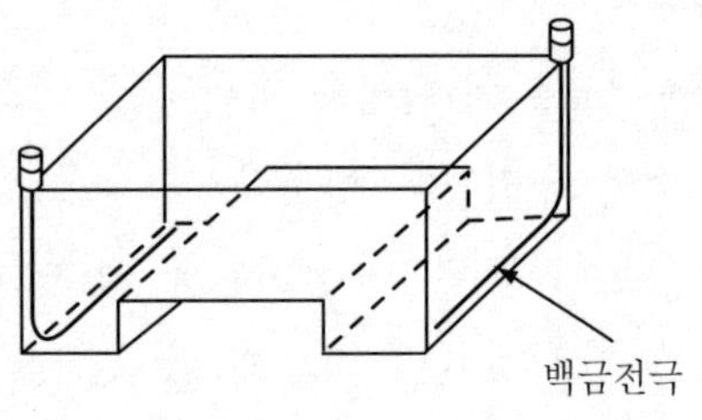

그림 10-15. Mini 젤의 전기영동장치

[실험방법]

(가) 위에서 설명한 유리판을 수평으로 된 대에 놓고, 그 위에 그림 10-14와 같이 아크릴로 만든 빗의 끝이 유리판의 끝 면으로부터 0.5 mm 떨어진 위치에 오도록 고정한다.

(나) 전자오븐에서 용해한 agarose $10\sim15\,ml$를 피펫으로 유리판의 위에 부어 전체에 고루 퍼지게 한다. 표면장력이 있기 때문에 agarose는 유리판에서 흘러내리지 않는다. $5\sim10$분간 굳히면 바로 사용할 수 있다. 젤의 두께는 수mm가 되고, 시료를 넣는 홈에는 $15\,\mu l$ 정도의 시료를 넣을 수 있다. 바로 사용하지 않을 경우는 사란랩으로 젤의 전체를 덮어서 냉장고에 보관하여 두면 좋다.

(다) 평행되게 한 전극선과 영동하는 방향이 수직이 되도록 영동용기 중에 놓고, E 완충액을 젤의 표면의 $5\,mm$ 정도 위가 되도록 붓는다.

(라) 시료 $10\sim15\,\mu l$를 micropipetter를 사용하여 주의하면서 시료를 넣는 홈에 넣고 $80\,mA$로 전기영동한다. 분리상태는 암실에서 젤유리판의 위쪽에서 장파장 자외선을 조사하면 알 수 있다. 목적과 같이 분리된 다음 전기영동을 끝낸다.

(마) 젤을 유리판으로부터 분리하여 실험 1)과 같이 사진을 찍는다.

[전기영동을 할 경우 실험상 주의할 점]

핵산에 흡수한 자외선은 색소에 의하여 변화되어 형광으로 된다. 일반적으로 최고감도의 사진은 단파장 자외선램프에 의하여 $260\,nm$를 조사함으로써 얻을 수 있으나, 에

너지가 높기 때문에 핵산분자를 절단하여 니크(nick)를 발생시킨다. 따라서 실험할 때 반드시 장파장 자외선램프(360nm)를 사용한다.

[참　　고]

（가） Agarose는 원료에 따라 젤의 강도, DNA의 밴드의 이동도, 분해능, 용해도, 투명도, 효소의 저해물질의 혼합도 등이 다르다. 주가 되는 저해물질은 황화물이고, 이것은 DNA에 작용하는 많은 효소를 저해한다.

（나） Ethidium bromide에 의해서 검출하려면 1개의 밴드당 10 ng의 DNA가 필요하나, 100 ng 이상에서는 과잉 부하가 된다.

（다） 전기영동에 일반적으로 많이 사용하는 전위구배는 0.5~5.0 V/cm이다. 그러나 높은 분해능을 필요로 하는 것, 특히 70,000 염기짝 이상의 큰 DNA 분자에서는 낮은 전압을 사용한다. 반대로 2,000 염기짝 이하의 적은 DNA 단편에서는 높은 전압을 사용하고, 이동도를 높이는 동시에 밴드가 된 DNA의 확산을 방지한다. 여러 종류의 길이를 갖고 있는 DNA 분자에 대하여 전기영동한 조건의 한 보기를 나타내면 아래와 같다. Tris-HCl 완충액 중에서, 마커 색소는 1 V/cm에서 1 cm/hr 영동된다.

표 10-3. 이중사슬 DNA 크기와 agarose 농도, 전위구배와의 관계

이중사슬 DNA의 크기(염기짝)	Agarose 농도(%)	전위구배(V/cm)
150~1,000	1.8	2~3
300~2,500	1.4	2~3
500~4,000	1.0	1~2
700~6,000	0.7	0.5~1.0
1,000~9,000	0.5	0.5~1.0

（라） 분자량의 크기의 마커로서 일차구조를 알고 있는 λ phage 또는 pBR322 plasmid의 DNA를 여러 종류의 제한효소로 절단한 것을 사용한다. 즉 편대수그래프의 세로축에 이동거리, 가로축에 염기짝수를 나타내는 DNA 단편의 크기를 나타내고, 이들의 마커의 이동도로부터 표준곡선을 만들고, 평행하여 영동한 시료 DNA 단편의 크기를 알

수 있다. 이동도는 대체로 분자량의 대수에 비례한다.

[실험결과]

Slab식 수평 젤을 사용한 일반적인 방법에 의하여 전기영동한 모양의 한 보기를 그림 10-16에 나타냈다. 고분자량의 밴드가 뚜렷하게 보이는 것은 저분자량의 것보다 보다 많은 ethidium bromide와 복합체를 형성하기 때문이다.

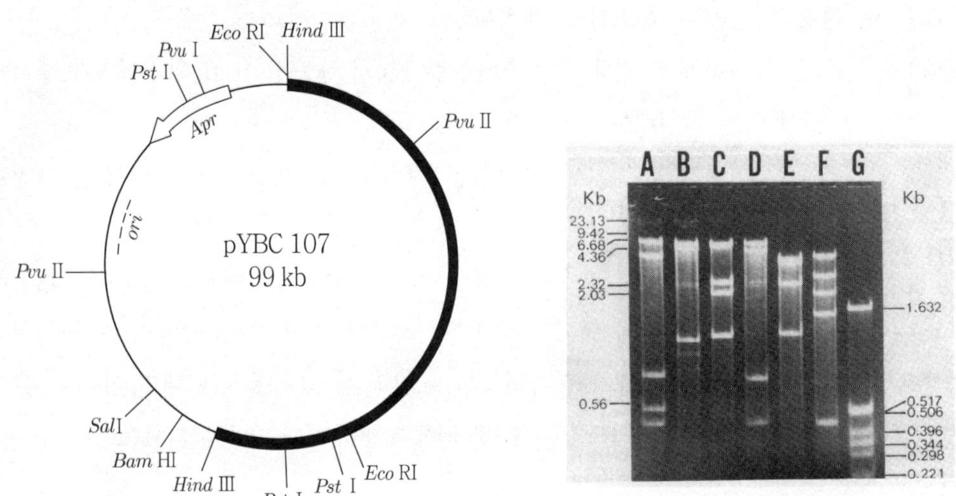

A : *Hind* III와 *Pst* I, B : *Hind* III와 *EcoR* I, C : *Hind* III와 *Pvu* II, D : *EcoR* I과 *Pst* I, E : *EcoR* I과 *Pvu* II, F : *Pst* I과 *Pvu* II, G : pBR322 DNA를 *Hinf* I으로 절단한 마커

그림 10-16. 호알칼리성 *Bacillus* sp.로부터 분리한 endoglucanase
유전자의 재조합 DNA pYBC107을 제한효소로 절단한
DNA 단편의 agarose 젤 전기영동사진(Slab식 수평 젤)

3.2 Polyacrylamide 젤 전기영동

[시료와 시약]

(가) 40% acrylamide 용액 : 38% acrylamide(전기영동용)-2% *N,N′*-methylenebisacrylade (전기영동용)-용액을 만들어 냉장고에 보존한다.

(나) TEMED(*N,N,N′N′*-tetramethylethylenediamine)

(다) 10% 과황산암모늄수용액 : 1주마다 만든다.

(라) 영동용 완충액(x20 E 완충액) : 1.0 M Tris-HCl(pH 8.3)-20 mM EDTA-용액(침전물이 생기므로 오랜 기간 보존할 수 없다.)

(마) 색소혼합액 : 50% glycerol-0.25% xylene cyanol-0.25% brome phenol blue-용액

[기구와 장치]

Agarose를 사용하는 전기영동장치를 사용하고, 여기서는 그와 다른 장치에 한해 설명한다.

(가) 유리판 : 20 × 20 × 0.2 cm 또는 40 × 20 × 0.2 cm, 각 2개

(나) 플라스틱 스페이서 : 20 × 2 × 0.2 cm 또는 40 × 2 × 0.2 cm 각 2개

(다) 더블클립 : 8~12개

(마) 아크릴로 만든 빗 : 시료를 넣는 홈을 만드는 빗의 폭이 5~10 mm의 것

(바) 실리콘튜브 : 내경 2 mm, 외경 3 mm의 튜브, 70 cm 또는 110 cm 1개

(사) 전기영동장치 : Agarose 젤을 사용한 전기영동장치

[실험방법]

(가) 그림 10-17과 같이 하나의 유리판 위에 각 부품을 올려놓은 다음 다른 한 장의 유리판을 그 위에 덮고, 먼저 아래쪽을 클립으로 꼭 조인다. 다음에 2장의 유리판 사이에 실리콘튜브를 스파텔을 사용하여 눌러 클립으로 눌러 채우고 클립으로 고정시킨다. 이와 같이 준비한 유리판을 수직으로 세우고, 젤의 용액을 두 유리 사이에 흘려 내린다.

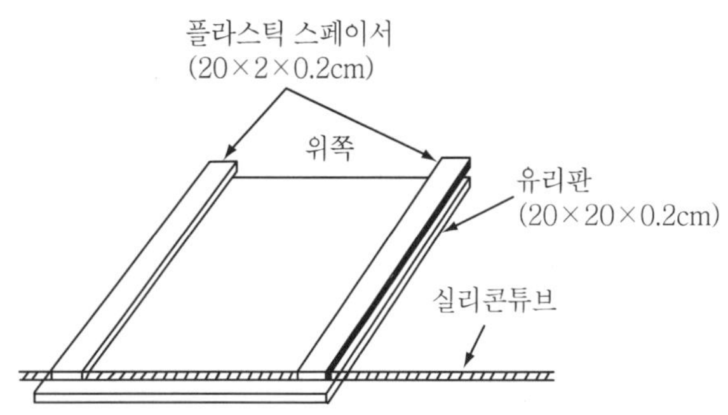

그림 10-17. 전기영동 젤을 만드는 유리판과 방법

(나) 젤용액을 만드는 방법 : $20 \times 20\,cm$ 유리판에 상용하는 젤용액의 농도은 표 10-4와 같이 혼합한다. 혼합한 젤용액을 $100\,ml$ 또는 $200\,ml$의 비이커에 준비하고, 조립한 유리판의 사이에 흘려 넣은 다음 아크릴로 만든 빗을 신속하게 상부에 끼우고 수십분 이상 방치하여 젤화시킨다. 시료를 넣기 위한 홈의 폭은 목적에 따라 다르지만 일반적으로 $3{\sim}5\,mm$이다.

표 10-3. Polyacrylamide 젤의 농도

젤의 농도 (%)	3.5	5.0	10.0
40% acrylamide 용액(ml)	7	10	15
20E 완충액(ml)	4	4	4
물(ml)	68.5	65.5	59.5
10% 과황산암모늄액(ml)	0.4	0.4	0.4
TEMED (ml)	0.1	0.1	0.1
합 계(ml)	80.0	80.0	80.0

(다) 시료는 에탄올로 침전시켜 염류를 제거해 두는 것이 좋다. 에탄올로 침전한 것을 감압건조한 다음 $10{\sim}30\,\mu l$의 TE 용액에 녹이고, 색소혼합액 $1{\sim}2\,\mu l$를 넣는다.

(라) E 완충액은 준비한 원액을 20배로 희석하여 사용한다. 젤의 상단과 (-)쪽의 영동용기를 Whatman $3\,MM$ 여지 2장을 포개어 연결하고, 여지의 위쪽을 사란랩으로 덮는다. $20 \times 20\,cm$의 젤에 대하여 $300\,V$로 30분 정도 미리 전기영동을 하고, 시료를 넣은 홈 안에 있는 완충액을 새로운 것으로 바꾼 다음 시료를 넣고, $300\,V$에서 $4{\sim}5$시간 전기영동한다.

(마) 전기영동이 끝난 유리판으로부터 젤을 분리하여, ethidium bromide($0.5\,\mu g/ml$)를 함유한 E 완충액에서 $10{\sim}20$분간 염색을 한다.

(바) 장파장 자외선램프 위에서 젤을 두고 사진을 찍는다.

[주의할 점]

Acrylamide는 신경독 등이 있으므로 사용할 때 주의해야 한다.

[참　　고]

（가）일반적으로 4염기짝을 인식하는 제한효소로 절단한 DNA 단편은 5% 젤을 사용하여 분리하면 좋다. 이 경우 xylene cyanol의 영동이 약 220염기짝, bromephenol blue의 영동이 약 50염기짝 전후의 DNA 단편에 상당한다.

（나）위에서 설명한 이중사슬 DNA의 단편을 나누는 미변성 젤이 있고, 그 외에 알칼리 또는 formamide, urea를 사용하는 변성 젤이 있다.

4. Agarose 젤 또는 polyacrylamide 젤로부터 DNA 단편의 분리

4.1 Agarose 젤로부터 DNA 단편의 분리

Agarose로부터 DNA 단편을 회수하는 방법에는 전기영동 용출법, 젤분쇄법, 저융점 agarose를 사용하는 방법이 있다. 그중에서 가장 많이 사용하는 전기영동 용출법은 다음과 같다.

1) 투석튜브를 사용하는 전기영동 용출법

[시약 및 재료]

（가）전기영동용 완충액(E 완충액), TE 용액

（나）투석용 튜브(직경 $1\sim2\,cm$)

[장　　치]

전기영동장치 : 목적하는 DNA 단편이 있는 밴드를 절단한 젤을 넣고, 이 투석튜브를 담글 수 있는 전기영동 용기가 필요하다. 이를 위해서는 mini 젤용의 정기영동용기의 장치가 필요하다.

[실험방법]

（가）Agarose 젤의 전기영동법으로 목적하는 DNA 단편을 분리하는 방법은 slab식

또는 disk식으로 분리할 수 있으나, 직경 0.7~5.0 cm의 유리관을 사용하는 disk식으로 분리하는 것이 편리하다.

(나) 장파장 자외선램프로 형광을 나타내는 목적하는 DNA 단편을 포함한 젤 부분을 외과의사들이 사용하는 메스, 나이프로 잘라 모은다. 이 조작을 할 경우는 자외선에 의한 DNA의 손상을 피하기 위하여 자외선을 작은 범위만을 쪼이도록 한다. 그리고 DNase가 혼입하지 않도록 사용하는 모든 기구는 미리 가압증기살균 등으로 DNase를 실활시킨 것을 사용한다. 비닐로 만든 장갑 등을 착용하고 젤을 분리할 경우도 사란랩으로 싸 두는 것이 좋다.

(다) 절단한 목적하는 젤을 E 완충액에 잠길 정도로 하여 투석튜브에 넣는다.

(라) (다)의 투석튜브를 영동장치의 용기 중에 전류의 방향과 수직이 되도록 장치하여 전압을 가한다. 전압은 40~50 V가 적당하다. 투석튜브는 움직이지 않도록 한다. 젤로부터 DNA 단편이 용출되었는지를 장파장 자외선램프로 확인한다. 용출하는 데 필요한 시간은 DNA의 크기에 따라 다르지만 짧은 DNA는 수시간, 긴 DNA는 10시간 정도이다.

(마) 전극의 극성을 반대로 하여 전압을 가하고 2~3분간 방치한다. 이 조작에서 용출하여 튜브의 내면에 부착되어 있는 DNA 단편은 완충액 중에 유리된다.

(바) 투석튜브로부터 완충액만을 회수하고, phenol 추출을 2~3회 하고, 남아 있는 미세한 agarose 조각 등을 제거한 다음 에탄올침전을 하고, 적당한 양의 TE 용액에 녹여 다음의 실험에 사용한다. 회수한 액이 많을 경우는 2-butanol로 여러 번 탈수하고 적당한 양으로 농축한 다음, 이러한 조작을 하여도 좋다.

2) Slab식 수평 젤에 의한 전기영동 용출법

[시약과 장치]

전기영동용 완충액(E 완충액), TE 용액, Slab식 수평 젤 전기영동장치

[실험방법]

(가) 앞의 실험과 같이 전기영동을 한 다음, 목적하는 DNA 단편의 밴드가 완전하게

분리 되어 있는지를 확인한다.

(나) 목적하는 DNA 단편의 밴드의 진행방향에 회수용의 홈을 만든다. 회수하는 홈에는 E 완충액을 채운다.

(다) 다시 전기영동을 계속하고, 목적하는 DNA 단편이 회수용 홈으로 용출하기 시작하면 홈 속에 있는 완충액을 회수하고 새로운 완충액을 채운다. 이러한 조작을 여러 번 반복하여 목적하는 밴드가 없어진 것을 확인한다.

(라) 홈에서 회수한 완충액은 앞에서 설명한 실험방법과 같이 처리하여 앞으로의 실험에 사용한다.

4.2 Polyacrylamide 젤로부터 DNA 단편의 분리

이 경우도 agarose 젤과 같이 젤 분쇄법과 전기영동 용출법 등이 있다.

1) 젤 분쇄법

[시약과 기구]

(가) TE 용액

(나) 용출용 완충액 : 0.5 M ammonium acetate-1 mM EDTA-용액(pH 8.0로 조절한다.)

(다) 주사기 6 ml 정도

(라) 주사기용 필터 : 밀리포아필터(SHINNEX-GS pore size 0.22 μm)를 사용한다.

(마) glass wool

[실험방법]

(가) Agarose 젤에서 DNA 단편을 추출하는 방법과 같이, 목적하는 DNA 단편을 함유한 젤을 절단하여 모은다.

(나) 모인 젤을 다시 1 mm 정도의 크기로 절단한다.

(다) 절단한 젤과 용출용 완충액 3 ml를 밀폐할 수 있는 튜브에 넣고, 37℃에서 천천히 회전시키면서 하룻밤 둔다.

(라) Glass wool을 주사기에 넣고, 피스톤을 눌러 용액만을 압출한다.

(마) 다시 용출용 완충액 $3\,ml$를 넣고 피스톤을 장착한 상태로 하고, 파라필름으로 고정하여 10분간 가볍게 흔든 다음 (라)의 방법을 반복한다. 이때 너무 심하게 흔들면 DNA의 수율이 감소한다.

(바) 실험방법 (라), (마)에서 얻은 용출액을 합쳐서 필터를 통과시켜 미세한 polyacrylamide 젤의 조각을 제거한다.

(사) Phenol 추출, 에탄올침전을 하고, 적당한 양의 TE 용액에 용해하여 실험에 사용한다.

※ 미세한 acrylamide의 조각을 완전하게 제거할 수 없고, 에탄올침전의 양은 DNA 양과 반드시 비례하지 않는다.

2) 전기영동 용출법

[시약·기구·장치]

(가) 전기영동용 완충액(E 완충액)

(나) 용출용 완충액

(나) 투석용 튜브(지경 $1\sim2\,cm$)

(다) 필터

(라) glass wool

(마) 전기영동장치

[실험방법]

(가) 젤분쇄법과 같이 젤을 절단한 다음 $1\,mm$ 정도의 작은 조각으로 만든다.

(나) 적당한 양의 E 완충액과 같이 투석용 튜브에 넣고, $100\,V$로 수시간 통전하여 영동한다. DNA 단편이 용출된 것을 확인하는 방법은 장파장 자외선램프로 한다.

(다) 투석용 튜브 안에 있는 완충액과 젤을 glass wool을 채운 주사기로 옮기고 액만을 압출하여 모은다.

(라) 이후의 실험방법은 젤분쇄법과 같이 용출용 완충액으로 다시 용출한 다음 필터

로 여과하고 phenol 추출, 에탄올침전을 한 다음 실험에 사용한다.

[참　　고]

(가) 일반적으로 많이 사용하는 것은 전기영동 용출법과 젤분쇄법이지만 전자의 방법이 DNA의 수량이 많고 70~80% 정도 회수된다. 그 외에 DNA가 유리에 흡착하기 쉬운 성질을 이용한 방법도 있다.

(나) DNA 단편을 분리·회수하려면 전기영동의 젤로부터 회수하는 방법 외에 sucrose 농도구배 원심분리법, 염화세슘 평형밀도구배원심법, 젤여과법 등이 있으나, 이들의 방법은 분리가 불충분하여 제한효소로 처리한 다음에 목적하는 DNA단편만을 회수할 경우에는 이러한 방법을 사용하는 것은 적당하지 않다.

5. DNA ligase를 이용한 재조합 DNA를 만드는 방법

제한효소에는 접착말단(cohesive end)이 있는 DNA 단편을 만드는 것이 많다. 이 경우 이들의 효소에 의하여 얻어진 DNA 단편이 생물의 종류가 서로 다른 것으로부터 분리한 것이라 할지라도 효소의 종류가 같으면 수소결합짝을 만들고, 대장균 또는 T4 phage의 DNA ligase를 사용하면 시험관 안에서 공유결합을 시켜 재조합(recombinant) DNA를 만들 수 있다.

T4 DNA ligase는 평활말단(blunt end, flush end)을 가진 DNA 단편을 결합시킬 수 있는 활성을 가지고 있다. 그러나 평활말단을 만드는 효소의 종류가 다를지라도 제한효소로 분해되어 얻어지는 DNA 단편의 사이를 이 ligase로 결합시킬 수 있다. 그리고 접착말단을 만드는 제한효소로 만든 DNA 단편의 사이의 경우 효소의 종류가 다른 것으로 서로 상보성이 없는 1개 사슬 말단을 가지고 있다고 하여도, DNA polymerase 또는 S1 nuclease로 처리하여 DNA의 접착말단을 평활말단으로 바꾸어 이 효소로 결합시킬 수 있다. 그리고 시판되고 있는 여러 종류의 DNA ligase를 DNA 단편의 평활말단을 결합시킨 새로운 말단을 만드는 경우에도 사용할 수 있다. 그러나 평활말단을 결합시키는 반응은 접착말단을 결합하는 반응에 비교하여 K_m치가 100배 정도 높고 고

농도의 DNA를 필요로 한다(〉1 μM). 일반적으로 DNA를 클로닝(cloning)하는 목적에는 접착말단을 결합시켜 반응하는 것이 쉽고 성공률도 높다.

[시   약]

(가) T4 DNA ligase

(나) 10x DNA ligase 반응 완충액 : 1.10 mM ATP-660 mM Tris-HCl 완충액(pH 7.6)-66 mM MgCl₂-100 mM dithiothreitol-용액

(다) 제한효소로 절단한 DNA 단편

(라) 물로 포화한 phenol

(마) ethyl ether

(바) 에탄올

(사) 1.5 M sodium acetae 용액

(아) 효모 RNA 용액

[실험방법]

(가) 제한효소로 절단한 DNA 단편을 함유한 반응용액 30 μl에 물 70 μl와 tRNA 용액 10 μl을 넣은 다음 같은 용량의 물로 포화한 phenol을 넣고 잘 섞는다.

(나) Eppendorf 원심분리기에서 1~2분간 원심분리한다.

(다) 상층(물층)을 micropipette으로 취하고, 다른 Eppendorf 튜브로 옮긴다. 하층의 phenol층은 사용하지 않는다.

(라) Ehyl ether를 같은 용량 넣고 흔든 다음 정치한다. Ether층(상층)을 피펫으로 제거한다. 이러한 조작을 3회 반복한다.

(마) 1.5 M sodium acetate 용액 10 μl를 넣고, -20℃의 에탄올 300 μl를 다시 넣고, -70℃에 30분간 방치한다.

(바) Eppendorf 원심분리기로 5분간 원심분리하고, 침전물이 따라 나오지 않도록 상층액을 제거한다.

(사) 침전물에 에탄올을 넣고 주의하면서 씻은 다음 다시 원심분리한다. 에탄올을 잘

제거한다. 최후에는 micropipette을 사용하는 것이 좋다.

(아) 아래와 같은 조건으로 ligase 반응을 한다.

- DNA 단편(vector를 포함)
- 10x ligase 반응완충액 1/10 용량
- T4 DNA ligase 0.1 $unit$

4℃에서 2시간 이상 반응시킨다. 반응 용액은 50~100 μl가 적당하다. DNA 양의 설정은 다음에 설명한다.

(자) Agarose 젤 전기영동법으로 반응을 관찰한다. 즉 반응의 일부 5~10 μl와 대조구로서 반응 전의 DNA 용액을 동시에 전기영동한다. Ligase 반응이 진행되면 원래의 밴드가 연하게 나타나고, 보다 큰 DNA의 밴드가 수개 보이게 된다.

(차) Phenol 처리, 에탄올처리를 한 다음, TE 용액 1l로 투석하거나 또는 에탄올침전을 한다.

[주의할 점]

클로닝의 효율을 좋게 하려면 vector 자신의 재결합을 방지하도록 해야 한다. 그 방법은 다음과 같이 고안되고 있다. 특히 적당한 선택 마커를 가지고 있지 않은 DNA 단편을 클로닝할 경우는 vector의 마커로 선택하므로, 재결합을 한 plasmid가 많으면 백그라운드가 높아지므로 이러한 방법을 사용하는 것이 바람직하다.

(가) Alkaline phosphatase 처리법

- 제한효소로 절단한 vector DNA 250 μg 정도
- Alkaline phosphatase(보기 : Worthington 회사 제품 BAP-F 4 $unit$)

  37℃에서 30분간 반응시킨다. 반응을 정지하기 위해 phenol 처리를 3회 반복한다.

(나) 두 종류의 다른 제한효소로 vector를 절단하면, 동일 분자 내에서 재결합이 일어나지 않는다. 이 경우 삽입된 DNA 단편의 방향성은 한 방향으로 된다.

[참   고]

접착말단 DNA를 사용한 ligase의 반응은, 2개의 서로 독립한 변수 i 및 j의 비 j/i에

의존한다는 것이 알려져 있다. i는 반응액 중의 접착말단의 농도를 나타내는 변수이고, j는 DNA 단편의 길이의 3/2승에 반비례하는 변수이다. 일반적으로 DNA 단편이 작을수록 j가 커진다. 그리고 DNA의 농도가 낮을수록 j는 적어진다. 동일 분자 내에서 재결합이 발생하기 쉽고 환상의 단량체가 되기 쉽다고 생각되고 있다. 즉 $j/i>2$의 조건하에서 주로 단량체가 생기기 시작하기 때문에, 클로닝할 경우는 $j/i<2$가 되는 DNA 농도를 설정할 필요가 있다.

$$j/i = \frac{51.1}{(DNA)(M_r)1/2} \qquad (DNA) : g/l,\ M_r : 달톤$$

[실험결과]

(가) 접착말단을 사용한 ligase의 보기

- *Bam*HI-*Eco*RI DNA 단편 2.3×10^6 달톤 $1\,\mu g$
- pBR322(*Bam*HI-*Eco*RI 단편) 2.6×10^6 달톤 $1\,\mu g$

반응액 $50\,\mu l$ 중에서 4℃, 16시간 반응하고, j/i 값은 각각 1.68, 1.65이다. DNA 단편과 vector DNA와의 비는 1 : 1 정도이다. Phenol 처리 및 에탄올침전을 한 다음 Ca^{2+} 처리 대장균 K-12주에 DNA를 도입한 결과, DNA $1\,\mu g$당 10^5개의 형질전환균을 얻을 수 있다. Ap^r, Tc^s균의 80% 이상은 재조합체를 가지고 있었고 vector의 2량체가 다른 형질전환균에 포함되어 있었다.

(나) 평활말단을 사용한 ligase 반응의 보기

- Kanamycin(K_m) 내성 유전자를 가진 *Alu* DNA 단편(1.232 *bp*) $1\,\mu g$
- pAO3(ColEI의 1/4 정도의 plasmid) : *Eco*RI로 절단한 다음 접착말단을 DNA polymerase에 의하여 평활말단으로 변화시킨 것(1.673 *bp*) $1\,\mu g$

반응액 $30\,\mu l$ 중에서 4℃, 16시간 반응시킨다. 전체의 DNA를 사용하여 80개의 $K_m{}^r$ 형질전환균을 얻었으나, DNA의 농도가 높았으므로 50%는 oligomer(1분자의 vector에 대해서 복수의 K_m 내성 유전자를 가지고 있는 단편이 결합한 것)이고, 다른 50%는 2량체(vector와 K_m 내성 유전자를 가진 단편이 1 : 1로 결합한 것)이었다.

그리고 이 실험에서는 DNA polymerase에 의하여 vector DNA의 *Eco*RI 절단부위를 2중사슬구조로 하고, 그곳에 K_m 내성 유전자를 가진 단편의 *Alu*I 절단부위를 ligase로 결합하는 것이므로, 재조합체에서는 *Eco*RI 절단부위가 2곳을 재구성하고 있고, 만일 그것에 *Eco*RI를 작용시키면 vector DNA와 K_m 내성 유전자를 가진 단편으로 분리될 것이다. 그와 같은 완전한 재조합체 DNA는 2량체가 20% 정도이었다.

6. 형질전환

Mendel과 Higa가 대장균에서 형질전환하는 방법을 1970년도에 확립시킨 것이 재조합 DNA 실험의 기초가 되었다. 즉 대장균을 Ca 이온의 존재하에 두게 되면 competent cell이라고 부르는 상태가 된다. 이러한 상태의 대장균과 λ phage DNA를 혼합해 두면 phage DNA가 대장균의 안으로 도입되는 것이 나타나고 있다. 그 후 재조합체 DNA 연구가 발전되면서 이 형질전환의 방법도 여러 면으로 개량되었으나, 여기에서는 주로 두 가지 방법에 관해 설명한다.

6.1 루비듐법

[시약과 재료]

(가) plasmid DNA

(나) 콜로니를 단리한 대장균

(다) LB 배지

(라) Z 배지 : 물 100 ml에 nutrient broth 1.6 g, peptone 1.0 g, glucose 0.2 g을 함유하고, pH 7.5로 조절한다.

(마) 루비듐 용액 1 : 100 mM MOPS(morpholinopropane sulfonic acid, pH 7.0)-10 mM rubidium chloride-용액

(바) 루비듐 용액 2 : 100 mM MOPS(pH 6.5)-50 mM CaCl$_2$-10 M rubidium chloride-용액

(아) 선택용 한천배지

[실험방법]

(가) 단일 콜로니로부터 균을 LB 배지에 증식시킨다. 배지 $10\,ml$당 콜로니 1개를 분리하고 5×10^7세포$/ml$(20 Klett units)까지 증식시킨다.

(나) 배양한 액을 원심분리기로 4℃, $8,000\,rpm$에서 5분간 원심분리한 다음, 상등액을 빨리 버린다. 균을 1/2 용량($5\,ml$)의 루비듐 용액 1에 현탁한다.

(다) 원심분리기로 4℃, $8,000\,rpm$에서 원심분리하고 상등액을 제거한 다음, 균을 1/2 용량($5\,ml$)의 루비듐 용액 2에 빨리 현탁한 후, 얼음물에 30분간 방치한다.

(라) 원심분리기를 사용하여 4℃, $8,000\,rpm$에서 5분간 원심분리하고 상등액을 제거한 다음, 균을 1/10 용량($1\,ml$)의 루비듐용액 2에 현탁한다.

(마) Ca로 처리한 균 $0.2\,ml$를 미리 얼음에서 냉각하여 둔 작은 시험관에 옮기고 plasmid DNA를 넣는다. DNA 용액은 $10\,\mu$g 이하가 되도록 하여 진하게 하여 둔다. 만일 이것보다 많은 양을 넣을 필요가 있을 경우는 DNA를 $10\,mM$ MOPS(pH 7.0)에 용해한다.

(바) 얼음물에 30분간 방치한 다음, 43.5℃에서 30초간 처리한다.

(사) Z 배지를, Ca을 처리한 균의 10배 용량($2\,ml$)을 넣고, 37℃에서 60분간 반응시킨다.

(아) 적당한 선택용 한천평판배지에 접종하여 목적하는 균주를 분리한다.

[주의할 점]

(가) 루비듐용액을 준비하려면 0.5 M CaCl₂, 0.1 M rubidium chloride, 1 M MOPS(pH 6.5)의 보존용액을 각각 만들어 놓고, 사용하기 전에 희석, 혼합하면 편리하다.

(나) Ca로 처리한 다음에 균의 온도를 높이지 않도록 주의한다. 사용하는 용액도 미리 얼음에 냉각한다.

(다) Ca으로 처리한 균은, 가능한 빨리 취급한다. Vortex mixer는 사용하지 않는다.

(라) 균을 한천평판배지에 도말 접종할 경우, 한 장의 페트리접시(직경 $9\,cm$)당

$0.2\,ml$가 한도이다. 균체를 상층 한천(0.8%)과 같이 도주 접종하는 방법도 있다. 약제로 선택할 경우는 상층 한천도 약제를 적당한 양 함유하게 한다. 여기에서는 상층 한천을 44℃ 이상 올려서는 안 된다.

(마) Vector plasmid로서 pBR322를 사용할 경우, 한천평판배지에 ampicillin $50\,\mu g/ml$, tetracycline $10\,\mu g/ml$의 농도가 되도록 넣는다.

6.2 낮은 pH법

[시약과 재료]

(가) plasmid DNA

(나) 콜로니로부터 분리한 대장균

(다) LB 배지

(라) 용액 1 : $10\,mM$ NaCl-$50\,mM$ 염화망간-$10\,mM$ sodium acetate(pH 5.6)-용액

(마) 용액 2 : $25\,mM$ CaCl$_2$-$125\,mM$ 염화망간-$10\,mM$ sodium acetate(pH 5.6)-용액

(바) $2\,M$ Tris-HCl 완충액(pH 7.4)

(사) 선택용 한천평판배지

[실험방법]

(가) 단일 콜로니로부터 균을 $10\,ml$의 LB 배지에 넣고 37℃에서 배양한다. 균의 농도가 1×10^8세포$/ml$(30 Klett units 정도)가 되면 냉각한다.

(나) 원심분리기를 사용하여 4℃, $8{,}000\,rpm$에서 5분간 원심분리하여 균체를 모으고, $5\,ml$의 용액 1에 현탁한다.

(다) 현탁한 균체를 4℃, $8{,}000\,rpm$에서 5분간 원심분리하여 균체를 모으고, $0.2\,ml$의 용액 2에 현탁한다.

(라) plasmid DNA($0.1\,\mu$g 이하)를 넣는다.

(마) 얼음물에 30분간 방치한 다음 37℃에서 2분간 반응시킨다.

(바) $2\,M$ Tris-HCl 완충액(pH 7.4) $3\,\mu l$를 넣고 pH를 중성으로 한다.

(사) LB 배지 $2\,ml$를 넣고, 37℃에서 30분간 배양한다.

(아) 선택용 한천평판배지에 0.1 ml를 접종하여 37℃에서 하룻밤 배양하여 목적하는
균을 분리한다.

[주의할 점]

(가) 용액 1과 용액 2는 1 M NaCl, 1 M 염화망간, 1 M CaCl₂, 0.1 M sodium
acetate 완충액(pH 5.6)의 보존용액을 각각 만들어 멸균하여 두고 사용할 때 혼합하여
사용한다. 혼합하여 멸균하면 불용성의 침전물이 생긴다.

(나) 그 외의 실험 방법은 실험 6.1의 주의할 점을 참고한다.

[참　　고]

(가) 여기에서 설명한 실험 6.1의 루비듐법은 Kushner 등이 Col E1 유도 plasmid를
사용하여 개량한 방법이다. 실험 6.2의 낮은 pH 방법은 Curties 등에 의하여 χ1776의
형질전환으로 개발된 방법이다. χ1776을 사용하는 경우는 배지에 디아미노피메르산
(DAP)을 10 $\mu g/ml$, thymidine을 10 $\mu g/ml$가 되도록 넣는다.

(나) Competent cell의 형성은 Ca 이온에 의한다.

(다) Competent cell은 glycerol과 같이 동결보존이 가능하다. 그렇게 하기 위해서는
Ca으로 처리한 다음 copetent cell을 10~20% glycerol-루비듐-용액-2(실험 6.2에서는
용액 2, 어느 것이든 Ca을 함유하고 있다)에 현탁한다. 그 후 액체질소 등을 사용하여
신속하게 동결하고 -70℃에 보관한다. 형질전환시킬 때는 먼저 얼음물 속에서 해동하
고, 미량의 루비듐용액 2(실험 6.2에서는 용액 2)를 넣고 DNA 시료를 넣는 이하의 조
작을 행한다.

(라) 직선상 DNA의 존재는 형질전환의 효율을 저해한다.

[실험결과]

대장균 χ1776에, plasmid DNA로서 pBR322를 사용하여 형질전환을 한 각각의 실
험의 효율(콜로니수/ μgDNA)은 실험 6.1에서는 0.1 ~ 1.0 × 10^7이고, 실험 6.2에서는
0.5 ~ 1 × 10^7이다.

7. 콜로니 hybridization

목적하는 유전자 또는 DNA 단편을 가진 형질전환균을 선택하려면 콜로니 혼성화(colony hybridization)는 유효한 방법이다. 이 방법은 Grunstein과 Hogness가 개발한 방법이 기본으로 되어 있으나, 여기에서는 보다 간편하게 된 방법을 설명한다. 탐침(probe)으로서는 DNA, RNA를 어느 것이나 사용할 수 있다.

[시약과 재료]

(가) LB 배지

(나) 여지 9 cm(Whatman No. 3)

(다) 이쑤시개 : 가압증기살균한다.

(라) Nitrocellulose filter : 페트리접시의 크기(직경 8.2~8.4 cm)에 맞게 자르고, 연필로 5 mm 사방으로 표시하여 가압증기살균하여 둔다.

(마) 0.5 N-NaOH 용액

(바) 1 M Tris-HCl 완충액(pH 7.4)

(사) 1.5 M NaCl-0.5 M Tris-HCl 완충액(pH 7.4)-용액

(아) 4xSSC

(자) 에탄올(70% 및 100%)

(차) 라벨한 탐침

(카) 핀셋

(타) Buchner 여두

(파) 흡인병

(하) 아스피레이터

7.1 Filter의 작성

(가) LB 배지 위에 nitrocellulose 필터를 놓는다. 이와 같이 필터를 덮은 한천 페트리접시 3매를 한 조로 한다.

(나) 미리 페트리접시 위에 자란 균의 콜로니로부터 일부의 균체를 이쑤시개를 사용하여 3매의 필터(연필로 표시한 곳에)의 같은 위치에 접종한다.

(다) 표를 하여 필터의 상하의 번호를 알 수 있도록 한다.

(라) 37℃에서 하룻밤 배양한다.

(마) 필터를 올려놓은 3매 1조의 페트리접시 중에서 1매는 마스터 페트리접시로 보관한다. 다른 2매의 페트리접시로부터 필터를 분리하여 아래의 실험을 한다.

(바) 0.5 N-NaOH 용액에 10분간 담근다.

(사) 1 M Tris-HCl 완충액(pH 7.4)에 5분간 담근다. 3회 반복한다.

(아) 1.5 M NaCl-0.5 M Tris-HCl 완충액(pH 7.4)에 5분간 담근다. (바)~(아)의 처리는 $5\,ml$ 정도의 용액을 No. 3 여지에 흡착시켜, 그 위에 필터를 올려놓는다.

(자) Buchner 여두 위에 No. 3 여지를 놓고, 여기에 2xSSC를 놓고 그 위에 필터를 놓는다.

(치) 아스피래이터로 강하게 빨아들인다. 콜로니가 건조할 때까지 수시간이 필요하다.

(카) 70% 에탄올, 다음에 100% 에탄올 $10~15\,ml$를 부어 필터를 세척한다.

(타) 필터를 여지에 끼워 실온에서 건조한다. 건조하는 데 1시간 정도 필요하다.

(파) 70℃에서 3시간~하룻밤 건조한다.

7.2 Hybridization

여기에서는 RNA를 탐침으로 사용한 것을 설명한다.

(가) 6xSSC, $10\,mM$ sodium phosphate(pH 7.0)와 ^{32}P로 표지한 탐침을 함유한 혼합액($3\,ml$/필터)을 직경 $9\,cm$의 페트리접시에 넣고, 이 용액 중에 필터를 담근다.

(나) 페트리접시를 물로 적신 페이퍼타올과 같이 플라스틱의 주머니에 넣어 sealing한다. 바깥쪽으로도 한 장으로 실링한다.

(다) 65~70℃에서 하룻밤 방치한다.

(라) 필터를 4xSSC로 15분간 1회, 다음에 2xSSC로 15분간 3회 세척한다. 어느 경우에도 실온에서 한다.

(마) 필터를 실온에서 건조한 다음, 가압증기살균한다.

(바) 강한 신호가 있는 것을 찾아낸다.

（가） Nitrocellulose 필터는 Schleicher와 Schuel사 BA85, 또는 Sartorius사, Millipore사의 제품이 좋다. 미리 그리드(grid)가 붙은 millipore HAWG 등도 시판되고 있다.

（나） Whatman 540 여지로도 할 수 있다. 이 경우 균의 형질전환, 변성, 중화처리의 방법이 약간 다르므로 Beckman 등의 문헌을 참고한다.

（다） 콜로니를 필터에 옮기는데, replica법으로 하여도 좋다. 콜로니의 수가 많을 경우는 편리하다.

（라） ColE1계의 vector를 사용할 경우는 필터 위에 콜로니를 형성시킨 다음, chloramphenicol($170\,\mu g/ml$)를 함유한 plate상에 필터를 옮기고, 다시 12시간 정도 배양하여 plasmid를 증폭시키는 방법도 있다.

（마） 에탄올로 세척한 다음, 필터가 수축하여 주름이 생기는 경우가 있다.

（바） 가한 탐침의 counter의 강도는 일반적으로 $10^6 \sim 10^7\,cpm/\mu g$ RNA 것을 필터당 $10^5\,cpm$, 또는 $\sim 10^7\,cpm/\mu g$ DNA의 것을 필터당 $1 \sim 5 \times 10^5$ 정도를 사용한다.

（사） DNA를 탐침으로 하였을 경우의 혼성화는 Southern transfer를 참고한다.

[결   과]

（가） 그림 10-18은 진성점균의 26S rRNA의 유전자를 가진 콜로니를, poly nucleotide kinase에 의하여 5′-말단을 ^{32}P로 표지한 26S rRNA를 탐침으로 하여 조사한 결과이다. 필터의 상부 1/3 정도를 사용한 것이다. 26S rRNA 유전자의 copy수의 차이에 따라 강한 신호를 나타내는 것과 약간 강한 신호를 나타내는 콜로니가 있다. 음성의 콜로니는 희미하게 보인다.

（나） 호알칼리성 *Bacillus* sp. YJ451 chromosome DNA와 pYTR452 DNA를 *Hind*Ⅲ로 각각 절단하여 ethidium bromide로 염색한 다음 전기영동하고, 동시에 Southern hybridization한 결과를 그림 10-19에 나타냈다.

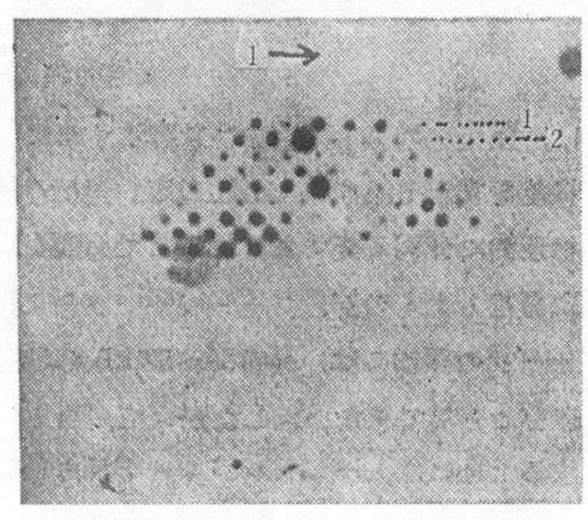

그림 10-18. 진성점균의 26S rRNA 유전자의 콜로니 hybridization

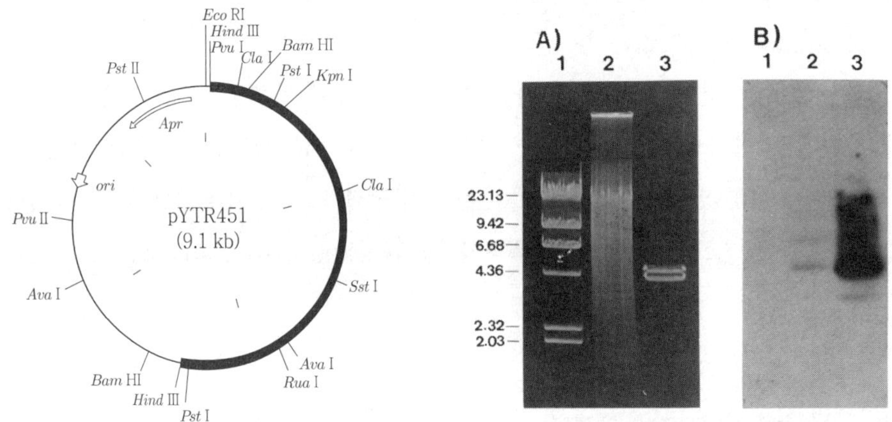

A) : ethidium bromide로 염색한 젤, B) : Southern hybridization autoradiogram

1 : λ DNA를 *Hin*dⅢ로 절단한 마커, 2 : *Bacillus* sp. YJ451 DNA를 *Hin*dⅢ로 절단한 것,

3 : 재조합 DNA pYTR451를 *Hin*dⅢ로 절단한 것

그림 10-19. 호알칼리성 *Bacillus* sp. YJ451 chromosome DNA로부터 분리한
세포벽 용해효소의 유전자 재조합 DNA pYTR451의 Southern hybridization

8. Southern 블로팅

Southern 블로팅은 목적하는 유전자를 특이하게 검출하는 방법으로 일반적으로 많
이 사용하고 있다. 그 원리는 다음과 같다. 제한효소로 절단한 DNA 단편을 agarose 젤

전기영동을 하고, 이 DNA 단편을 젤로부터 nitrocellulose 필터에 옮긴다. 한편 목적하는 유전자에 대응하는 DNA(또는 RNA)를 방사성 동위원소로 표지하여 블로팅한다. 이 탐침은 그 자신과 상보적인 DNA 염기배열을 가진 nitrocellulose 필터상의 DNA 단편과 혼성체를 형성한다. 혼성체를 형성한 DNA 단편은 필터를 사진에 감광시킴으로써 검은 밴드가 나타난다.

8.1 DNA 단편을 필터로 옮기기

[시약과 재료]

(가) 절단한 DNA 단편을 함유한 시료 1~2 μg

(나) 1~2%의 agarose 젤 : agarose는 Sigma사 제품 type Ⅱ를 사용한다. 미리 ethidium bromide를 넣어 0.5 μg/ml를 함유되게 한다.

(다) 수평 젤 전기영동장치

(라) 전기영동 마커 색소액 : 50% glycerol-0.05% bromephenol blue-0.05% xylene cyanol 용액

(마) 0.25 M HCl 용액

(바) 0.25 M NaOH-0.6 M NaCl-용액

(사) 여지(Whatman 3 MM 여지)

(아) x6 SSC 용액, x2 SSC 용액

(자) nitrocellulose 필터(Shleicher & Schuell사 제품)

(차) 20×30×1 cm의 용기, 20×30 cm의 유리판 1장

(카) 페이퍼타올, 증류수, 파라필름

(파) 진공펌프, 항온기(65~70℃)

(하) 1 kg 정도의 서적

[실험방법]

(가) 제한효소로 절단한 DNA 시료에 전기영동용 마커 색소용액을 넣고, agarose 젤 상에 있는 시료를 넣는 홈에 넣는다. 전기영동하는 전압은 100~150 V로 한다. 가끔 휴

대용 자외선램프를 사용하여 영동되는 상태를 관찰하고, DNA 밴드가 겹치지 않은 것을 확인하고, 적당 시점에서 전기영동을 중단한다. 이때 DNA 단편의 크기를 추정할 수 있도록 하기 위하여 이미 크기 알고 있는 DNA 단편을 동시에 병행하여 전기한다.

(나) 젤을 분리하여 장파장 자외선램프의 밑에서 사진을 촬영하여 둔다.

(다) 분리한 젤을 용기 속에 넣고, 다음의 조작은 모두 같은 용기 안에서 한다. 0.25 M HCl 용액 250 ml를 넣고, 실온에서 15분간 두고 가끔 흔들어 준다.

(라) 젤을 증류수로 2회 씻는다.

(마) 0.2 M NaOH-0.6 M NaCl-용액 250 ml를 넣고 실온에서 20분간 둔다(알칼리 변성). 이 조작을 한 번 더 반복한다.

(바) 젤을 증류수로 2회 세척한다.

(사) 0.2 M Tris-HCl 완충액(pH 7.4)-0.6 M NaCl 용액 250 ml 정도를 넣고, 실온에서 20분간 두어 중화한다. 이 조작을 다시 한 번 반복한다.

(아) 그림 10-20과 같이 용기 속에 x6 SSC 용액을 넣고, 같은 용액에 흡착시킨 2매의 Whatman 3 MM 여지를 유리판에 올려놓고, 그 양 끝은 x6 SSC 용액에 잠기도록 둔다. 이때 여지와 유리판의 사이에 기포가 들어가지 않도록 한다.

(자) 변성, 중화한 젤을 깨지지 않도록 여지 위에 놓고, 젤과 여지의 사이에 기포가 들어가지 않도록 주의한다.

(차) 그 젤상에 x6 SSC 용액에 담가 둔 nitrocellulose 필터(다음부터는 필터로 약한다)는 젤보다 다소 넓게 잘라 그 위쪽이 젤의 위쪽과 일치하도록 놓는다.

(카) 젤이 올려 있지 않은 여지의 부분의 표면을 파라필름 또는 사란랩으로 덮는다.

(타) 필터보다 약간 넓게 절단한 Whatman 3 MM 여지를 4매 필터의 위에 놓는다.

(파) 다시 페이퍼타올 15매 정도를 올려놓고, 그 위에 20×30 cm 유리판을 놓고, 1시간 방치하여 젤 중에 있는 수분을 탈수한다.

(하) 페이퍼타올을 건조된 것으로 바꾸고, 유리판 위에 1~2 kg의 하중을 가진 서적을 놓은 상태에서 4시간 방치한다.

(가′) 페이퍼타올과 여지를 빼내고 필터의 상하·좌우를 알 수 있도록 볼펜으로 마크를 하거나, 오른쪽 모퉁이를 자른다.

(나′) 주의하면서 필터를 젤로부터 분리한다.

(다′) 젤은 0.5 $\mu g/ml$의 ethdium bromide가 들어 있는 완충액에서 10~15분간 염색하여, DNA의 이동을 확인한다.

(라′) 필터에 남아 있는 agarose의 입자는 백그라운드의 원인이 되므로, x2 SSC 중에서 잘 제거한다.

(마′) 킴와이프 또는 여지 등으로 필터의 수분을 잘 제거하고, 20분간 바람으로 건조한다.

(바′) 80℃의 진공펌프 또는 항온기 속에서 2시간 방치하고 DNA를 필터에 고정한다. 또한 70℃에서 4~6시간 방치하여도 좋다.

(a) *Eco*RI으로 절단한 R6-5 DNA의
전기영동

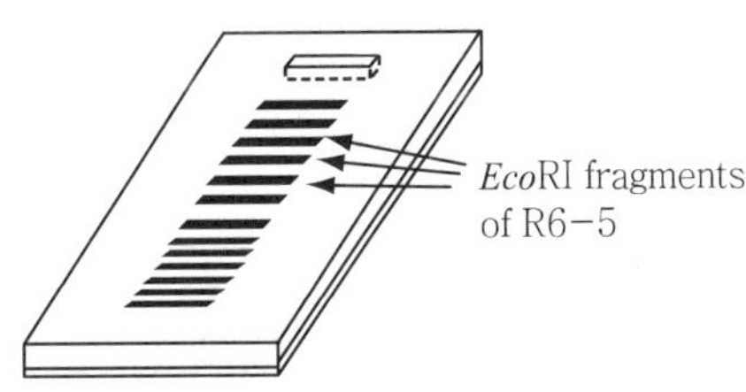

(b) Southern transfer

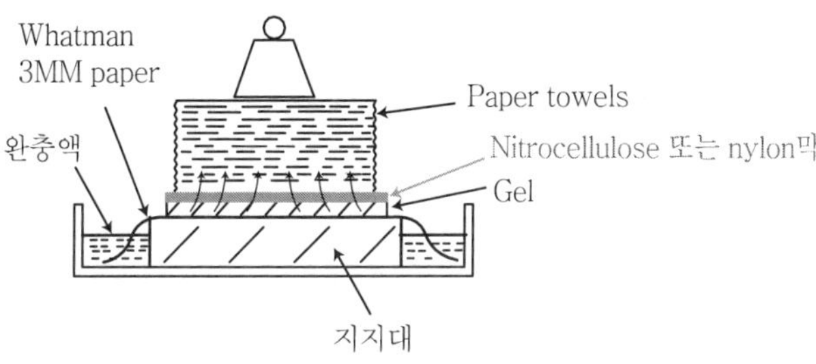

(c) 혼성화 탐침결과

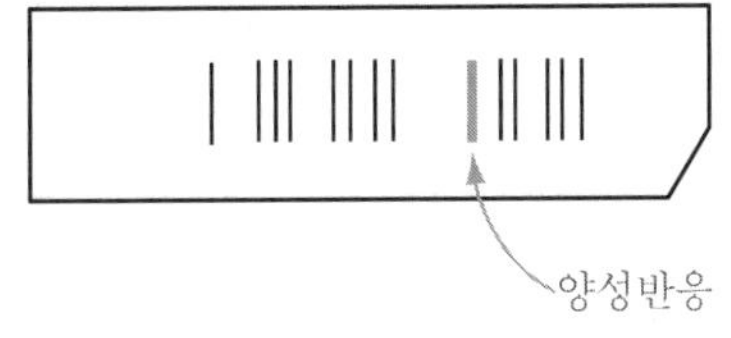

그림 10-20. Southern 블로팅법으로 DNA 단편을 nitrocellulose 필터로 옮기기

[참　　고]

(가) Agarose 젤로부터 DNA 단편을 필터로 이동하려면 DNA를 변성을 한 다음 단일사슬의 상태에서 한다. 그 이동효율은 분자량에 반비례한다. 0.1~0.5 N HCl 용액에서 DNA를 처리하면, 1.0~1.5 kb 간격으로 니크(nick)가 발생하므로 20 kb 이상으로 큰 DNA 분자에서도 이동효율이 높아진다.

(나) 염의 농도가 DNA의 이동을 좌우하고, SSC 농도가 높아지면 nitrocelllulose 필터로 DNA의 이동도 좋아진다. 그러나 고농도의 SSC 용액을 사용하지 않아도 실용적으로는 x6 SSC 용액으로 충분하다.

8.2 Hybridization

1) RNA 탐침을 사용하는 경우

[시약과 재료]

(가) Hybridization 용액 : x4 SSC-10 mM potasium phosphate 완충액(pH 7.0)-용액에 ^{32}P로 표식한 RNA를 넣고, 1×18 cm의 필터당 용량이 2~3 ml, 방사능이 1×10^5 cpm이 되도록 한다.

(나) x6 SSC-10 mM potassium phosphat 완충액(pH 7.0)-용액

(다) RNase A 용액: 20 $\mu g/ml$가 되도록 x2 SSC 용액에 녹인다.

(라) x2 SSC 용액

(마) 비닐주머니, 폴리실러

[실험방법]

(가) 비닐주머니 속에 필터를 넣는다.

(나) Hybridization 용액을 넣고, 비닐주머니 안에 공기가 남지 않도록 손으로 밀어낸다. 안에 있는 용액을 흘리지 않도록 공기를 빼낸 다음 폴리실러를 사용하여 입구를 봉한다.

(다) 필터에 용액이 잘 침투하도록 비닐주머니를 천천히 흔든다.

(라) 완전하게 흡수시킨 다음, 65~70℃의 항온기에 넣고 12~15시간 hybridization한다.

(마) 비닐주머니의 일부를 절단하여 안에 있는 용액을 제거하고, 그 절단한 입구로부터 x6 SSC-10 mM potassium phoshate 완충액(pH 7.0)-용액을 넣고, 70℃에서 30분간 씻는다. 이 조작을 2회 반복한다.

(바) 실온에서 RNase로 30분간 처리한다.

(사) 최후로 x2 SSC 용액에서 씻고, 이 단계에서는 비닐주머니 안에서 조작한다. 다음에 비닐주머니를 절단하여 열고, 필터를 꺼내고, 여지 위에서 실온으로 건조를 한 다음 autoradiography를 한다.

2) DNA를 탐침으로 사용할 경우

[시약과 재료]

(가) Prehybridization 완충액 : x6 SSC-0.02% polyvinylpyrrolidone(PVP, 3,600~40,000달톤)-0.02% 소혈정 알부민(BSA)-0.02% 피코올(40,000달톤, Pharmacia)-용액(다른 3자를 혼합하여 가압증기살균하고, 온도가 낮아진 다음에 BSA를 넣는다.)

(나) 연어 정자 DNA 용액(100 mg/ml) : 100℃에서 5분간 가열하여 변성시킨다.

(다) Hybridization 완충액 : Prehybridization 완충액에 SDS를 넣어 0.5%가 되도록 한다.

(라) ^{32}P로 표지한 탐침 DNA

(마) 비닐주머니, 폴리실러

(바) x6 SSC 용액, x2 SSC 용액

[실험방법]

(가) 비닐주머니 속에 필터를 넣는다.

(나) Prehybridization 완충액 20~40 ml를 넣고, 다시 20 $\mu g/ml$가 되도록 열처리한 연어 정자 DNA를 넣는다. 비닐주머니의 입구를 폴리실러로 봉한 다음 용액을 필터에 침투시키고, 65~70℃의 황온기 안에서 2~4시간의 prehybridizaton을 한다.

(다) 비닐주머니의 일부를 잘라 용액을 버린 다음, hybridization 완충액에 50 $\mu g/ml$

가 되도록 열처리한 연어 정자 DNA를 넣고, 다시 ^{32}P로 표지한 탐침의 DNA를 열처리한 다음 넣는다. 비닐주머니를 봉하고 65~70℃에서 12~15시간 hybridization을 한다.

(라) 비닐주머니의 일부를 절단하여 안에 있는 용액을 버린 다음, 탐침이 들어 있지 않은 hybridization 완충액 20 ml 정도를 넣고 필터를 잘 씻는다. 2~3회 반복한다.

(마) 안에 있는 용액을 버리고 x6 SSC 용액을 넣고, 입구를 봉한 다음 65~70℃에서 30분간 씻는다.

(바) 비닐주머니의 일부를 절단하여 안에 있는 용액을 버리고 x2 SSC 용액을 넣고, 입구를 봉한 다음 65~70℃에서 30~60분간 씻는다. 이것을 2~3회 반복한다.

(사) 비닐주머니 안에 있는 용액을 버리고 필터를 꺼내서 실온에서 건조한 다음, autoradiography를 한다.

[참   고]

(가) Hybridization하는 조건으로서, SSC의 농도를 높이면 필터에서의 DNA의 잔존농도는 높아지고, 반응의 최적온도는 70℃이며, 보다 저온에서는 반응이 늦어지고, 80~90℃에서도 점점 낮아진다. 염의 농도와 반응온도의 조건은 실험의 목적에 따라 변회시킬 필요가 있다. 일반적으로 x2~6 SSC 용액, 65~70℃의 조건을 많이 사용한다.

(나) 용액을 넣을 때, 꺼낼 때는 비닐장갑을 끼고, 방사능오염이 되지 않도록 한다.

(다) 탐침으로서 RNA를 사용할 경우에 RNA의 처리는 생략하여도 나쁜 결과가 되지 않는다.

(라) 탐침을 DNA를 사용할 경우, 단일사슬 DNA는 원래부터 필터에 흡착하는 성질이 없으므로 전처리가 필요하다.

9. Autoradiography

재조합 DNA 실험에서는 제한효소의 절단지도의 작성, 혼성체의 형성, 핵산염기배열 결정 등을 ^{32}P로 표지한 nucleotide를 사용하여 해석하는 데 사용한다.

[시약과 재료]

(가) ^{32}P로 표지된 시료 : 젤 또는 필터

(나) X선 필름카세트, 빛을 차단한 상자

(다) 증감지

(라) X선 필름(Fuji RX)

(마) 냉동고(-70~-80℃)

(바) 현상액(Fuji RENDOL), 고정액(Fuji RENFIX)

(사) 마커 : 잉크 등의 색소에 시료의 방사능과 같은 정도가 되도록 ^{32}P를 혼합한 것을 사용한다.

[실험방법]

(가) 증감지와 카세트의 방사능의 오염을 방지하기 위하여 사란랩으로 시료를 싼다.

(나) 마커로 직경 1~2 mm의 spot을 여지편에 만들고, 시료상에 방해가 되지 않는 장소에 셀로테이프를 사용하여 그것을 고정하고, 마커의 위치관계를 확실하게 하여 둔다.

(다) 사란랩으로 싼 시료를 X선 필름카세트에 넣는다.

(라) 증감지를 카세트의 뚜껑에 붙인다.

(마) 암실에서 Fuji RX 필름을 카세트 안에 있는 시료의 위에 놓는다. 필름은 사용하기 직전에 램프로 1/1,000초간 전노출한다. 빛의 강도는 필름의 흡광도 OD_{540}에 대하여 0.1~0.15가 되도록 세트하여 둔다.

(바) 필름카세트를 닫고, 잠근다.

(사) -70℃의 냉동고에 넣고, 수시간으로부터 수일간 노출한다.

(아) 암실에서 필름카세트를 열고, 필름을 빼낸다.

(자) 현상액에 5분 정도 담근다.

(차) 고정액에 담근다. 적색램프 아래서 투명하게 될 때까지의 2배의 시간을 둔다.

(카) 필름을 물로 세척하고, 실온에서 건조한다.

[주의할 점]

(가) 시료가 두꺼워 카세트에 들어가지 않을 경우는 빛을 차단한 상자를 사용한다.

(나) 증감지를 사용하거나, 램프로 전노출하거나, 또는 냉동고 안에서 노출하는 것은 X선 필름을 보다 증감하기 위해서이다. 그러나 ^{32}P의 방사능이 매우 높을 경우는 X선 필름과 사란랩으로 덮은 시료를 밀착만 하여도 좋다.

[참　　고]

실제로 autoradiopgraphy를 할 경우는 시료상의 ^{32}P의 방사능을 계측하고 경험적으로 증감조작을 하는 경우가 많다. 증감지, 적색광에 의한 전노출 또는 -78℃의 온도조건 등의 3자를 병용하면, 시료와 필름을 밀착시킨 것만의 경우와 비교하여 10배 정도의 효과를 기대할 수 있다.

|참고문헌|

식품공학시험 Ⅰ, Ⅱ : 유주현 등, 탐구당

유전공학입문 : 유주현, 대한교과서주식회사

유전공학매뉴얼 : 타카기, 코단샤사이언스틱

미생물 유전학실험 : 주현규 등, 문운당

바이오테크놀로지의 기초실험 : 스스기 등, 산쿄출판

바이테크놀로지실험조작입문 : 코단샤사이언스틱

발효공학실험서 : 대판대학공학부 발효공학과

식품미생물학실험서 : 유태종 등, 보성문화사

식품의 위생미생물검사 : 사카이 등, 코단샤 사이언스틱

스크리닝기술 : 후쿠이 등, 코단샤사이언스틱

배양세포유전학실험법 : 구로타 등, 쿄리스출판주식회사

최신식품화학실험 : 남궁 등, 신광출판사

세균학실험제요 : 의과학연구소학우회, 마루젠주식회사

바이오테크놀로지 : 야마우치 등, 산쿄출판

미생물유전학실험법 : 이시가와, 쿄리스출판주식회사

미생물학실험법 : 생물학연구법간담회, 코단샤사이언스틱

실험농예화학, Ⅰ, Ⅱ, 별권 : 동경대학농학부 농예화학교실, 아사구라쇼댄

Recombinant DNA Techniques : Raymond L. 등, Addison-Wesley Co.

Laboratory Exercises Microbiology : Michael J. 등, McGraw-Hill Co.

Gene Cloning : Brown T.A., Van Nostrand Reinhold Co. Ltd.

DNA Cloning : Glover D.M., IRL Press

Principles of Gene Manipulation : Old R.W. 등, Blackwell Scientific Pub

Discovery and Isolation of Microbial Products : Verral, M.S. Ellis Horwood Ltd.

|부록|

1. 미생물과 특허

1) 어떤 경우에 특허를 출원할 수 있을까?

산업적으로 기여할 수 있는, 기술분야에서 일반적인 지식을 가진 사람이 공지의 사실로부터 쉽게 상상할 수 없는 신규성 및 진보성이 있는 발명을 하였을 경우는 특허출원을 할 수 있다. 미생물이 관여하는 발명에서는 다음과 같은 경우에 특허를 출원할 수 있다.

(i) 미생물의 작용으로 공지물질을 제조하는 방법에 관한 발명

(ii) 미생물의 작용에 의하여 얻은 신규물질 및 그의 제조법, 용도에 관한 발명

(iii) 미생물을 유효성분으로 하거나, 미생물의 작용에 의하여 얻은 사료, 농약, 식품 등의 제조방법에 관한 발명

(iv) 미생물의 작용을 이용한 석유의 탈황방법, 광물의 제련방법, 폐수처리방법, 분석방법 등에 관한 발명

(v) 미생물의 취급방법, 증식방법에 관한 발명

(vi) 미생물 그 자체의 발명

(vii) (vi)에 나타낸 미생물 그 자체가 특허의 대상이 되므로 새로운 속, 종의 미생물은 기존의 미생물일지라도 신규성 능력을 인정받을 수 있는 균주 또는 인공변이, 유전자재조합 등에 의하여 새로운 능력을 부여한 것에 관해서 출원할 수 있다.

단 특허청에서 정한 '미생물에 관한 운영기준'에서 미생물이라는 것은 곰팡이, 버섯, 단세포조류, 바이러스, 원생동물을 의미하고, 그 외에 편의적으로 동식물의 세포를 포함시키고 있다.

미생물관련 발명의 특허청 심사기준은 신규한 미생물 자체의 발명, 신규한 미생물의 이용에 관한 발명, 공지 미생물의 이용에 관한 발명에 적용된다. 미생물의 이용이란 미생물에 의한 물질의 제조방법, 미생물에 의한 물질의 처리방법 등을 의미한다.

여기서 미생물이란 바이러스, 세균, 원생동물, 효모, 곰팡이, 버섯, 단세포조류, 방선균 등을 의미하며, 동식물의 분화되지 않은 세포 및 조직 배양물도 포함된다. 또한 미생물에 관한 발명이더라도 유전공학에 관련된 사항은 유전공학 관련 발명의 심사기준을 참조한다.

출원하기 전에 특허청에서 청장이 지정한 미생물기탁기관(한국종균협회 부설 한국미생물보존센터, 한국유전자은행 등)에 출원에 관여된 미생물을 기탁하고, 기탁번호를 받아 명세서 중에 이 기탁번호를 기록할 필요가 있고, 기탁증을 동시에 제출하야 한다.

단 미생물의 기탁은 그 발명에 속한 기술분야에서 통상의 지식이 있는 사람이 그 미생물을 쉽게 얻을 수 있는 경우는 예외로 되어 있다.

미생물에 관한 특허를 외국에 출원할 경우는 부다페스트조약이라는 국제조약에 준하여, 이 조약에 가입한 나라에 출원할 경우에는 같은 조약에 의거하여 국제기탁당국이 승인한 한국종균협회 미생물보존센터, 한국유전자은행에 기탁하면 한국 이외의 출원국에 기탁할 필요가 없이 특허 출원이 가능하다.

부다페스트조약에 가맹한 나라는 프랑스, 미국, 일본, 독일, 스페인, 러시아, 스위스, 필리핀, 스웨덴, 벨기에, 오스트리아, 덴마크, 핀란드, 노르웨이, 이탈리아, 호주, 한국, 체코, 슬로바키아 등 총 184개국이 가입해 있으며 세계지적재산기구 WIPO(http://www.wipo.int/)에서 각 가입국의 정보를 확인할 수 있다.

2) 특허출원 미생물기탁방법

특허출원에 관한 미생물을 기탁할 경우는 소정의 기탁신청서, 미생물조건기록서, 수수료납부서, 동결건조한 미생물을 기탁기관에 지참 또는 우송을 하면 된다. 기탁기관에서는 기탁번호를 기입한 미생물기탁증명서를 기탁자에게 발송한다. 우리나라 특허출원미생물기탁기관은 한국종균협회 부설 한국미생물보존센터(http://www.kccm.or.kr), 한국유전자은행, 한국세포주은행 등이 있다.

[기탁자] → [미생물기탁신청서, 미생물의 시료를 기탁기관에 접수] → [생존확인 실험]
→ [생존에 관한 확인] → [기탁수수료 청구 및 결재, 인터넷 무통장 입금]
→ [미생물의 기탁번호부여, 기탁증명서 발행] → [기탁자에게 발송]

그림 1. 미생물의 기탁과정과 미생물기탁증명서의 발행과정

2. 미생물의 분양, 일반기탁, 동정

1) 미생물 분양

미생물을 분양받을 때는 미생물보존기관(기탁기관) 등으로부터 받을 수 있다. 한국
종균협회 부설 한국미생물보존센터(http://www.kccm.or.kr)의 분양과정을 보기를 들
면 그림 2와 같다.

[미생물분양신청서를 보존기관에 제출하여 분양요청]
↓
[미생물의 분양의 적절성 및 재고 확인]
↓
[미생물분양 신청 확인 및 접수]
↓
[미생물분양비의 청구 및 결재]
↓
[신청한 미생물의 발송]
↓
[신청자 : 신청미생물의 생존확인]

그림 2. 미생물의 분양방법

2) 미생물 일반기탁

미생물에 관한 연구를 하여 좋은 결과를 얻었으나, 미생물을 보관하고 있는 동안에
보관을 잘하지 못하여 사멸 또는 분실하는 경우가 있다. 이러한 문제점을 해결하기
위해 일반기탁방법이 있다. 일반기탁방법에는 자유분양을 할 수 있는 미생물기탁방법
과 자유분양을 하지 못하는 미생물기탁방법이 있다.

[미생물기탁신청서 제출 접수]
↓
[미생물의 기탁 보관의 적절성 결정]
↓
[미생물시료 접수]
↓
[미생물의 생존성 실험 확인]
↓
[미생물일반기탁증 발행 발송, 기탁미생물 기탁기관에 보관]
※ 기탁자의 승인이 없이 자유분양할 수 있음

그림 3. 기탁미생물을 자유분양할 수 있는 미생물기탁방법

(1) 자유분양을 할 수 있는 미생물기탁방법

기탁자가 미생물을 기탁기관에 기탁하고, 기탁기관에서 필요로 하는 사람에게 기탁미생물을 자유롭게 분양하는 방법이고, 기탁비용이 필요 없다.

2) 자유분양을 하지 못하는 미생물기탁방법

기탁자가 기탁기관에 기탁하고, 기탁기관은 기탁미생물의 분양을 요청이 있을 경우에 기탁자로부터 분양승인을 받은 다음 분양할 수 있는 기탁방법이다. 단 기탁비용(보관수수료)을 납부해야 한다.

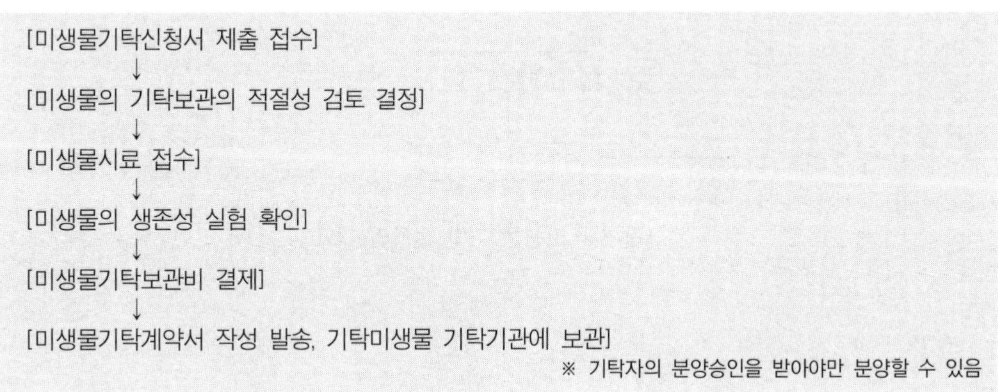

그림 4. 자유분양을 하지 못하는 미생물기탁방법

3) 미생물 동정

미생물의 동정실험을 의뢰하고 싶은 경우는 그림 5와 같은 과정으로 한다.

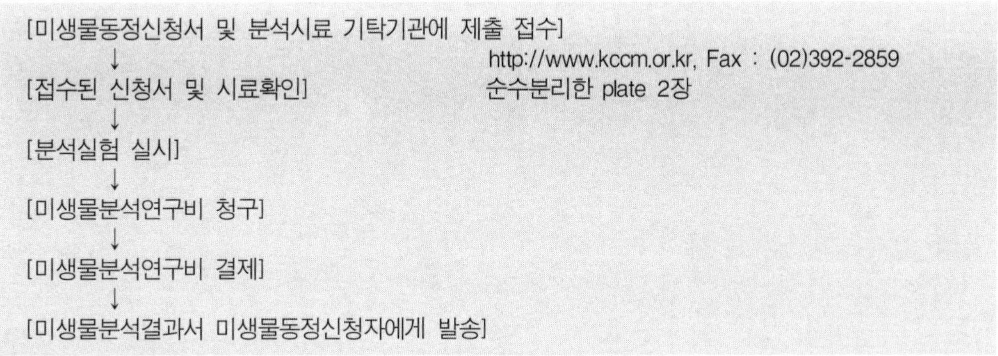

그림 5. 미생물 동정 신청방법

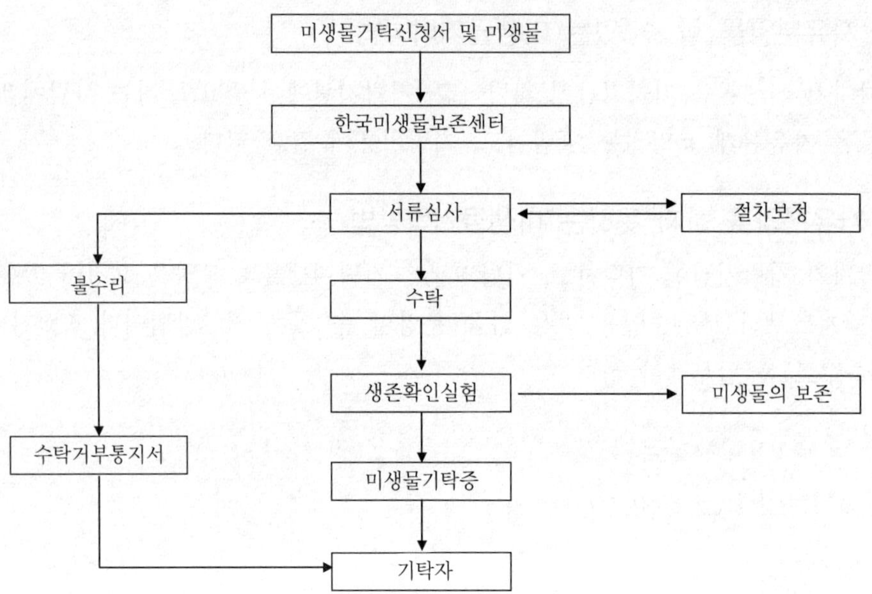

그림 6. 미생물 기탁 절차의 개요

3. 미생물 기탁 분양 동정 분석의 신청 관련 양식 및 안내

1) 국제기탁 관련 양식

원기탁신청서

년   월   일

한국미생물보존센터 귀하

기탁자는 다음의 미생물을 부다페스트조약에 의거한 기탁으로, 규칙 9.1이 정하는 기간 중 기탁을 취하하지 아니할 것을 서약합니다.

I. 미생물의 표시

(식별표시)
  (1) [   ]   혼합 미생물
      [   ]   특별한 수준의 실험실 요건이 필요한 미생물
  (2) [   ]   제3조에 규정된 미생물 제출 생략의 경우
    *당해 미생물에 대해 부여된 수탁번호 :

II. 배양조건
III. 보존조건
IV. 생존시험조건

V. 혼합 미생물의 조성(해당되는 경우 작성)
 	
  (조성의 표시)
 	
  (조성의 존재를 확인할 수 있는 방법)

Ⅵ. 건강 및 환경에 대한 위험한 성질

[ ] 당해 미생물은 사람, 동식물 및 환경에 위험하거나 위험하다고 판단되는 다음의 성질을 가짐
　　(성질)
[ ] 기탁자는 건강 및 환경에 위험한 성질을 알 수 없음

Ⅶ. 과학적 성질 및 분류학상의 위치

　　(과학적 성질)

　　(분류학상의 위치)

Ⅷ. 기타 미생물에 관계된 참고사항

　　　　　　　　　Ⅸ. 기탁자 주소(영문):
　　　　　　　　　　　성명(영문):　　　　　　　　　　　(인)
　　　　　　　　　Ⅹ. 대리인 주소　:
　　　　　　　　　　　성명　:　　　　　　　　　　　(인)

● **첨부서류**

[ ] 미생물 기록서　　　　　　　　　　　　　　　　　　　　1통
[ ] 수수료납부서　　　　　　　　　　　　　　　　　　　　1통
[ ] 제3조가 규정하는 수탁증 사본　　　　　　　　　　　　1통
[ ] 혼합 미생물의 조성에 관계되는 참고자료　　　　　　　1통
[ ] 건강 및 환경에 해를 미치거나, 그러할 염려가 있는 성질에 관한 참고자료　1통
[ ] 과학적 성질 및 분류학상의 위치에 관계되는 참고자료　1통
[ ] 기타 미생물에 관계된 참고자료　　　　　　　　　　　1통
[ ] 위임장　　　　　　　　　　　　　　　　　　　　　　1통

2) 국내기탁 관련 양식

미생물 보관 기탁 신청서

년   월   일

한국미생물보존센터 귀하

　특허출원에 따른 미생물 보관의 수탁에 관한 규정 제2조에 의거, 미생물 기탁을 하고자 다음과 같이 신청합니다.

I. 미생물의 표시	
속명 :	
종명 :	
균주명 :	
II. 배양조건	
배지 조성	
온도 / pH / 배양시간	/ /
산소 요구성	호기성, 미호기성, 통성 혐기성, 편성 혐기성
배양 조건	진탕, 액체 정치, 고체 정치
복원 및 배양 시 주의사항	
III. 보존조건	
보존 방법	( ) 동결 건조 ( ) 동결 보존 [( )-20℃ ( )-80℃ ( )액체질소] ( ) 기타 : ________________________
보존 시 주의사항	
IV. 기타 미생물에 관계된 참고사항	

　　　　V. 기탁자 주소:
　　　　　　　성명:　　　　　　　　　　　　　　　　　　　　　　　인

　　　　VI. 대리인 주소:
　　　　　　　성명:　　　　　　　　　　　　　　　　　　　　　　　인

○ 첨부서류
　　　[　] 수수료 납부 증명서　　　　　　　　　　　　　　　　1통
　　　[　] 기　타　　　　　　　　　　　　　　　　　　　　　　통
　　　[　] 위임장　　　　　　　　　　　　　　　　　　　　　　통

미생물 분양 신청서

년   월   일

한국미생물보존센터 귀하

I. 미생물의 확인	
미생물의 명칭	
기탁번호	

II. 한국특허 출원/공개/특허

출원번호		출원일자		출원인	
공개번호		공개일자		출원인	
특허번호		특허일자		특허권자	

III. 분양조건

분양목적	
사용장소	
사용기간	
사용자	

IV. 기탁자의 승낙

기탁자는 청구인에 대하여 위에 기재된 미생물 시료의 분양을 승낙합니다.

년   월   일

기탁자 주소 :

　　　성명 :　　　　　　　　　　　　　(인)

신청자 주소 :

　　　성명 :　　　　　　　　　　　　　(인)

3) 안전기탁안내

(1) 안전기탁이란

① 연구자가 보유하고 있는 유용한 미생물의 소실을 방지하며 안전하게 보존하는 제도이다.

② 국내 및 국외 학술지 등을 통해 그 성질이 발표되었거나 예정된 미생물을 기탁할 수 있다.

③ 기탁자 이외의 일반인에게는 분양이 불가하다.

④ 기탁된 미생물은 KCCM 번호가 부여된다.

⑤ 단, 매년 기탁료를 납부해야 하며 미납 시 일반기탁으로 전환된다.

(2) 안전기탁 요건

① 안전기탁 신청서

안전기탁수수료

- 최초 2년 10만원/건   - 이후 매년 5만원/건

② 기탁가능 미생물

곰팡이, 효모, 방선균, 바이러스, 플라스미드 함유 균주 등 수탁 가능한 미생물. 단, 건강 또는 환경에 대하여 심각한 해를 끼치거나 끼칠 우려가 있는 미생물 또는 특수시설을 요하는 미생물은 제외한다.

미생물 기탁자는 한국미생물보존센터에 다음 각 호에 해당하는 양의 미생물을 제출하여야 한다.

- 세균, 방선균, 곰팡이, 효모, 플라스미드를 함유한 미생물 : 동결건조 vial 10개
- 재조합 DNA, 바이러스, 박테리오파아지 : 동결건조 vial 20개

제출 미생물은 동결건조된 상태이어야 한다. 단, 그 미생물이 동결건조처리에 적합하지 않은 경우는 적용되지 않는다.

(3) 안전기탁 미생물의 분양

① 안전기탁 미생물의 분양 조건

안전기탁된 미생물은 기탁자 또는 기탁자의 승낙을 얻은 자만이 신청에 의하여 분

양할 수 있다(분양수수료 : 1만원/건).

② 안전기탁 미생물 분양 절차

- 안전기탁 미생물 분양신청서 작성 후 서면 제출
- 서류 확인
- 미생물 분양
- 안전 기탁자에게 분양 사실 서면 통보(기탁자와 분양자가 동일인일 경우 생략 가능)

특허기탁으로 전환 시 앰플제작비는 무료이다.

한국미생물보존센터

(우)120-091 서울시 서대문구 홍제동 361-221 유림빌딩
Tel : 02-391-0950 Fax : 02-392-2859

미생물 안전기탁 신청서

<table>
<tr><td colspan="2">Use KCCM
KCCM :</td></tr>
</table>

1. 미 생 물 명 :
① 이 명(異 名)
2. 분 리 원 :
3. 분 리 장 소 :
4. 분 리 시 기 :
5. 타기관보관번호 :
6. 타기관에서 분양받은 경우
KCCM << 기탁자 <<
7. 배 양 조 건 (호기성 및 혐기성 등 명시)
① 배 지 조 성 (첨부)
② 배 양 온 도
③ 배 양 pH
④ 배양 시 기타 참고사항
8. 미생물의 분류학적 특성(미생물의 동정에 사용된 방법 명시, 참고자료 첨부)
9. 보 존 방 법 :
10. 균주의 과학적 성질 및 용도
① produces the antibiotics
② assay of
③ production of
④ others

(SD-form1)

Use KCCM
KCCM :

11. 병원성 여부 :
12. 참고문헌(첨부) :
13. 기타 특이사항

15. 상기 기록한 내용에 따라 한국미생물보존센터에서 미생물을 배양, 보존 등의 일체 사항을 위임합니다.
16. 상기 명시된 미생물은 사멸, 돌연변이 등에 의해 변경될 수 있으므로 그에 따르는 법적·물적 책임은 한국미생물보존센터에 없습니다.
17. 상기 명시된 미생물의 명칭변경 시 참고문헌과 함께 신속히 귀 기관에 통보하겠습니다.
18. 상기에 명시된 미생물의 기탁수수료를 납부하겠습니다.
19. 상기 사항에 대하여 기탁자는 모두 동의합니다.

20. 기 탁 자	
소속기관:	
주소:	
신청일시:　　　　년　　　월　　　일	
전화:	팩스:
E-mail:	
기탁자 성명:　　　　　　　(인)	

한 국 미 생 물 보 존 센 터 장 귀 하

Use KCCM

접수번호	접수일자

접수자	사무장	소장

(SD-form1 continue)

한국미생물보존센터

(우)120-091 서울시 서대문구 홍제동 361-221 유림빌딩
Tel : 02-391-0950 Fax : 02-392-2859

미생물 안전기탁 분양 신청서

1. KCCM 기탁번호	2. 미생물 명

3. 상기 기재한 미생물은 본인이 안전기탁한 미생물이며 이에 분양신청을 합니다.
4. 기 탁 자
소속기관:
주소:
분양신청일시:　　　　년　　월　　일
전화:　　　　　　　　　　　　팩스:
E-mail:
기탁자 성명:　　　　　　　　　(인)

한 국 미 생 물 보 존 센 터 장 귀 하

Use KCCM

접수번호	접수일자

접수자	사무장	소장

한국미생물보존센터

(우)120-091 서울시 서대문구 홍제동 361-221 유림빌딩
Tel : 02-391-0950 Fax : 02-392-2859

미생물 안전기탁 연장 신청서

1. KCCM 기탁번호 :
2. 미 생 물 명 :
① 이 명(異 名)
3. 기탁 미생물 변경사항(해당사항에만 기입, 별지사용가능)
3-1. 배양조건
3-2. 미생물의 분류학적 특성(미생물에 동정에 사용된 방법 명시, 참고자료 첨부)
3-3. 보존방법
3-4. 미생물의 과학적 성질 및 용도 및 기타 특이 사항
4.   상기 기록한 내용에 따라 한국미생물보존센터에서 미생물을 배양, 보존 등의 일체 사항을 위임합니다. 5.   상기 명시된 미생물은 사멸, 돌연변이 등에 의해 변경될 수 있으므로 그에 따르는 법적·물적 책임   은 한국미생물보존센터에 없습니다. 6.   상기 명시된 미생물의 명칭변경 시 참고문헌과 함께 신속히 귀 기관에 통보하겠습니다. 7.   상기에 명시된 미생물의 기탁연장수수료를 납부하겠습니다. 8.   상기 사항에 대하여 기탁자는 모두 동의합니다.
9. 기 탁 자
소속기관:
주소:
연장신청일시: 년   월   일
전화: 팩스:
E-mail:
기탁자 성명: (인)

한 국 미 생 물 보 존 센 터 장 귀 하

Use KCCM

접수번호	접수일자

접수자	사무장	소장

(SD-form3)

4) 일반기탁안내

(1) 일반기탁이란

① 연구자가 보유하고 있는 유용한 미생물을 여러 연구자에게 공개하고 안전하게 보존하기 위한 제도이다.

② 국내 및 국외 학술지 등을 통해 그 성질이 발표되었거나 예정된 미생물을 기탁할 수 있다.

③ 기탁자를 포함한 국내 연구자에게 공히 분양가능하다.

(2) 일반기탁 요건

① 일반기탁 신청서

② 일반기탁수수료 : 무료

③ 기탁가능 미생물 : 세균, 곰팡이, 효모, 방선균, 플라스미드 함유 미생물. 단, 건강 또는 환경에 대하여 심각한 해를 끼치거나 끼칠 우려가 있는 미생물 또는 특수시설을 요하는 미생물은 제외한다. 동결건조 수수료는 무료이다.

(3) 일반기탁 미생물의 분양

일반기탁된 미생물은 일반미생물 분양에 준하여 실시한다.

(4) 기타

① 기탁자의 요청이 있을 시 일반 기탁 공표기한을 조정할 수 있다(신청일로부터 1년 이내).

② 기탁자에게는 초기 기탁 시 다섯 개의 앰플을 무상으로 제공한다.

한국미생물보존센터

(우)120-091 서울시 서대문구 홍제동 361-221 유림빌딩
Tel : 02-391-0950 Fax : 02-392-2859

미생물 일반기탁 신청서

<table>
<tr><td colspan="2">Use KCCM
KCCM :</td></tr>
</table>

1. 미 생 물 명 :
① 이 명(異 名)
2. 분 리 원 :
3. 분 리 장 소 :
4. 분 리 시 기 :
5. 타기관보관번호 :
6. 타기관에서 분양받은 경우
KCCM << 기탁자 <<
7. 배 양 조 건 (호기성 및 혐기성 등 명시)
① 배 지 조 성 (첨부)
② 배 양 온 도
③ 배 양 pH
④ 배양 시 기타 참고사항
8. 미생물의 분류학적 특성(미생물의 동정에 사용된 방법 명시, 참고자료 첨부)
9. 보 존 방 법 :
10. 균주의 과학적 성질 및 용도
① produces the antibiotics
② assay of
③ production of
④ others

(GD-form1)

Use KCCM
KCCM :

11. 병원성 여부 :
12. 참고문헌(첨부) :
13. 기타 특이사항

15. 상기 기록한 내용에 따라 한국미생물보존센터에서 미생물을 배양, 보존 및 분양 등의 일체 사항을 위임합니다.
16. 상기 명시된 미생물은 사멸, 돌연변이 등에 의해 변경될 수 있으므로 그에 따르는 법적·물적 책임은 한국미생물보존센터에 없습니다.
17. 상기 명시된 미생물의 명칭변경 시 참고문헌과 함께 신속히 귀 기관에 통보하겠습니다.
18. 상기 사항에 대하여 기탁자는 모두 동의합니다.

19. 기 탁 자	
소속기관:	
주소:	
신청일시:　　　　　년　　　월　　　일	
전화:	팩스:
E-mail:	
기탁자 성명:　　　　　　　(인)	

한 국 미 생 물 보 존 센 터 장　귀 하

접수번호	접수일자

접수자	사무장	소장

(GD-form1 continue)

5) 미생물 동정분석

한국종균협회 부설 미생물보존센터에서는 보유 중인 표준균주로부터 분류학적으로
유용한 미생물 분류 및 동정에 대한 연구를 수행하고 있다. 미생물 동정은 많은 시간
과 장비가 필요한 실험으로서 대다수의 연구자들은 미생물 동정에 필요한 분석결과를
얻기 위하여 많은 시간을 투자하는 실정이다. 생명공학 분야의 많은 연구자들로부터
미생물 동정에 필요한 분석실험에 관련된 지원요청이 날로 증가하고 있다. 이에 미생
물보존센터는 미생물 동정을 위한 분석실험을 대외적으로 서비스하고 있다.

(1) 미생물 분석 신청 및 접수

① 미생물분석신청서를 작성한 후 분석료 입금표(무통장 입금표) 사본 1부를 첨부
하여 의뢰 미생물과 함께 제출한다.
② 의뢰 미생물은 agar plate 한 개와 slant culture 한 개를 적당하게 성장한 상태
로 보낸다.

(2) 미생물 분석 신청서 작성

① 최적배지, 온도, pH 등의 정보는 상세히 작성한다.
② 분석항목을 정확하게 명시한다.

(3) 분석기간

분석항목에 따라서 달라지며 분석결과는 서면통보된다.

(4) 분석실험 결과에 의한 미생물의 동정

① 실험결과는 신청인이 분석한 후 추가실험을 요청할 수 있으며 추가항목에 따르
는 실험비가 추가된다.
② 분석용 kit 사용에 의한 분석결과만으로는 미생물 동정에 상당히 제한적이며
추가 실험에 의해서 동정결과가 변할 수 있다.
③ 분석실험결과에 대한 문의는 담당자에게 방문, 전화 및 fax로 상담할 수 있다.
④ 미생물의 동정의뢰는 속(genus) 수준 및 종(species) 수준에 따라서 분석항목을

상담할 수 있으며 상담 결과에 의해 분석비용이 결정된다.

(5) 기타사항

① 동정의뢰서에 기입된 내용 및 미생물 시료는 미생물보존센터가 국제미생물기탁기관으로서의 공신력을 가지고 책임을 다하며 의뢰한 미생물에 관한 비밀을 보장한다.

② 의뢰한 미생물은 분석실험 후 자체 폐기처분을 한다.

③ 분석결과에 따르는 미생물 동정은 실험의 범위에 의해 변경될 수 있으므로 그에 따르는 법적, 물질적 책임은 본 기관에 없음을 명시한다.

한국미생물보존센터

(우)120-091 서울시 서대문구 홍제동 361-221 유림빌딩
Tel :02-391-0950 Fax : 02-392-2859

미생물 분석 신청서(1/2)

1. 의뢰 항목 : 미생물 분석 항목표에 표기

2. 균주의 배양 조건

   1) 미생물 시료명 :

   2) 미생물 분리원 :

   3) 배지 성분 :

   4) 최적온도 및 pH

   3) 배양 시의 주의 사항

3. 신청인

※ 본인은 상기 미생물의 분석을 미생물분석항목에 표기한 바와 같이 의뢰하며 미
생물분석 결과에 따르는 법적·물적 책임을 귀 기관에 전가하지 않겠습니다.

소속기관			
주　　소		우편번호	
신청자명	(인)	전　　화	
E－mail		Ｆ Ａ Ｘ	

Use KCCM

접수번호	접수일자		접수자	사무장	소장

미생물 분석 항목(2/2)

○	미생물 분석 항목	가격/ 균주*
	API Kit (50CH series 제외)	70,000
	API Kit (50CHL, 50CHB, 50CHE)	90,000
	Cellular fatty acid composition (Gas chromatography)	130,000
	DAP 구조분석	150,000
	mol% G+C(HPLC)	300,000
	Quinone (HPLC)	200,000
	Whole cell sugar pattern analysis	200,000
	16S rDNA sequence	900,000
	16S rDNA partial sequencing(400bp)	450,000
	18S rDNA sequence	900,000
	28S rDNA D1/D2 sequence	450,000
	ITS-5.8S rDNA sequence	450,000
	RFLP pattern analysis of rDNA region	상담요
	Whole cell protein pattern analysis	50,000/species
	DNA-DNA hybridization per DNA	상담요
	Cryopreservation and Lyophilization	50,000/5vials
	Isolation of microorganism	상담요
	Taxonomic Evaluation and Consult	상담요
	합 계	

분석시료명	

*Discount : 동일 일반시험항목에 대하여 3개 이상 5%

염기서열분석에 대하여 3개 이상 10%

※ 2006년도의 가격(연도별로 변경될 수 있습니다.)
* 2006년 12월 30일 현재

6) 미생물 분양 안내

(1) 미생물 분양

본 기관이 보존하고 있는 미생물 자원은 국내 연구자에게 분양이 가능하다. 단, 국내 보건과 안전을 위하여 미생물에 관한 지식 및 미생물을 이용한 연구나 산업적 적용에 적절한 시설을 보유한 자에게만 분양을 하는 것을 원칙으로 하며, 이외에는 미생물의 분양을 하지 않는다.

① 미생물 분양 형태

- 미생물 시료의 분양은 기본적으로 동결건조된 형태로 하며, 생균의 형태로도 분양 가능하다.
- 분양 신청자의 요청에 의하여 생균으로 분양 시에는 추가수수료(20%)가 청구된다.

② 미생물 분양 신청의 절차

- 미생물 분양 신청서를 홈페이지에서 직접 작성하거나, 서식을 받은 후 fax로 신청.
- 미생물의 분양 적절성 파악 후 분양.
- 미생물의 분양은 등기로 보내 준다.

③ 미생물 분양 후 절차

- 분양받은 미생물은 가능한 한 빠른 시간 내에 생존실험을 수행(분양시점을 기준으로 1개월 경과 후에는 재분양 불가).

④ 기 타

- 본 기관으로부터 분양받은 미생물을 사용하여 연구한 결과는 타 연구자에게도 소중한 정보가 될 수 있다. 가급적 연구결과 발표 후 학회요지, 논문별쇄본, 특허출원번호, 공개번호, 공고번호 등의 연구결과를 보내 주도록 한다.
- 본 기관에서 분양한 미생물을 제3자에게 분양 시 법적 책임이 발생할 수 있다.

(2) 미생물 재분양

① 분양받은 미생물에 문제(파손 및 오염)가 있다고 판단 시 본 기관에 연락 후 재분양신청서를 작성하여 본 기관에 접수해야 한다.

② 본 센터에서 확인 실험 후 무상으로 재분양한다.

③ 다음의 경우에는 수수료를 부과한 후 재분양이 된다.

  - 분양 후 1개월이 경과한 경우.

  - 센터에서 추천한 배지 이외의 다른 배지에서 배양하여 생존하지 않은 경우.

  - 기타 분양 의뢰자의 취급 부주의에 의하여 미생물이 생존하지 않은 경우.

(우)120-091 서울시 서대문구 홍제1동 361-221 유림빌딩
Tel. : (02) 391-0950, Fax. : (02) 392-2859

미생물보존센터 접수
접수번호 :
접수일자 :

미 생 물 분 양 신 청 서

※ 본인은 아래 균주의 분양을 의뢰합니다.

	미 생 물 명	균 주 번 호
1.		
2.		
3.		
4.		
5.		
6.		
7.		
8.		
9.		
10.		

소속기관			
주　　소		우편번호	
신청자명	(인)	전　　화	
E-mail		F A X	

※ 균주우송 : 우편우송 (　　) 직접수령 (　　)

접　　수	사　무　장

KFCC KOREAN FEDERATION OF CULTURE COLLECTIONS
KOREAN CULTURE CENTER OF MICROORGANISMS

미생물보존센터 접수	
접수번호 :	
접수일자 :	

(우)120-091 서울시 서대문구 홍제1동 361-221 유림빌딩
Tel. : (02) 391-0950, Fax. : (02) 392-2859

미 생 물 재 분 양 신 청 서

※ 본인은 아래 균주의 재분양을 의뢰합니다(분양시점을 기준으로 1개월 경과 후에는 재분양 불가).

	미 생 물 명	균 주 번 호	재분양사유
1.			
2.			
3.			
4.			
5.			
6.			
7.			
8.			
9.			
10.			

소속기관			
주 소		우편번호	
신청자명	(인)	전 화	
E-mail		F A X	

※ 균주우송 : 우편우송 (   ) 직접 (   )

접 수	사 무 장

한국미생물보존센터
사단법인 한국종균협회

한국미생물보존센터(Korean Culture Center of Microorganisms, KCCM) 는 1967년 학계외 산업계의 과학자 및 관련 종사자들에 의해 비영리 사단법인체로 발족된 한국종균협회(Korean federation of Culture Collections, KFCC) 의 부설 균주 기탁 및 보존기관입니다 KCCM은 1989년에 설립되어 우리나라가 Budapest 조약에 가입한 후 1990년 6월 세계지적재산권기구 (WIPO)로 부터 국제미생물기탁기관으로 지정 받은 국제미생물기탁기관으로서 국가경쟁력을 높이기 위한 생명공학 인프라의 역할을 수행하고 있습니다.

홈페이지운영

✓ www.kccm.or.kr

✓ 센터의 보유 미생물 분양 및 동정 분석, 미생물의 기탁에 관한 업무를 온라인에서 서비스함.

미생물 분양

✓ Type strain 5,400여 균주를 포함하여 센터 보유 미생물 15,000여 균주를 국내 대학연구소 및 기관에 분양하고 있음.

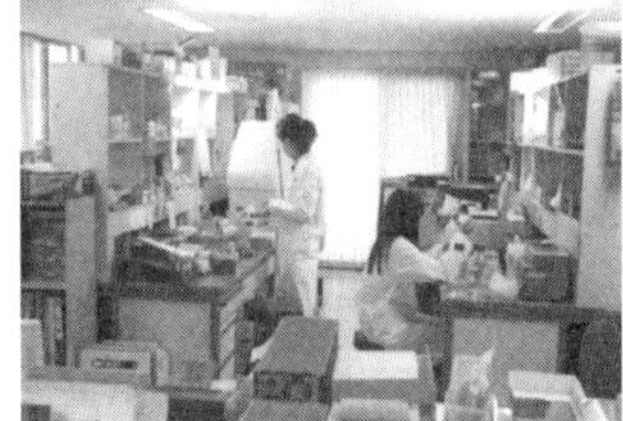

미생물 동정/분석

✓ 고가의 장비가 필요한 미생물의 동정실험을 직접 하십니까?

✓ 미생물관련 각종 분석과 동정 실험을 수행하여 드립니다.

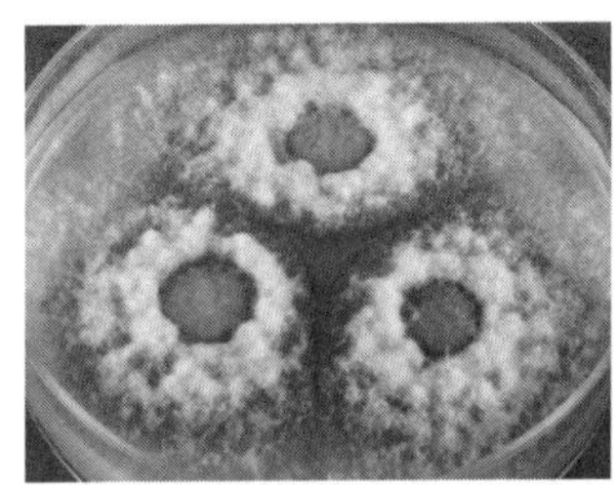

미생물 기탁

✓ KCCM은 특허청 지정 국제특허기탁기관입니다.

✓ 특허출원을 위한 미생물기탁은 KCCM이 책임지겠습니다.

✓ 일반기탁 및 안전기탁으로 소중한 미생물 자원을 안전하게 보존 하세요.

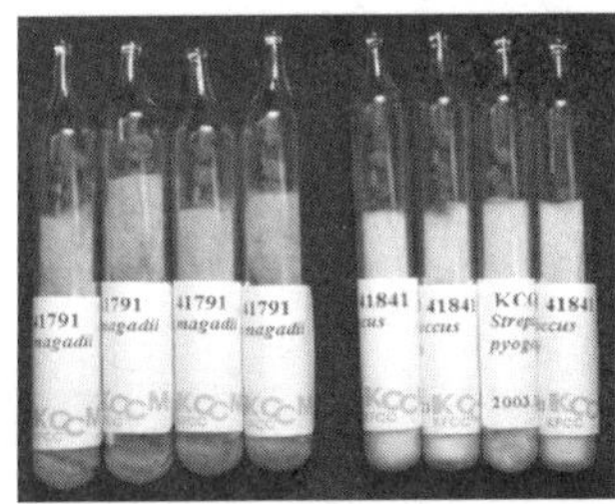

|대표저자|

유주현(柳洲鉉) Yu, Juhyun

[학　력]
서울고등학교 졸업
연세대학교 화학공학과 공학사 학위 취득
동경대학교 대학원 발효공학전공 석사·농학박사 학위 취득

[경　력]
연세대학교 교학부총장, 대학원장, 공과대학장,
미생물자원개발연구소 소장,
공과대학 식품공학과(현 생명공학과) 과장,
(현) 명예교수, 미국 Purdue 대학교 생화학과 초청교수
한국미생물생명공학회 회장, 한국식품과학회 부회장
한국과학기술한림원 종신회원, 국무총리실 평가교수,
보건복지부 식품위생평가위원회 등 위원
(현) 한국종균협회 한국미생물보존센터 이사장

[수훈 수상]
국민포장, 대통령표창, 서울특별시문화상(학술분야),
한국미생물생명공학회 학술상, 한국식품과학회 학술상,
일본농예화학회상

[저서·학술발표논문]
저서 18권, 학술논문 272편

변유량(卞柳亮) Pyun, Yu Ryang

[학　력]
연세대학교 화학공학과 공학사,
공학석사, 공학박사 학위 취득

[경　력]
연세대학교 생물산업소재연구센터 소장
공과대학 생명공학과 과장, (현) 명예교수
미국 Purdue 대학교 방문교수
한국과학기술한림원 종신회원
한국산업미생물학회 회장, 한국식품과학회 회장
한국카카오초컬릿기술협의회 회장
한국종균협회 (현) 부회장
한국경제인연합회 자문위원, 한국식품공업협회 자문위원

[수　상]
한국식품과학회 학술상, 한국미생물생명공학회 학술상

[저　서]
현대식품공학(기구문화사) 등 5권

[학술지발표논문]
Tagatose isomerase에 관한 연구 등 203편

응용미생물학실험

2007년　8월　24일　초판　인쇄
2007년　8월　30일　초판　발행

지 은 이　•　유주현·변유량 외
발 행 인　•　김홍용
펴 낸 곳　•　**도서출판 효일**
주　　소　•　서울특별시 동대문구 용두2동 102-201
전　　화　•　02) 928-6644
팩　　스　•　02) 927-7703
홈페이지　•　www.hyoilbooks.com
E - m a i l　•　hyoilbooks@hyoilbooks.com
등　　록　•　1987년 11월 18일 제 6-0045 호

값 12,000 원

ISBN 978-89-8489-223-1